Paul Berliner Klimatechnik

Kamprath-Reihe · Technik

Dr.-Ing. Paul Berliner

Klimatechnik

Theorie, Berechnungen, Komponenten, Systeme, Energieeinsparung

2., verbesserte und erweiterte Auflage

VOGEL Buchverlag Würzburg

Dr.-Ing. Paul Berliner

Jahrgang 1921, promovierte an der Technischen Universität Berlin über Axiomatik, war dann Kälteingenieur und Leiter einer Abteilung für Forschung und Entwicklung im Bereich kälte- und klimatechnischer Geräte. Die Gründung eines Unternehmens für die Produktion von Kühltürmen mit extrem niedriger Antriebsenergie der Ventilatoren leitete eine Periode selbständiger Tätikeit ein. Die Rückkehr zur Klimatechnik brachte neue Aufgaben hinsichtlich der strengen Sicherheitsbedingungen kerntechnischer Lüftungssysteme. Im Kernforschungszentrum Karlsruhe leitet er den Gesamtbereich der Installationstechnik.
Der Autor veröffentlichte „Kühltürme – Grundlagen der Berechnung und Konstruktion", „Kältetechnik – Theorie, Systeme, Komponenten, Anwendungen", „Psychrometrie – Die Thermodynamik der lufttechnischen Prozesse" und als Mitautor das „Handbuch der Klimatechnik".

CIP-Kurztitelaufnahme der Deutschen Bibliothek

Berliner, Paul:
Klimatechnik: Theorie, Berechnungen, Komponenten, Systeme, Energiediagramme von raumlufttechn. Anlagen/Paul Berliner. – 2., verb. u. erw. Aufl. – Würzburg: Vogel, 1984.
(Kamprath-Reihe: Technik)
ISBN 3-8023-0077-7

ISBN 3-8023-0077-7
2. Auflage. 1984 (unveränderter Nachdruck 1991)

Printed in Germany

Druck und Bindung: Friedrich Pustet, Regensburg

Vorwort

Ingenieure aus den verschiedensten Zweigen der Technik kommen heute mit Klimaanlagen in Berührung. Doch nicht nur Ingenieure. Von vielen beruflichen Tätigkeiten her — dazu von seiten der Forschung, der Fachhochschulen usw. — ist man den Fragen der „Luftkonditionierung“ gegenübergestellt. Klimatechnik ist längst nicht mehr ein Randgebiet.
Den einen der beiden großen Anwendungsbereiche bilden die industriellen Prozesse. Beim zweiten steht der Mensch, seine Gesundheit und sein Wohlbefinden beim Aufenthalt in geschlossenen Räumen im Vordergrund. Hier ist jetzt die Klimatechnik unter den Oberbegriff „Technische Gebäudeausrüstung“ gestellt (VDI-Gesellschaft). Der Begriff umfaßt

- □ Klimatechnik
- □ Heizungstechnik
- □ Kältetechnik
- □ Brauchwassertechnik
- □ Elektrische Installationstechnik

Dem Bedürfnis nach schneller Information dient dieses Buch. Es will das Wesentliche in übersichtlicher Form vermitteln. Einzelheiten und Variationen — sie sind für dieses weitverzweigte Fach charakteristisch — müssen zurücktreten. Die eigentliche berufliche Unterrichtung für die Tagesarbeit findet der Ingenieur in der wachsenden Fachpresse und, zusammengefaßt, im „Recknagel-Sprenger“ oder in verwandten Handbüchern.
Das Buch soll nicht eine Einwegkommunikation sein. Es soll anregen zu Fragen und Verbesserungen. So kann es teilhaben an den Fortschritten in dem jungen Fach, das sich sehr schnell entwickelte und auch künftighin an Bedeutung zunehmen wird.

Paul Berliner

Vorwort zur 2. Auflage

Die „Klimatechnik“ wurde in ihrer zweiten Auflage entsprechend der technischen Entwicklung erweitert. Der Vergleich der verschiedenen derzeitig angepriesenen Systeme von Anlagen, die Regeltechnik und die Beurteilung der Möglichkeit von Einsparungen an Energie— Antriebsenergie und Wärme (bzw. Kälte) — wurden ausführlicher behandelt und bildlich demonstriert.
Es kommen nach wie vor ständig neue, zum Teil wichtige Produkte und Systeme auf den Markt. Ein modernes Fachbuch muß dem zumindest in der Form von knappen Hinweisen Rechnung tragen. Den Fortschritten in den Variationen der Ausführung entsprechend wurden die Methoden der Berechnung verfeinert.

Paul Berliner

Inhaltsverzeichnis

KOMPONENTEN

Luftströme in Klimaanlagen

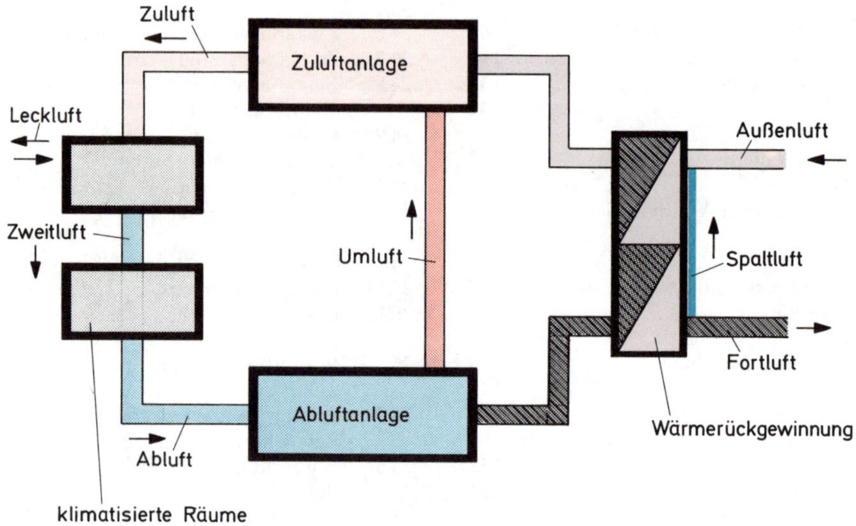

Mit Klimaanlagen verbunden:

Heizung

Kältemaschine, Kühlturm

Zustandsbereiche

LD

LDF

LDE

LDFE

„Wissenschaftliche Behandlung allein gibt die Gewähr, daß man sich auf hellen Pfaden bewegt und daß der Schritt, den man oft in der Praxis vom streng richtigen Wege tun muß, nicht zum Fehler wird.“

Hermann Rietschel (1847–1914) im Leitfaden zum Berechnen und Entwerfen von Lüftungs- und Heizungsanlagen, Berlin 1893.

1. Einleitende Charakteristik

1.1. Erster Überblick

In einer typischen Klimaanlage, wie sie Bild 1.1 veranschaulicht, durchströmt die Luft nacheinander folgende Bauelemente des Zuluftteils:

1 Außenluftklappe
2 Umluftklappe
3 Mischkammer
4 Vorfilter
5 Nachfilter
6 Vorwärmer
7 Befeuchter
8 Kühler
9 Nachwärmer
10 Zuluftventilator
11 Schalldämpfer

Die Luft wird dann über das Netz der Zuluftkanäle den einzelnen klimatisierten Räumen zugeführt:

12 Zuluftkanäle
13 Luftauslässe
14 klimatisierter Raumkomplex

Die Abluft aus den klimatisierten Räumen durchströmt folgende Anlagenteile:

15 Abluftkanäle
16 Schalldämpfer
17 Abluftventilator
18 Abluftklappe

Ein Teil der Abluft gelangt als Fortluft in die freie Atmosphäre, ein zweiter wird abgezweigt und über den

19 Umluftkanal

der frischen Außenluft beigemischt, so daß er die Anlage nochmals durchströmt.
Die einzelnen Anlagenteile sind örtlich zu Baugruppen zusammengefaßt. Im Fall von Bild 1.1 sind es zwei, die Zuluftanlage, Pos. 1 bis 11, und die Abluftanlage, Pos. 16 bis 18.

Verbunden mit der Klimaanlage sind:

20 örtliche Heizkörper
21 Heizkessel
22 Kältemaschine
23 Kühlturm

Das Schema läßt deutlich werden, wie die einzelnen Funktionen

Luft erwärmen
kühlen
befeuchten
entfeuchten
filtern
erneuern
verteilen

voneinander abgegrenzt bleiben, indem sie bestimmten **Bauelementen** zugeordnet sind. Diese Bauelemente mögen von Fall zu Fall sehr unterschiedlich ausgebildet und bemessen sein:

- ☐ Bei großen Leistungen sind sie gewöhnlich in gemauerten Kammern untergebracht.
- ☐ Bei mittleren Leistungen sind Konstruktionen vorherrschend, die als Glieder eines Baukastensystems wahlweise aneinandergeflanscht werden können.
- ☐ Bei kleineren Leistungen sind die Bauelemente kompakt in Truhen- oder Schrankgehäusen eingebaut.

So wird stets angestrebt, daß die einzelnen Bauelemente je nach den Erfordernissen des Einzelfalles im Luftstrom hintereinander angeordnet werden können. Sie bilden thermodynamisch und schalltechnisch jeweils einen charakteristischen Funktionszusammenhang.

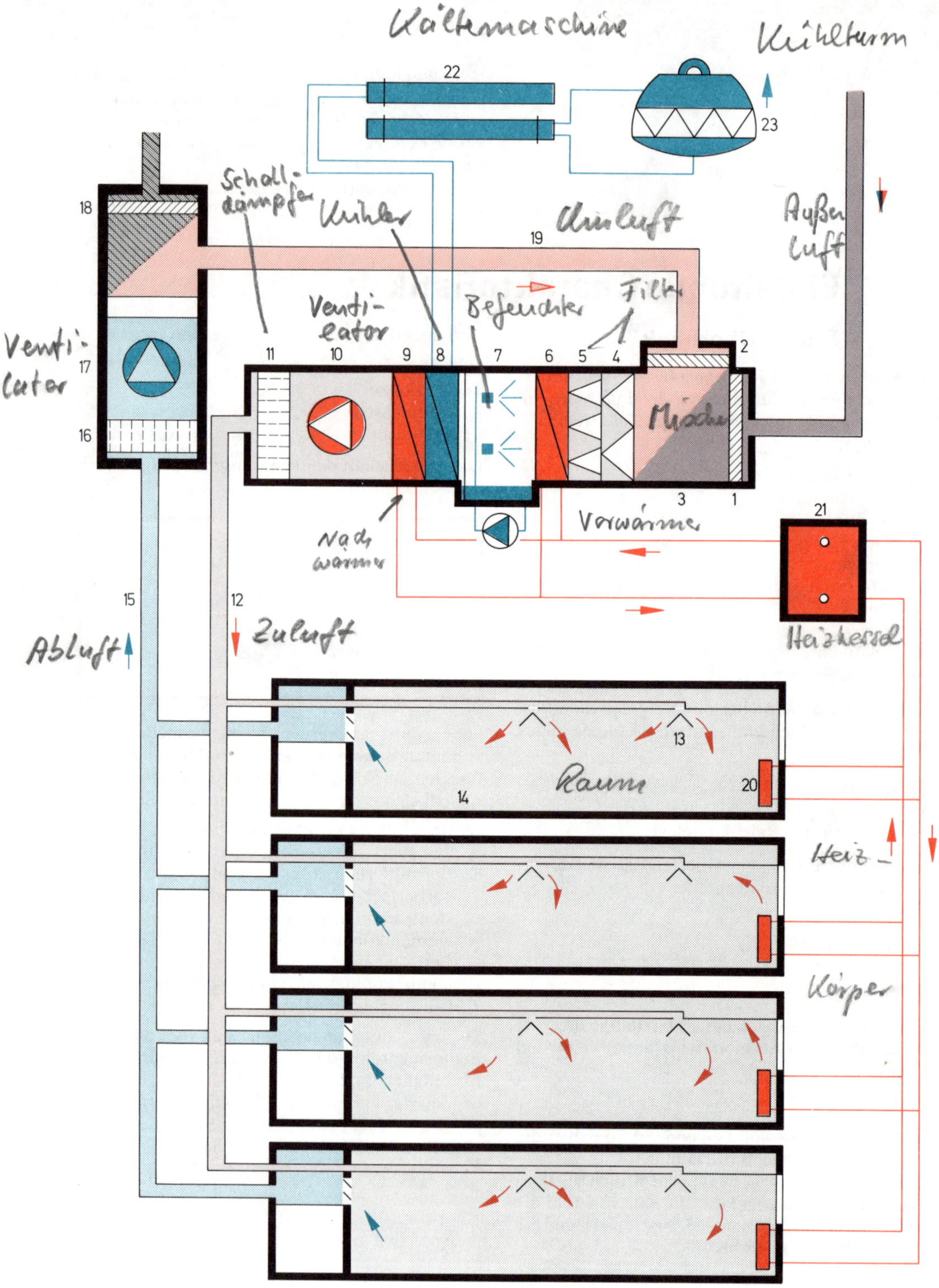

Bild 1.1 Klimaanlage

1.2. Theorie

Die Klimatechnik steht mit zahlreichen technischen Fachgebieten in Beziehung. Wenn man von dem Prinzipschema, Bild 1.1, ausgeht, kann man zur ersten Orientierung folgende Aufteilung vornehmen:

- □ Unter dem Oberbegriff **Technische Gebäudeausrüstung** (Haustechnik, Versorgungstechnik) werden jetzt verschiedene, nebeneinander geordnete Fachgebiete zusammengefaßt:

  Klimatechnik,
  Heizungstechnik (Pos. 20, 21),
  Kältetechnik (Pos. 22),
  Kühlturmtechnik (Pos. 23),
  Elektroinstallationstechnik,
  Brauchwassertechnik,
  Bautechnik.
- □ Die **Konstruktionen** der Bauelemente und Systeme stützen sich auf die
  Strömungstechnik (Pos. 1, 2, 6, 7, 8, 9, 10 usw.),
  Filtertechnik (Pos. 4, 5),
  Schalltechnik (Pos. 10, 11, 13, 16, 17),
  Regelungstechnik,
  Hygiene (Pos. 14),
  Meteorologie.

Die Aufstellung zeigt, daß die Ingenieuraufgaben in der Klimatechnik eine eingehende Kenntnis der Grundlagen vieler Fachgebiete erfordern. Kernstück ist die **Thermodynamik des Systems Wasser/Luft** (psychrometry).
Die Darstellung geht von den **Zustandsgrößen** der feuchten Luft aus (Kap. 2) und leitet daraus die Prinzipien der **Zustandsänderungen** ab (Kap. 3), und zwar für

- □ Mischungsprozesse — vollkommen irreversibel (Kap. 4),
- □ Transportprozesse — überwiegend irreversibel (Kap. 5),
- □ Strömungsprozesse — überwiegend reversibel (Kap. 6).

1.3. Anwendungen

Im Zuge der raschen technischen Entwicklung eröffnen sich der Klimatechnik immer neue Aufgaben. Einige Beispiele mögen eine Vorstellung von der Verschiedenartigkeit der Aufgaben vermitteln:

- □ Erfordernisse von **Herstellungsverfahren**
  Verarbeitung und Lagerung hygroskopischer und temperaturempfindlicher Güter — wie Textilien, Leder, fotografische Erzeugnisse, Arzneimittel, Lebensmittel, Tabak.
  Zuverlässigkeit der elektronischen Datenverarbeitung durch Luftkühlung.
- □ Erfordernisse des **Wohlbefindens**
  Hygiene und Behaglichkeit in Aufenthaltsräumen, namentlich in Krankenhäusern, Schwimmhallen, Theatern, Gaststätten und anderen Versammlungsräumen.
  Steigerung der körperlichen und geistigen Leistung durch angenehme Temperatur, Feuchte, Filterung und Bewegung der Raumluft.
- □ Erfordernisse der **Architektur**
  Verbesserung der Wohnverhältnisse in Altbauten.
  Anpassung an neuere Wandkonstruktionen von geringer Speichermasse und großen Strahlungsdurchgängen durch Fenster, Verglasungen u.ä.
  Fehlen der Möglichkeit einer natürlichen Belüftung in Räumen mit dauernd geschlossenen Fenstern (Hochhäuser) oder in fensterlosen Räumen.
- □ Erfordernisse des **Umweltschutzes**
  Vollkommene Luftreinheit im medizinischen Bereich und in der Halbleitertechnik.
  Verhütung der Ausbreitung von Radioaktivität, Krankheitskeimen, giftigen Beimengungen, die in die Atemluft gelangen könnten.
- □ Erfordernisse der **Forschung**
  Verwirklichung ungewöhnlicher Umgebungsbedingungen für Lebewesen und Materialien.
  Genauigkeit von Messungen.
  Einhalten zulässiger Schwankungsbreiten bei einzelnen Zustandsgrößen der Luft.
- □ Berücksichtigung der **Wärmepumpen** und der **Wärmerückgewinnung**

> Die unübersehbare Vielfalt der Anforderungen, die von den Bedingungen im Erdinnern (Bergbau) bis zu den Bedingungen im Weltraum reichen, stellt den Ingenieur immer von neuem vor die Aufgabe, für den vorliegenden Fall ein optimales System zu schaffen.

Dort, wo die Aufenthalts- und Arbeitsbedingungen im Vordergrund stehen, spricht man von **Komfort**klimatisierung; wo die Erfordernisse der Produktion die Auslegung bestimmen, hat sich der Ausdruck **Industrie**klimatisierung eingebürgert.

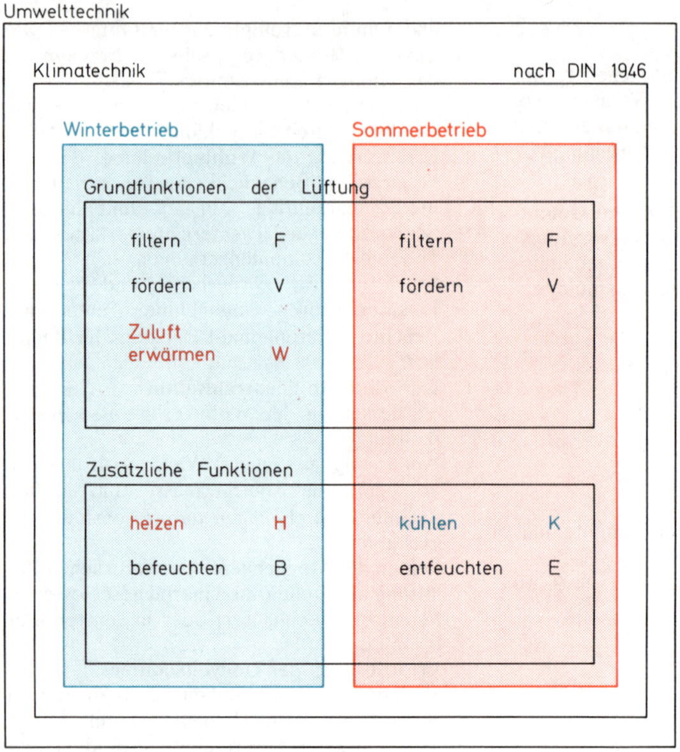

Bild 1.2 Klassifizierungen

1.4. Geschichte

Die Klimatechnik ist relativ jung. In Europa hat sie erst nach der Überwindung der Kriegsfolgen in jüngster Vergangenheit Bedeutung erlangt. Seither erlebt sie ein rasches Wachstum.
Sie entstand als ein Zweig des Faches Heizung und Lüftung, das eine lange handwerkliche Tradition beibehielt.
Von Anfang an war sie mit der wissenschaftlichen Forschung verbunden, und zwar

- hinsichtlich der **Hygiene** und **Meteorologie**
  Die ersten Untersuchungen über den Einfluß des Luftzustandes auf den Menschen, seinen Wärmehaushalt und Stoffwechsel leitete um 1850 der deutsche Hygieniker Max von Pettenkofer (1818—1901) ein.
- hinsichtlich der **Entwicklung** der Produkte
  Hermann Rietschel (1847—1914), Willis H. Carrier (1876—1950) (father of air conditioning), Albert Klein (1880—1959, Reuben N. Trane (1886—1954) — um nur einige erfolgreiche Pioniere zu nennen — waren sich der Bedeutung systematisch erarbeiteter Erkenntnisse für die Klimatechnik wohl bewußt.

Die erste lufttechnische Anlage, deren Konstruktion im Sinne der modernen Klimatechnik auf eingehender Kenntnis der aero- und thermodynamischen Voraussetzungen beruhte, wurde 1890 in Betrieb genommen. Sie war im Reichstagsgebäude in Berlin installiert. Der historische Aufstellungsort erinnert an die Wasserkünste im Schloßpark von Versailles. Auch dort ist das technise Wissen der Zeit demonstrativ in der Gestaltung einer Anlage zum Ausdruck gekommen.
Welche Unternehmungen heute als zur Klimaindustrie zugehörig angesehen werden müssen, kann nicht eindeutig bestimmt werden. Die Vielzahl der Komponenten und die fortschreitende Aufgliederung der Aufgaben hat in Projektierung, Produktion und Vertrieb Unternehmungen entstehen lassen, die sich auf Teilaufgaben konzentrieren. Ihr enges Zusammenwirken ermöglicht ein rationelles Arbeiten, bedingt aber dessenungeachtet die Kenntnis der technischen Probleme außerhalb des eigenen Tätigkeitsbereiches.

1.5. Klassifizierungen

Der Ausdruck Klima stammt aus dem Griechischen und bedeutet Neigung. Er wurde ursprünglich zur Bezeichnung der Sonnenhöhe in der Astronomie benutzt.
Der große deutsche Geograph Alexander von Humboldt (1769–1859) benutzte das Wort in den Reiseberichten „Fragments de géologie et de climatologie asiatiques", die 1831 erschienen. Seither hat der Begriff seine heutige Bedeutung als die Gesamtheit der charakteristischen örtlichen Witterungsverhältnisse. In der umfassenden Definition (1845) schließt Humboldt darin jeden Wechsel in der Atmosphäre hinsichtlich Temperatur, Feuchte, barometrischem Druck, Windgeschwindigkeit, Luftreinheit, Sichtverhältnisse, Wärmestrahlung und magnetischer Felder ein.
Unter künstlichem Klima versteht man die Einflußnahme auf die freie Atmosphäre. Die Bezeichnung Klimatechnik ist nicht sehr glücklich für ein Fach, das sich zur Aufgabe macht, lufttechnische Verhältnisse innerhalb von Räumlichkeiten zu beeinflussen. Carrier führte den treffenden Ausdruck **Luftkonditionierung** ein. Daneben hielten sich zeitweilig andere Wortschöpfungen.
Für die Fachwelt wurde mit der Übereinkunft DIN 1946 eine Sprachbereinigung vorbereitet. Nach neueren Vorschlägen (Eurovent, ISO, VDMA u.a.) werden Verbesserungen angestrebt. Eine allgemein befriedigende Vollkommenheit in der Wortwahl ist nicht zu erwarten. Für unsere Aufgabe genügt es, mit der Darstellung Bild 1.2 eine auf inhaltliche Zweckmäßigkeit zielende Abgrenzung vor Augen zu führen.
Im neueren Sprachgebrauch wird **Klimatechnik** als der übergeordnete, **Lüftungstechnik** als der untergeordnete Begriff benutzt. Die Klassifizierungen gehen von den dominierenden Konstruktionsmerkmalen aus.
Wenn einzelne Funktionen der Luftkonditionierung entfallen, spricht man von Lüftungsanlagen (früher auch Teilklimaanlagen). Für die vielen Variationen hat Esdorn eine verkürzende Schreibweise vorgeschlagen. Jede Funktion wird durch einen Buchstaben ausgedrückt. Die Klimaanlage Bild 1.1 beispielsweise ist nach seiner Systematik eine Lüftungsanlage Typ FHKBE.
Wenn zu den Aufgaben der Klimatechnik Funktionen der Umweltsimulation hinzutreten, namentlich solche, die die Grenzen des organischen Lebens überschreiten – extrem hohe oder tiefe Temperaturen und Drücke, intensive Bestrahlungen, Vibration, Änderungen in der Zusammensetzung der Luft u.a.m. –, so gelangt man zu dem umfassenden Begriff der **Umwelttechnik**.

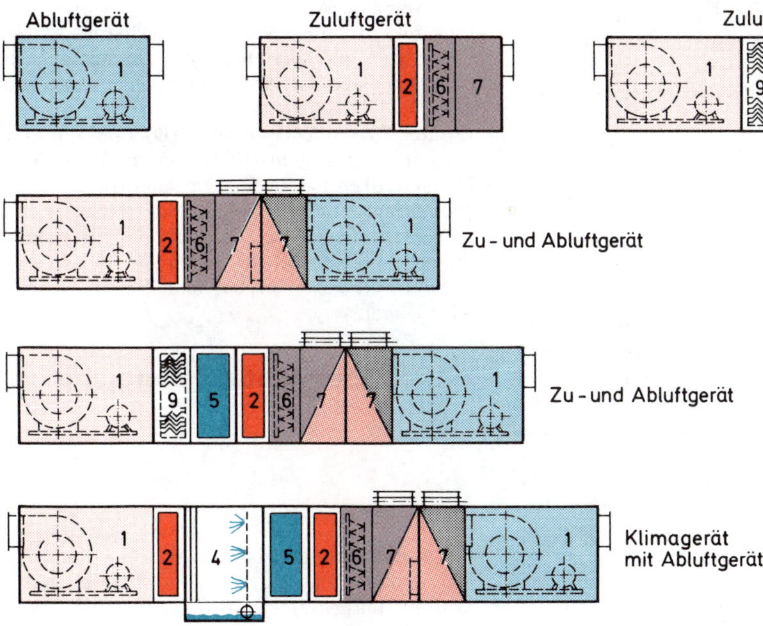

Bild 1.3 Beispiele für die Kombination von lüftungstechnischen Komponenten in Kastenbauweise
1 Zentrifugal-ventilator
2 Lufterhitzer
5 Luftkühler
6 Luftfilter
7 Mischkammer
9 Tropfenabscheider

2. Zustandsgrößen der atmosphärischen Luft

2.1. Thermodynamische Begriffe

Der jeweilige Zustand unserer Umgebungsluft ist durch physikalische Eigenschaften gekennzeichnet, die man **Zustandsgrößen** nennt. Zustandsgrößen sind

Temperatur	T in K	definiert in DIN 1301
Dichte	ϱ in kg/m³	definiert in DIN 1306
Druck	p in Pa	definiert in DIN 1314
Wassergehalt	x in g/kg	definiert in DIN 1310
Enthalpie	h in W s/kg	definiert in DIN 1301

Ein makroskopisch homogener Materiebereich wird eine **Phase** genannt (DIN 1310). Bei einer Phase sind die Zustandsgrößen in der räumlichen Umgrenzung gleich. Die Phase kann durchaus von mehreren Stoffen gebildet werden (Mischphase).

Unterliegen die Zustandsgrößen keinen Kräften, die sie verändern, spricht man von einem thermodynamischen **Gleichgewicht.** Eine Änderung der Zustandsgrößen stellt einen thermodynamischen Prozeß dar. Der Phasenwechsel ist eine solche Änderung.

Das Gleichgewicht bezieht sich auf eine zeitlich unveränderte und räumlich abgegrenzte **Stoffmasse** (thermodynamisch geschlossenes System). Die Gesetzlichkeiten gelten indessen in gleicher Weise für **Stoffströme** (thermodynamisch offene, stationäre Systeme), obwohl sich die Zustandsgrößen von jedem einzelnen Masseteilchen im Strömungsverlauf ändern und obwohl für kein Teilchen ein Gleichgewicht erreicht wird. Der Ausdruck Gleichgewicht beinhaltet bei den stationären Prozessen die Konstanz der treibenden Kräfte und damit aller Zustandsgrößen für jeden Punkt innerhalb der räumlichen Umgrenzung.

In der Thermodynamik der Klimatechnik hat man es mit offenen, stationären Systemen zu tun. Das wichtigste System ist das Stoffpaar Wasser/Luft. Die Zustandsgrößen der beiden Stoffe sind nach den Gesetzen der Thermodynamik miteinander verknüpft.

2.2. Trockene Luft

Trockene Luft ist ein Gasgemisch. Seine Zusammensetzung in der unteren Atmosphäre kann für die Aufgaben der Klimatechnik mit den Werten nach Tabelle 7.1 angenommen werden.

2.3. Feuchte Luft

In der Atmosphäre ist der trockenen Luft stets Wasserdampf beigemischt. Die Gase bilden mit dem Dampf **eine** Phase. Alle Mischungsteilnehmer befinden sich im überhitzten Zustand und sind unsichtbar.

Der Anteil an Wasserdampf in der feuchten Luft schwankt mit den Witterungsverhältnissen. In den Zonen gemäßigten Klimas bewegt er sich zwischen einem Gewichtsanteil von etwa 0,5 und 3,0%.

Zusätzlich zum Wasserdampf (D) kann die Luft Wasser in flüssigem (F) und/oder gefrorenem Zustand (E) enthalten. Je nach dem Erscheinungsbild spricht man von Wolken oder Nebel, wenn die Anteile als winzige Tropfen oder Eiskristalle in der Luft schweben. Wenn sie durch ihre Schwerkraft ausfallen, hat man Regen, Schnee oder Hagel.

2.4. Vier Zustandsbereiche

LD

Das **Einphasengemisch** von trockener Luft und Wasserdampf bildet den Zustandsbereich untersättigter Luft (LD).

$pV = \gamma \bar{R} \cdot T$ $\bar{R} = \frac{p_0 V_0}{T_0 \gamma} = 8314 \frac{J}{kmol\,K}$

γ = Stoffmenge in kmol

$pV = N k \cdot T$; $k = \frac{p_0 V_0}{T_0 N} = 1{,}38 \cdot 10^{-23} \frac{J}{K}$ N = Teilchenzahl

$pV = m \cdot R \cdot T$ $R = \frac{p_0 V_0}{T_0 \cdot m} = 8314 \cdot \frac{J}{M_r \, kg \, K}$

M_r rel Molekülmasse

LDF

Als dritten Mischungsteilnehmer stellen Wassertropfen in der Luft eine **zweite** Phase dar. Die Luft ist dann stets gesättigt.

LDE

Das Entsprechende gilt für schwebende Eiskristalle als dritten Mischungsteilnehmer.

LDFE

Ist der Wasseranteil in der gesättigten Luft sowohl in dampfförmigen als auch in flüssigem **und** in gefrorenem Zustand enthalten, so bestehen in dem Gemisch **drei** Phasen nebeneinander (Bild 2.1).

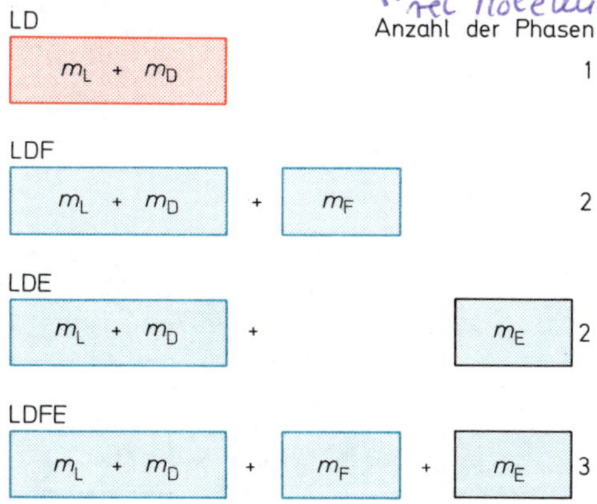

Bild 2.1 Zusammensetzung der feuchten Luft in den vier Zustandsbereichen

2.5. Daltonsches Gesetz

Soweit die Luft in der Klimatechnik als ein binäres Gemisch — Zustandsbereich LD — behandelt werden kann, unterliegt sie den Gesetzen für ideale Gase mit genügender Genauigkeit. Die Teildrücke der beiden Mischungsteilnehmer, p_L und p_D, bilden zusammen den Gesamtdruck:

$$p_L + p_D = p \qquad (2.1)$$

2.6. Thermische Zustandsgleichungen

Für den Zustandsbereich LD gelten die thermischen Zustandsgleichungen für ideale Gase

$$p_L = m_L R_L T/V \qquad (2.2.1)$$

$$p_D = m_D R_D T/V \qquad (2.2.2)$$

Die Gaskonstanten haben die Zahlenwerte

$$R_L = 287{,}1 \text{ in J/kg K} \equiv \text{m}^3/\text{s}^2 \text{ K}$$

$$R_D = 461{,}5 \text{ in J/kg K} \equiv \text{m}^3/\text{s}^2 \text{ K}$$

Wendet man das Daltonsche Gesetz an, so erhält man für LD

$$p = (m_L R_L + m_D R_D) T/V \qquad (2.2.3)$$

2.7. Wassergehalt x

Für den Wassergehalt (absolute Feuchte oder Feuchtegehalt) x, der nach Abschnitt 2.4 in allen seinen drei Phasen in der Luft mitgeführt werden kann, ist vereinbart, daß er sich auf die **trockene Luft** beziehe:

$$x = m_W/m_L \qquad (2.3)$$

Für die vier Zustandsbereiche ist damit festgelegt:

LD

$$x = m_D/m_L \leqq x_s$$

LDE

$$x = \frac{m_D + m_E}{m_L} = x_s + x_E$$

$x_E = x - x_s$

LDF

$$x = \frac{m_D + m_F}{m_L} = x_s + x_F$$

LDFE

$$x = \frac{m_D + m_F + m_E}{m_L} = x_s + x_F + x_E$$

Der Ausdruck Wasser**gehalt** hat sich in der Fachwelt eingebürgert. Nach der Nomenklatur von DIN 1310 handelt es sich um ein Massen**verhältnis.**

$x_F = x - x_s$

LDFE

$x_F = x - (x_s + x_E)$

$x_E = x - (x_s + x_F)$

$\frac{V_0}{N} = \frac{22{,}4 \text{ m}^3}{6{,}02 \cdot 10^{26}}$

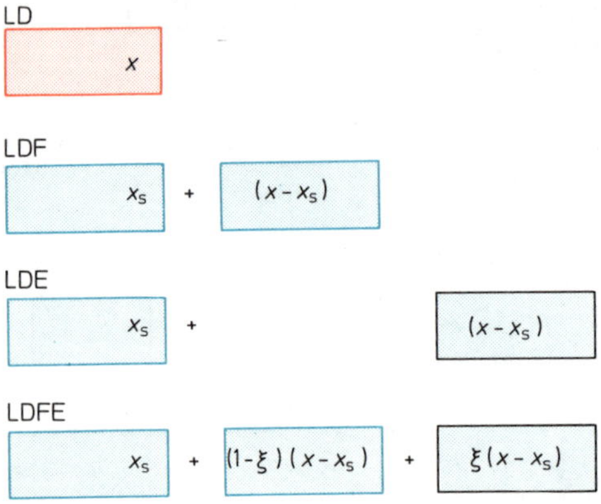

Bild 2.2 Wassergehalt der feuchten Luft in den vier Zustandsbereichen

Die thermischen Zustandsgleichungen erlauben, x als eine Funktion der Teildrücke in kg Wasser je kg trockene Luft anzugeben. Für die entsprechende zugeschnittene Größengleichung gelten die Einheiten, wie sie in Abschnitt 2.6 angegeben sind:

$$x = \frac{R_L}{R_D} \frac{p_D}{p_L} = \frac{287{,}1}{461{,}5} \frac{p_D}{p_L} = 0{,}622 \frac{p_D}{p_L} \quad (2.3.1)$$

Nach der von Mollier getroffenen Festlegung ist es üblich, den **gesamten** Wassergehalt der Luft — Dampf, Wasser und Eis — mit x **ohne** Index zu bezeichnen. x_s ist der Sättigungswert (max. Dampfgehalt der Luft). Mit diesen Bezeichnungen sind die Konzentrationsgrößen für die vier Zustandsbereiche nach Bild 2.2 festgelegt.

2.8. Eisgehalt ξ

Die Konzentration des Eises in dem Dreiphasengemisch LDFE ist zum Unterschied zu x auf die Summe **beider** Anteile bezogen:

$$\xi = \frac{m_E}{m_F + m_E} = \frac{x_E}{x_F + x_E} \quad (2.4)$$

2.9. Relative Feuchtigkeit φ

Für den Zustandsbereich LD kann die Relation zwischen dem Teildruck und dem Sättigungsdruck des Wasserdampfes definiert werden. Man nennt den Quotienten relative Feuchtigkeit; der Zahlenwert wird gewöhnlich in % angegeben.

$$\varphi = \frac{p_D}{p_{D\,s}} \approx \frac{x}{x_s} \approx \frac{m_D}{m_{D\,s}} \quad (2.5)$$

2.10. Dichte ϱ

Die Dichte der feuchen Luft ist der Quotient ihrer Masse und ihres Volumens (DIN 1306). Es gelten für die Mischungspartner und für das Gemisch folgende Beziehungen:

L

$$\varrho_L = \frac{m_L}{V} = \frac{p_L}{R_L\,T} = 3{,}483 \cdot 10^{-3} \frac{p_L}{T}$$

D

$$\varrho_D = \frac{m_D}{V} = \frac{p_D}{R_D\,T} = 2{,}167 \cdot 10^{-3} \frac{p_D}{T}$$

Als Einheit der Dichte wird meistens kg/m³ angegeben. Die Konstanten sind die Kehrwerte von R_L und R_D in J/kg K aus Abschnitt 2.6.

LD (2.6)

$$\varrho = \frac{m_L + m_D}{V} = \varrho_L + \varrho_D = \frac{1 + x}{R_L + x\,R_D} \frac{p}{T}$$

2.11. Dichte — Berechnungsbeispiel

Es seien folgende Zustandsgrößen gegeben:

p = 1 bar = 100 000 Pa
t = +30 °C = (273 + 30) K
x = 11,3 g/kg (g Wasser je kg trockene Luft)

Nach Gl. (2.6) ist

$$\varrho = \frac{1 + 0{,}0113}{287{,}1 + 0{,}0113 \cdot 461{,}5} \frac{100\,000}{303} = 1{,}14 \frac{\text{kg}}{\text{m}^3}$$

Normzustand — DIN 1343

Normtemperatur t_n = 0 °C = T_0
T_n = 273,15 K

Normdruck p_n = 101 325 Pa (oder N/m²)
= 1,01325 bar = p_0

$\xi = \frac{x_E}{x_F + x_E}$ $x_F = \frac{x_E}{\xi} - x_E$

Tabelle 2.1 Kalorische Werte für trockene Luft und Wasser
Gesamtdruck $p = 1$ bar (nach H.D. Baehr, Mollier-*i,x*-Diagramme für feuchte Luft; Springer, Berlin 1961)

Temperatur in °C			−50	0	+50	+100
Spezifische Wärmekapazität						
L						
trockene Luft	c_{pL}	kJ/kg K	1,0055	1,0056	1,0064	1,0078
		kcal/kg °C	0,2402	0,2402	0,2404	0,2407
D						
Wasserdampf	c_{pD}	kJ/kg K	1,855	1,858	1,864	1,872
		kcal/kg °C	0,4431	0,4438	0,4452	0,4471
F						
Wasser, flüssig	c_F	kJ/kg K	—	4,218	4,186	4,190
		kcal/kg °C	—	1,0075	0,9998	1,0008
E						
Eis	c_E	kJ/kg K	1,924	2,108	—	—
		kcal/kg °C	0,4595	0,5035	—	—
Spezifische latente Wärme						
Wasser						
Verdampfungswärme	r_o	kJ/kg	—	2500	—	—
		kcal/kg	—	597,12	—	—
Schmelzwärme	r_{oE}	kJ/kg	—	333,4	—	—
		kcal/kg	—	79,63	—	—

Nach DIN 5450 ist weiterhin für mittlere Verhältnisse eine **Normatmosphäre** mit folgenden Daten angenommen:

Fallbeschleunigung $g_n = 9{,}80665$ m/s² (oder N/kg)

Geopotentielle Höhe $H_0 = 0$ m
Hierzu: $T_0 = 288{,}15$ K
Vgl. Tab. 7.2 $\varrho_0 = 1{,}225$ kg/m³

2.12. Spezifische Enthalpie *h*

Aus der Enthalpie $H = U + p\,V$ in J (Joule) wird die spezifische Enthalpie $h = H/m$ abgeleitet (DIN 1345).
Mit Hilfe der kalorischen Werte (Tabelle 2.1) erhält man für die Mischungsteilnehmer der feuchten Luft folgende Definitionen

L
Trockene Luft $h_L = c_{pL}\,t$ (2.7)

D

Wasserdampf $h_D = c_{p\,D}\,t + r_0$ (2.7.1)

F

Flüssiges Wasser $h_F = c_F\,t$ (2.7.2)

E

Eis $h_E = c_E\,t + r_{0\,E}$ (2.7.3)

2.13. Spezifische Enthalpie der feuchten Luft

Die spezifische Enthalpie der feuchten Luft wird — ebenso wie der Wassergehalt — nicht auf die gesamte Masse, $m_l = m_L + m_D$, sondern auf den **trockenen** Anteil, m_L, bezogen, Dies wird zuweilen mit dem Index $(1 + x)$ hervorgehoben.

$$h = \frac{m_L\,h_L + m_W\,h_W}{m_L} \qquad (2.8)$$

Man setzt $h = 0$ J/kg (oder kcal/kg) für trokkene Luft von $t = 0$ °C.

Die spezifischen Enthalpien für die vier Zustandsbereiche der feuchen Luft gewinnt man, indem man zu h_L die spezifischen Enthalpien h_D, h_F und h_E — jeweils multipliziert mit dem Wasser- und Eisgehalt nach Bild 2.2! — hinzuzählt:

LD

$$h = h_L + x\,h_D \qquad (2.9.1)$$

LDF

$$h = h_L + x_s\,h_D + (x - x_s)\,h_F \qquad (2.9.2)$$

LDE

$$h = h_L + x_s\,h_D + (x - x_s)\,h_E \qquad (2.9.3)$$

LDFE

$$h = x_s\,h_D + (1 - \xi)\,(x - x_s)\,h_F + \xi(x - x_s)\,h_E \qquad (2.9.4)$$

Mit Gl. (2.7) ff. gelangt man zu folgender Schreibweise:

LD

$$h = c_{p\,L}\,t + x\,(c_{p\,D}\,t + r_0) \qquad (2.10.1)$$

LDF

$$h = c_{p\,L}\,t + x_s\,(c_{p\,D}\,t + r_0) + (x - x_s)\,c_F\,t \qquad (2.10.2)$$

LDE

$$h = c_{p\,L}\,t + x_s\,(c_{p\,D}\,t + r_0) + (x - x_s)\,c_E\,t + r_{0\,E}) \qquad (2.10.3)$$

LDFE

$$h = x_s\,r_0 - \xi\,(x - x_s)\,r_{0\,E} \qquad (2.10.4)$$

2.14. Gibbssche Phasenregel

Die Anzahl der (unabhängigen) Mischungsteilnehmer, der Phasen und der (wählbaren inneren) Zustandsgrößen ist durch eine Gleichgewichtsbedingung (Bild 2.3) begrenzt. Je größer die Zahl der nebeneinander bestehenden Phasen ist, um so geringer ist die Zahl der kennzeichnenden Zustandsgrößen. Im Zustandsbereich LD, d.h. bei einer Phase, sind drei Größen erforderlich (Bild 2.4).

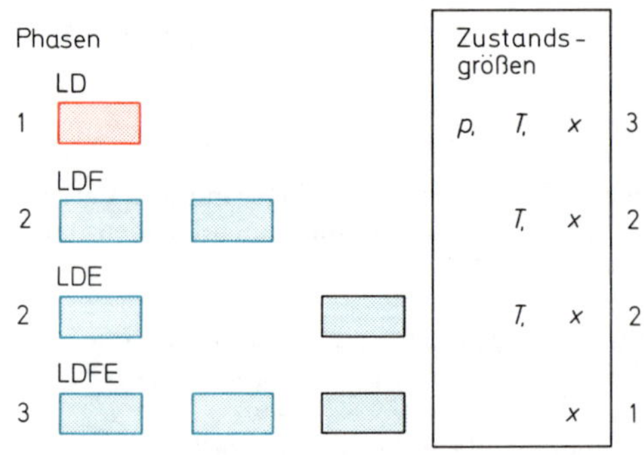

Bild 2.3 Anzahl der Phasen und der wählbaren Zustandsgrößen

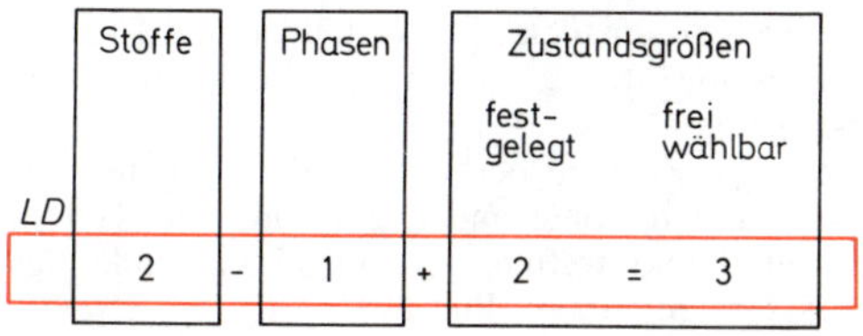

Bild 2.4 Gibbssche Phasenregel für feuchte ungesättigte Luft

2.15. Vier Zustandsdiagramme

In der Klimatechnik und in der Meteorologie werden hauptsächlich die folgenden vier Zustandsgrößen benutzt: *p, T, x* und *h*. Unter diesen sind drei auszuwählen. In einem Zustandsdiagramm sind zwei für die Koordinaten und die dritte für den Parameter verfügbar. Die vierte muß als eine Konstante behandelt werden. Somit ergeben sich nach Bild 2.5 vier Diagrammentwürfe:

Heinrich Hertz
Das erste Zustandsdiagramm wurde von Heinrich Hertz als ein *p,T*-**Diagramm** mit logarithmischen Koordinaten und *h* als Parameter geschaffen. Die Konstruktion hat sich bis heute für die Meteorologie als zweckmäßig erwiesen. Aus den Tagebuchaufzeichnungen geht hervor, daß sich Hertz seit dem 7. Oktober 1884 mit der adiabatischen Ausdehnung der Luft befaßte. Vom 13. bis 17. fertigte er die Niederschrift über den Entwurf des Diagrammes an.

Otto H. Mueller
Legt man einen atmosphärischen Druck als Konstante zugrunde — was im Hinblick auf lufttechnische Prozesse in Meereshöhe naheliegt —, so bleiben die drei Variablen *T, x* und *h*. O. H. Mueller entschied sich in einer Veröffentlichung 1905 für ein *h,t*-**Diagramm.**

Willis H. Carrier
Unter der Bezeichnung „Psychrometric Chart" entwickelte W. H. Carrier 1911 ein *t,x*-**Diagramm,** das in den USA allgemein benutzt wird.

Richard Mollier
Das *h,x*-**Diagramm** von R. Mollier wurde 1923 beschrieben. Nach Vergleichen, die Häussler, Véron u.a. anstellten, kann es für den Ingenieurgebrauch in der Klimatechnik als das vorteilhafteste angesehen werden.

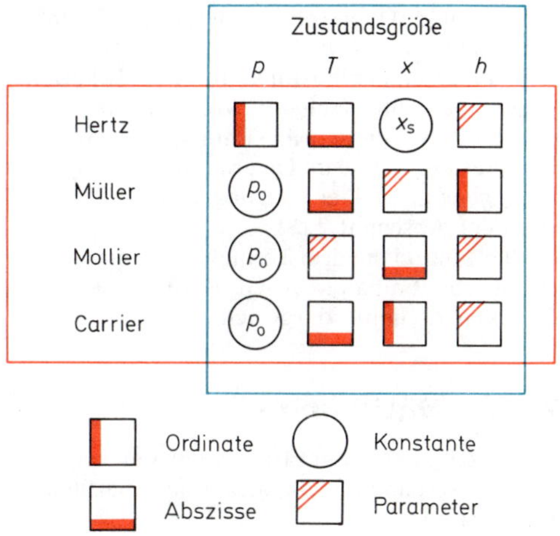

Bild 2.5 Aufbau der Zustandsdiagramme

Bild 2.6 verdeutlicht den prinzipiellen Aufbau. Auf der Waagerechen ist der Wassergehalt *x* aufgetragen. Die Ordinate der spezifischen Enthalpien ist nicht senkrecht. Um für den Zustandsbereich LD genügend Platz auf der Diagrammfläche zu gewinnen, zeichnete Mollier die Isenthalpen *h* gegenüber der waagerechten Isotherme $t = 0$ um den latenten Anteil $h_{lat} = x\ r_0$ geneigt. Damit unterteilt die Isotherme $t = 0°\,C$ die Enthalpien in einen sensiblen und einen latenten Anteil.

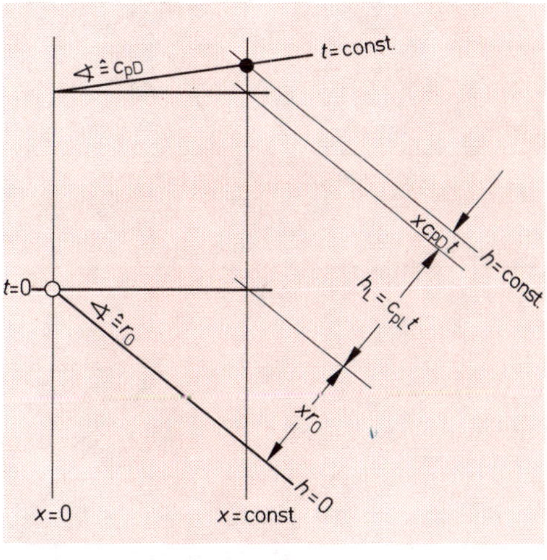

Bild 2.6 Mollier-h,x-Diagramm
Prinzipieller Aufbau für LD nach Gl. (2.10.1)

Der sensible Anteil (oben) enthält die Enthalpie der trockenen Luft $h_L = c_{p\,L}\,t$, die vom Wassergehalt x unabhängig ist und daher im Diagramm als Waagerechte erscheint. Weiterhin enthält der sensible Anteil die sensible Enthalpie des Wasserdampfes $x\,c_{p\,D}\,t$, die im Diagramm ein wenig nach oben geneigt ist. Der Neigungswinkel entspricht $c_{p\,D}$ (Vgl. Abschnitt 2.18).
In Bild 2.6 sind die drei Terme, die zusammen die spezifische Enthalpie h, Gl. (2.10.1), bilden, als Streckenabschnitte dargestellt.

2.16. Sättigung *s*

Die feuchte Luft ist gesättigt, wenn der Teildruck des Wasserdampfes, p_D, gleich dem Sättigungsdruck ist.
Die Sättigung stellt das thermodynamische Gleichgewicht der beiden Phasen dar und ist durch zwei Zustandsgrößen — im vorliegenden Fall durch x und p oder t und p — gekennzeichnet. Es gilt die Beziehung Gl. (2.3.1.) die den Zusammenhang zwischen Wassergehalt x_s und Teildruck $p_{D\,s}$ herstellt.
Im Diagramm ist die gegenseitige Zuordnung von x_s und t_s durch die **Sättigungslinie** festgelegt. Das

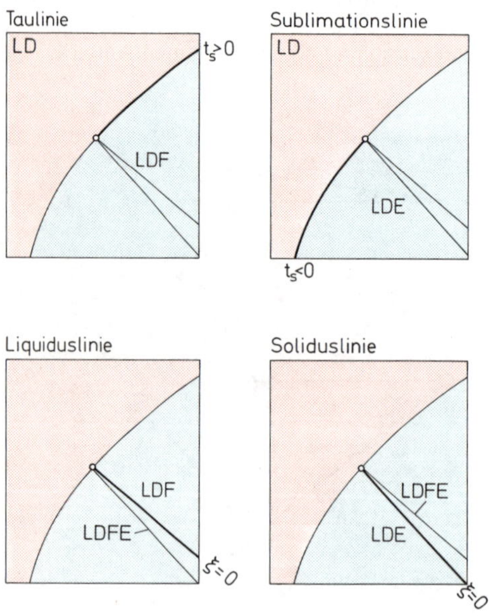

Bild 2.7 Grenzlinien zwischen den vier Zustandsbereichen

obere Kurvenstück ($t_s > 0$ °C) wird als Taulinie, das untere ($t_s > 0$ °C) als Sublimationslinie bezeichnet.
Die vier Zustandsbereiche sind durch die vier Grenzlinien voneinander getrennt, die sich in einem Punkt treffen, der dem Tripelpunkt des Wassers entspricht (Bild 2.7).

2.17. Die spezifischen Enthalpien im *h,x*-Diagramm

Im Zustandsbereich **LD** kann die spezifische Enthalpie h, wie beschrieben, in die drei Terme gemäß Gl. (2.10.1) aufgegliedert werden (Bild 2.6).
Im Zustandsbereich **LDF** gelten diese drei Terme für den Sättigungspunkt bei x_s. Gemäß Gl. (2.10.2) kommt ein vierter — $(x - x_s)\,c_F\,t$ — hinzu. Dieser repräsentiert die in den Nebeltropfen enthaltene Flüssigkeitswärme.

Für den Zustandsbereich **LDE** gilt das Entsprechende. Hier muß man beachten, daß die Celsiustemperaturen negativ sind. Demzufolge werden alle Terme, die mit den spezifischen Wärmekapazitäten $c_{p\,L}$, $c_{p\,D}$ und c_E verknüpft sind, negativ. Weierhin ist die Erstarrungswärme $(x - x_s)\,r_{0\,E}$ negativ zu setzen. Positiv dagegen erscheint der Anteil der latenten Verdampfungswärme in der feuchtgesättigten Luft — $x_s\,r_0$.

Im Zustandsbereich **LDFE** gibt es keine sensible spezifische Enthalpie. Die latente spezifische Enthalpie setzt sich aus dem — positiven — Verdampfungsanteil $x_s\,r_0$ und dem — negativen — Erstarrungsanteil $\xi\,(x - x_s)\,r_{0\,E}$ zusammen.

2.18. Steigung der Isothermen dh/dx

Beim Gebrauch des *h,x*-Diagrammes ist es oft nützlich, die Steigungsmaße der Isothermen in den einzelnen Zustandsbereichen zu kennen:

LD Nach Gl. (2.10.1)

$$dh/dx = h_D = c_{p\,D}\,t + r_0 \qquad (2.12.1)$$

LDF Nach Gl. (2.10.2)

$$dh/dx = h_F = c_F\,t \qquad (2.12.2)$$

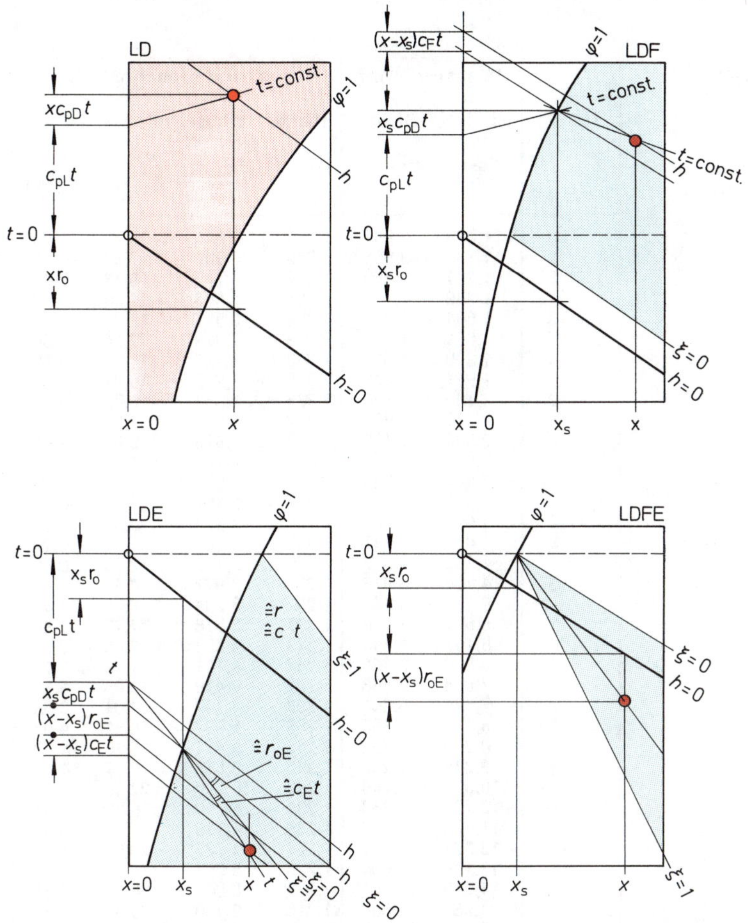

Bild 2.8 Zustandsgrößen der feuchten Luft im h,x-Diagramm

LDE Nach Gl. (2.10.3)

$$\mathrm{d}h/\mathrm{d}x = h_E = c_E\,t + r_{0\,E} \qquad (2.12.3)$$

LDFE Nach Gl. (2.10.4)

$$\mathrm{d}h/\mathrm{d}x = \xi\,r_{0\,E} \qquad (2.12.4)$$

Aus Gl. (2.12.4) folgt
für $\xi = 0$ die Steigung der Liquiduslinie gegenüber der Isenthalpen

$$\mathrm{d}h_{liq}/\mathrm{d}x = 0$$

für $\xi = 1$ die Steigung der Soliduslinie gegenüber der Isenthalpen

$$\mathrm{d}h_{sol}/\mathrm{d}x = -r_{0\,E}$$

2.19. Änderung des Gesamtdruckes p

Die Sättigungslinie des h,x-Diagrammes ist auf einen bestimmten Gesamtdruck p bezogen, z.B. auf 1 bar = 10^5 N/m².
Will man die Zustandsgrößen φ und ϱ auf andere Drücke p_1 umrechnen, so benutzt man folgende, aus der thermischen Zustandsgleichung ableitbare Relationen:

$$\frac{\varphi_1}{\varphi} = \frac{p_{D\,1}/p_{D\,s\,1}}{p_D/p_{D\,s}} = \frac{p_1}{p} \qquad (2.13)$$

$$\frac{\varrho_1}{\varrho} = \frac{p_1}{p} \qquad (2.14)$$

Tabelle 2.2 Zustandswerte des Wasserdampfes und der feuchten Luft bei Sättigung
Gesamtdruck p = 1 bar
(nach H. D. Baehr, Mollier-h,x-Diagramme für feuchte Luft; Springer, Berlin 1961)

	Wasserdampf		gesättigte feuchte Luft			
Temperatur t °C	Teildruck p_{Ds} mbar	Dichte ϱ_{Ds} g/m³	Dichte ϱ_s kg/m³	Wassergehalt x_s g/kg	Enthalpie h_s kJ/kg	kcal/kg
−20	1,029	0,881	1,375	0,641	−18,53	−4,43
−19	1,133	0,966	1,370	0,705	−17,37	−4,15
−18	1,247	1,059	1,364	0,777	−16,18	−3,87
−17	1,369	1,158	1,359	0,853	−14,99	−3,58
−16	1,504	1,267	1,354	0,937	−13,77	−3,29
−15	1,651	1,386	1,348	1,029	−12,54	−3,00
−14	1,809	1,513	1,343	1,127	−11,28	−2,69
−13	1,981	1,650	1,338	1,235	−10,01	−2,39
−12	2,169	1,800	1,333	1,352	− 8,72	−2,08
−11	2,373	1,962	1,327	1,479	− 7,39	−1,77
−10	2,594	2,136	1,322	1,618	− 6,04	−1,44
− 9	2,833	2,324	1,317	1,767	− 4,66	−1,11
− 8	3,094	2,529	1,312	1,930	− 3,25	−0,78
− 7	3,376	2,749	1,307	2,107	− 1,80	−0,43
− 6	3,681	2,986	1,302	2,298	− 0,31	−0,07
− 5	4,010	3,241	1,297	2,504	1,21	0,29
− 4	4,368	3,517	1,292	2,729	2,78	0,66
− 3	4,754	3,813	1,287	2,971	4,40	1,05
− 2	5,172	4,133	1,282	3,234	6,06	1,45
− 1	5,621	4,476	1,277	3,516	7,78	1,86
0	6,107	4,845	1,272	3,822	9,56	2,28
1	6,566	5,190	1,267	4,111	11,29	2,70
2	7,054	5,556	1,262	4,419	13,08	3,12
3	7,575	5,944	1,258	4,747	14,91	3,56
4	8,129	6,356	1,253	5,097	16,81	4,02
5	8,719	6,793	1,248	5,471	18,76	4,48
6	9,346	7,255	1,243	5,868	20,77	4,96
7	10,012	7,744	1,239	6,290	22,85	5,46
8	10,721	8,263	1,234	6,740	25,00	5,97
9	11,473	8,812	1,229	7,219	27,22	6,50
10	12,271	9,391	1,224	7,727	29,52	7,05
11	13,118	10,004	1,220	8,267	31,90	7,62
12	14,015	10,651	1,215	8,841	34,37	8,21
13	14,967	11,334	1,210	9,450	36,93	8,82
14	15,974	12,055	1,206	10,097	39,59	9,46
15	17,041	12,815	1,201	10,783	42,35	10,12
16	18,17	13,62	1,196	11,51	45,22	10,80
17	19,36	14,46	1,192	12,28	48,20	11,51
18	20,63	15,35	1,187	13,10	51,30	12,25
19	21,96	16,29	1,182	13,97	54,52	13,02
20	23,37	17,27	1,178	14,88	57,88	13,82
21	24,86	18,31	1,173	15,85	61,38	14,66
22	26,42	19,40	1,168	16,88	65,03	15,53
23	28,08	20,55	1,164	17,97	68,84	16,44
24	29,82	21,75	1,159	19,12	72,81	17,39
25	31,66	23,01	1,154	20,34	76,95	18,38
26	33,60	24,34	1,150	21,63	81,28	19,41
27	35,64	25,73	1,145	22,99	85,80	20,49
28	37,79	27,19	1,140	24,42	90,52	21,62
29	40,04	28,72	1,135	25,94	95,45	22,80
30	42,42	30,32	1,131	27,55	100,62	24,03
31	44,91	32,00	1,126	29,25	106,02	25,32
32	47,54	33,76	1,121	31,04	111,67	26,67
33	50,29	35,60	1,116	32,94	117,59	28,09
34	53,18	37,52	1,111	34,94	123,79	29,57
35	56,22	39,53	1,106	37,05	130,3	31,12
36	59,40	41,64	1,101	39,28	137,1	32,75
37	62,74	43,84	1,096	41,64	144,2	34,44
38	66,24	46,13	1,091	44,12	151,7	36,23
39	69,91	48,53	1,086	46,75	159,6	38,12
40	73,75	51,04	1,081	49,52	167,8	40,08

3. Klimatechnische Prozesse

3.1. Zustandsänderungen

Unter den thermodynamischen Prozessen der Klimatechnik stellen die psychrometrischen Prozesse Zustandsänderungen der feuchten Luft dar, die man im *h,x*-Diagramm verfolgen kann. Entsprechend dem Prozeßverlauf von einem Zustand zum folgenden erhält man gerade oder gekrümmte Linienzüge. Bei rein strömungstechnischen Prozessen ist die Zustandsänderung gering, man kann sie meist vernachlässigen (Bild 3.1).

3.2. Drei Kategorien

Die thermodynamischen Prozesse der Klimatechnik lassen sich in drei Kategorien aufgliedern. Mit der Darstellung Bild 3.2 ist der Versuch gemacht, die Unterschiede vor Augen zu führen.

3.3. Vollkommene Mischung

Der Prozeß mündet in ein Gleichgewicht; das ursprünglich vorhandene Gefälle unterschiedlicher Temperaturen, Wassergehaltswerte usw. verschwindet. Man müßte von außen her Energie aufwenden, um im System wiederum ein Gefälle hervorzubringen, d.h., um eine Entmischung einzuleiten.

Beispiele

Mischkammer (Bild 1.1, Pos. 3)
Zwei Luftströme mit unterschiedlichen Zustandsgrößen vermischen sich in Sekundenschnelle zu einem homogenen Gasgemisch.

Klimatisierter Raum (Bild 1.1., Pos. 14)
Die Zuluft wird mit der Raumluft so gemischt, daß sich zumindest in den wichtigen Raumbereichen der gewünschte Zustand hinsichtlich Temperatur, Feuchte, Reinheit, Geschwindigkeit, Bewegungsrichtung und Geräusch einstellt.

3.4. Wärme- und Stofftransport

Der Prozeß verläuft überwiegend irreversibel (nicht umkehrbar). Es treten im Luftstrom ebenfalls Mischungsvorgänge auf. Das anfängliche Gefälle der treibenden Kräfte wird abgebaut,

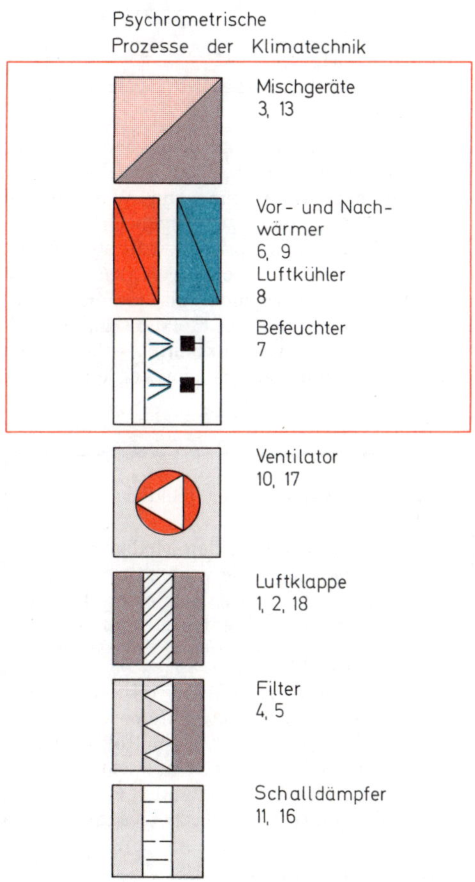

Bild 3.1 Zustandsänderungen der Luft in Klimaanlagen
Die Positionszahlen beziehen sich auf Bild 1.1

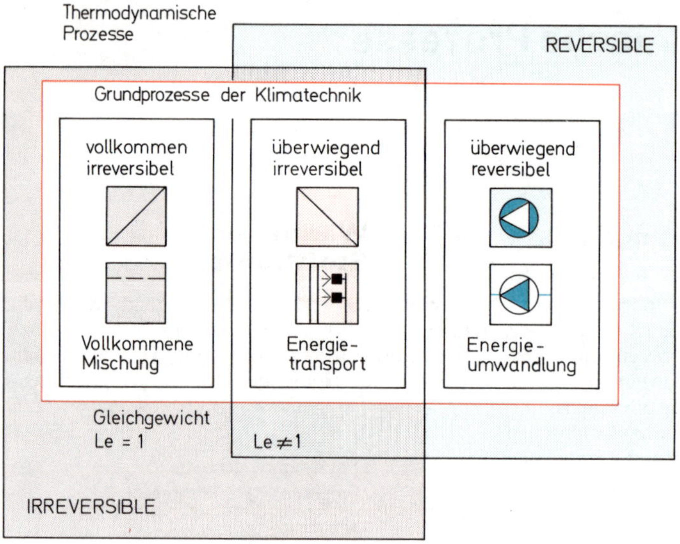

Bild 3.2 Thermodynamische Prozesse

doch wird kein Gleichgewicht erreicht. Aus Gründen der Wirtschaftlichkeit wäre es sinnlos, die Differenzen von Temperatur, Wassergehalt usw. zum Verschwinden zu bringen. Die Verweilzeit der Massenströme oder die Austauschfläche der Apparate müßte über alle realen Grenzen wachsen. Es muß vielmehr bis zum Ende des Prozesses ein vernünftiges Gefälle erhalten bleiben. Dieses Restpotential könnte – theoretisch wenigstens – nutzbar gemacht werden.

Beispiele

Vor- und Nachwärmer (Bild 1.1, Pos. 6 und 9)
Das am Eintritt der beiden Medien verfügbare Temperaturgefälle wird abgebaut. Die Temperatur des heißen Wassers sinkt; die Lufttemperatur steigt entsprechend an.

Luftkühler (Bild 1.1, Pos. 8)
Das verdampfende Kältemittel oder das zirkulierende Wasser der Kältemaschine als Kälteträger erwärmt sich in den Rohren. Die Luft kühlt sich ab. Zum Unterschied zum vorhergehenden Beispiel handelt es sich um einen Transport zwischen zwei Phasen. Es bildet sich Schwitzwasser.

Luftwäscher (Bild 1.1, Pos. 7)
Der Prozeß kann sowohl zur Befeuchtung als auch zur Entfeuchtung dienen. Im ersten Fall wird der Luft Wasserdampf zugeführt, im zweiten Fall wird ihr Wasserdampf entzogen. Es findet ein Transport von sensibler und von latenter Wärme statt, der sich zwischen zwei Phasen, der dampfförmigen und der flüssigen, abspielt. Zum Unterschied zu der Verdampfung eines Kältemittels in dem vorhergehenden Beispiel stehen zwei Stoffe, feuchte Luft und Wasser, in unmittelbarer Berührung zueinander.

Prallplattenabscheider (Bild 1.1, Pos. 7)
Dieses Gerät kann als ein Stoffaustauscher angesehen werden. Es findet ein makroskopischer Stofftransport von der Kernströmung der Luft in den Spalten zur Oberfläche der gewinkelten Platten statt. Die Konzentration der Tropfen im Luftstrom sinkt vom Kern zur Wandung. Ihr Anteil wird auf Kosten eines notwendigen Druckabfalles verringert.

3.5 Strömungsvorgänge

Die Prozesse in Strömungsmaschinen verlaufen überwiegend reversibel (umkehrbar). Der größere Anteil der (meist in der Form von elektrischem Strom) zugeführten „geordneten" Energie bleibt als Impuls erhalten.

Beispiele

Ventilatoren (Bild 1.1, Pos. 10 und 17) und Pumpen

Die mechanische, an der Welle zugeführte Energie wird in Druckenergie überführt. Die Umwandlung geht nicht ohne Verluste vor sich. Ein Wirkungsgrad von mehr als 0,5 zeigt an, daß der Prozeß überwiegend reversibel verläuft. Im Kanalnetz wird dann auch die geordnete Strömungsenergie der Ventilatoren in Wärme umgewandelt. Dieser Anteil der Kühllast in der Form sensibler Wärme kann in den Rechnungen meist nicht vernachlässigt werden.

Tabelle 3.1 Vorgesehener Aufbau des Gesamtregelwerks Raumlufttechnik (nach Esdorn)

DIN 1946 Teil	Titel, gekürzt	
1	Raumlufttechnik - Grundlagen	
2	Gesundheitstechnische Anforderungen	VDI 2080
3	technische Grundforderungen	VDI 2087
4	sicherheitstechnische und bautechnische Grundforderungen	
5	Abnahme und Leistungsmessung	VDI 2079
6	Betrieb und Wartung	VDI 3801 VDMA 24186
91	Berechnung, Heiz-, Kühlleistung, Be- und Entfeuchtung	DIN 4701 VDI 2078
92	Luftverteilnetze	
93	Lärmminderung	VDI 2081
94	Energiebedarf, Wirtschaftlichkeit, Betriebskosten	VDI 2067
100	Raumlufttechnik - Anwendungsbereich	
101	Versammlungsstätten	(DIN 1946)
102	Geschäftshäuser und Verkaufsstätten	VDI 2082
103	Wohnungen	VDI 2088
104	Krankenhäuser	(DIN 1946)
105	Schulen, Turn- und Sporthallen	(DIN 1946) DIN 18032
106	Küchen	VDI 2052
107	Wäschereien	
108	Schwimmhallen und Bäder	VDI 2089
109	Datenverarbeitungsräume	VDI 2054
110	Laboratorien	VDI 2051
111	Kernkraftwerke	DIN 25414
112	Schutzräume	VDI 2085
113	Garagen	VDI 2053
114	Tunnel	VDI 2053
115	Justizvollzugsanstalten	
116	Bäder und Spülaborte ohne Außenfenster	DIN 18017
131	Werkhallen	VDI 3802
132	Schweißräume und Schweißplätze	VDI 2084
133	Druckereien	VDI 2086
134	Reinraumtechnik	VDI 2083
135	Farbspritzräume und Farbspritzkabinen	
161	Landfahrzeuge	
162	Seefahrzeuge	
163	Flugzeuge	
180-199	Einrichtungen zur freien Lüftung	

4. Mischungsprozesse

4.1. Mischung zweier Luftströme

Für die Berechnung des Endzustandes nach der Zusammenführung von zwei Luftströmen in einer Mischkammer gelten die Erhaltungssätze für Massen und Energien ohne Einschränkung. Sie werden in der Form von Stoff- und Energie-(Wärme-)Bilanzen ausgedrückt. Auf der linken Seite der Bilanzgleichungen erscheinen die Zustandsgrößen vor, auf der rechten Seite die Zustandsgrößen im Gleichgewicht nach dem Prozeß.
Nach dem Schema Bild 4.1 erhält man:

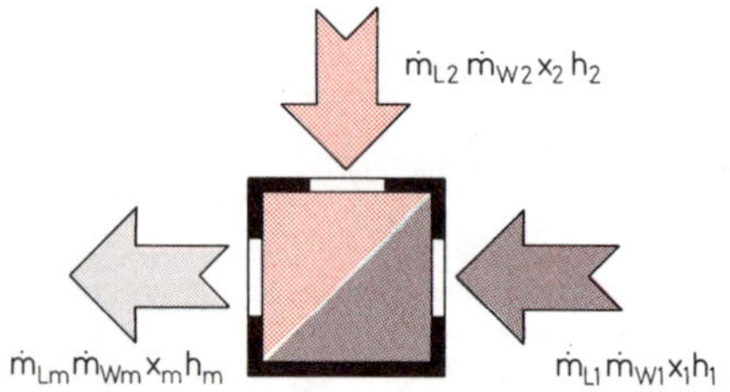

Bild 4.1 Mischkammer einer Klimaanlage

Stoffbilanzen

Trockene Luft $\dot{m}_{L\,1} + \dot{m}_{L\,2} = \dot{m}_{L\,m}$

Wassergehalt $\dot{m}_{W\,1} + \dot{m}_{W\,2} = \dot{m}_{W\,m}$

Bei Anwendung von Gl. (2.4):

$$\dot{m}_{L\,1}\,x_1 + \dot{m}_{L\,2}\,x_2 = (\dot{m}_{L\,1} + \dot{m}_{L\,2})\,x_m \tag{4.1}$$

$$x_m = \frac{\dot{m}_{L\,1}\,x_1 + \dot{m}_{L\,2}\,x_2}{\dot{m}_{L\,1} + \dot{m}_{L\,2}}$$

Wärmebilanz

Die beim Mischungsprozeß zusammengeführte Wärme der beiden Luftströme ergibt sich analog als Summe aus den spezifischen Enthalpien, multipliziert mit den beiden Trockenluftströmen:

$$\dot{m}_{L\,1}\,h_1 + \dot{m}_{L\,2}\,h_2 = (\dot{m}_{L\,1} + \dot{m}_{L\,2})\,h_m \tag{4.2}$$

$$h_m = \frac{\dot{m}_{L\,1}\,h_1 + \dot{m}_{L\,2}\,h_2}{\dot{m}_{L\,1} + \dot{m}_{L\,2}}$$

4.2. Mischungsregel

Die Abstände zwischen den ursprünglichen Zustandspunkten und dem Mischpunkt stehen im reziproken Verhältnis zu den entsprechenden Luftströmen (Bild 4.2):

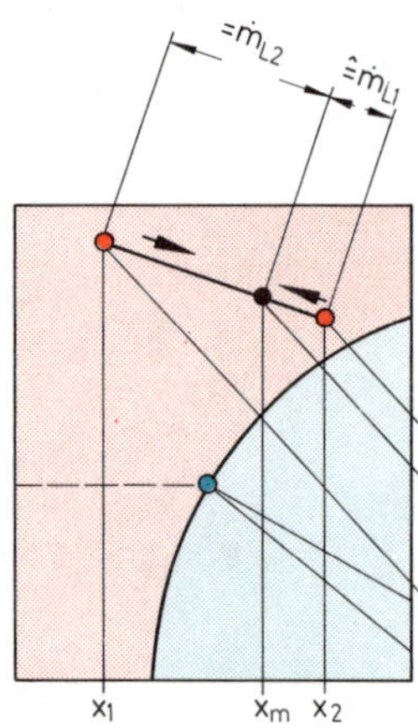

Bild 4.2 Mischung zweier Luftströme im h,x-Diagramm

Aus Gl. (4.1.1) folgt:

$$\frac{x_m - x_1}{x_2 - x_m} = \frac{\dot{m}_{L\,2}}{\dot{m}_{L\,1}} \tag{4.3.1}$$

Aus Gl. (4.2.1) folgt:

$$\frac{h_m - h_1}{h_2 - h_m} = \frac{\dot{m}_{L\,2}}{\dot{m}_{L\,1}} \tag{4.3.2}$$

Verbindet man die beiden Gleichungen, so erhält man

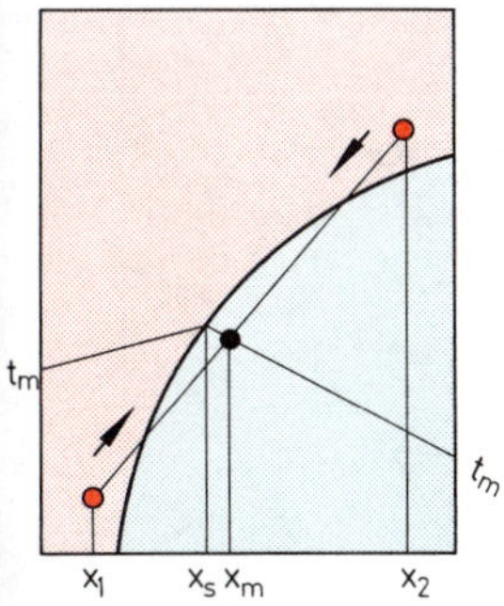

Bild 4.3 Mischpunkt im Nebelgebiet LDF

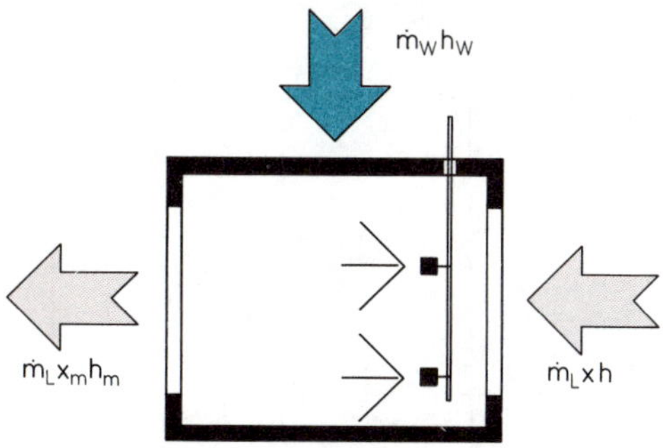

Bild 4.4 Befeuchtung der Luft mit Dampf oder Waser in einer Klimaanlage Mischungsprozeß

$$\frac{h_m - h_1}{x_m - x_1} = \frac{h_2 - h_m}{x_2 - x_m} \tag{4.3}$$

Der Ausdruck zeigt, daß die Strecke (m—1) dieselbe Steigung hat wie die Strecke (2—m). Die drei Punkte 1, 2 und m liegen auf einer gemeinsamen Geraden.

> Bei der Mischung von zwei Luftströmen ist der Zustandsverlauf im *h,x*-Diagramm linear.

4.3. Mischpunkt im Nebelgebiet

Im *h,x*-Diagramm Bild 4.2 liegt der Mischpunkt ebenso wie die beiden ursprünglichen Zustandspunkte der Luftströme im Zustandsbereich LD. Der Mischpunkt kann auch im Nebelgebiet auftreten, wenn die Zustandspunkte der beiden Luftströme im untersättigten Bereich waren. Die Mischungsgerade schneidet die Sättigungslinie (Bild 4.3). Es tritt ein Phasenwechsel für einen Teil des Wasserdampfes ein.

Übereinstimmend mit den Bezeichnungen in den Diagrammen Bild 2.6 ist

der Anteil an Wasserdampf: x_s,
der Anteil an Wasser in flüssiger Form:
$x - x_s$

Der Mischpunkt liegt auf der Nebelisothermen t_m. Da das Gemisch eine einheitliche Temperatur hat, wird der Sättigungsgehalt an Wasserdampf, x_s dort zu finden sein, wo t_m die Sättigungslinie schneidet.

4.4. Befeuchtung

Das Wasser wird dem Luftstrom in Klimaanlagen sowohl im flüssigen als auch im dampfförmigen Zustand beigemischt. Im ersten Fall bildet es nach der Zerstäubung unter hohem Druck ein Aerosol.

Wasserdampf bzw. Aerosol sollen nach einer schnellen und vollkommenen Vermischung vom Luftstrom ganz aufgenommen werden. Nur bei mangelhafter Betriebsweise schlägt sich innen an den Wandungen des Luftkanals überschüssige Feuchte als Nässe nieder.

In Analogie zur Mischung zweier Luftströme gelangt man bei der Mischung von Luft und Wasser(dampf) bzw. Eis zu den vier Gleichungen (4.6) für die Richtung der Zustandsänderungen.

Während der Zustandsverlauf bei der Mischung zweier Luftströme die verschiedensten Richtungen aufweisen kann, sind hier eng begrenzte Enthalpiespannen, h_D, h_F, h_E oder $\xi\ r_{0\,E}$, vom Mischungspartner festgelegt.

Die Gleichungen (4.6) besagen, daß die Verlaufsrichtung des Luftzustandes bei vollkommener Vermischung mit Dampf, Wasser und/oder Eis **identisch** ist mit der Verlaufsrichtung der spezifischen Enthalpien gemäß Gl. (2.12). Die Steigung im linearen Mischungsprozeß ist gleich der Steigung der Isothermen nach Abschnitt 2.16 für die vier Zustandsbereiche (Bild 4.5).

Da bei der Mischung von Luft und Wasser der Diagrammpunkt eines Wasseranteils unendlich weit nach rechts aus dem Diagrammfeld hinausrückt, kann man den Endzustand nicht wie bei der Mischung zweier Luftmengen zeichnerisch ermitteln. Nach einem Vorschlag von Mollier behilft man sich daher mit einem Richtungsmaßstab in der Form einer Winkelteilung dh/dx, die entweder in der freien Diagrammfläche, rechts unten, Bild 4.5, oder am Rand untergebracht ist.

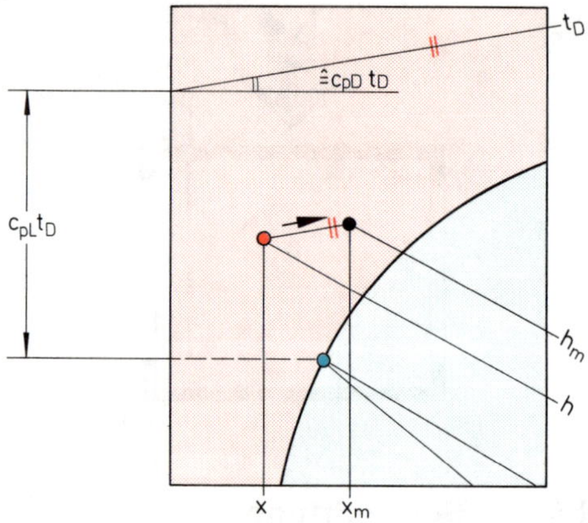

Mischung von Luft und Wasserdampf

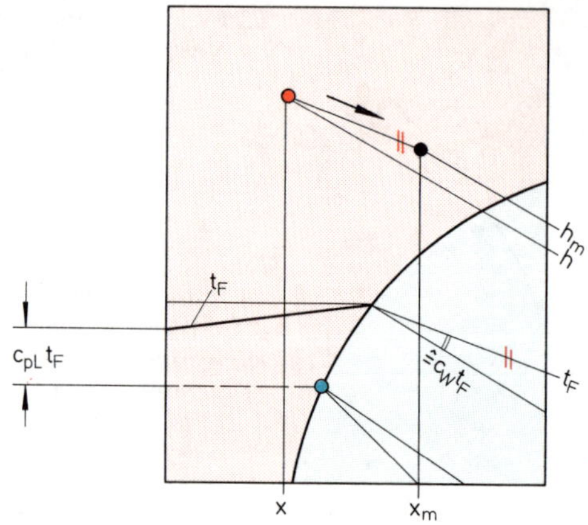

Mischung von Luft und flüssigem Wasser

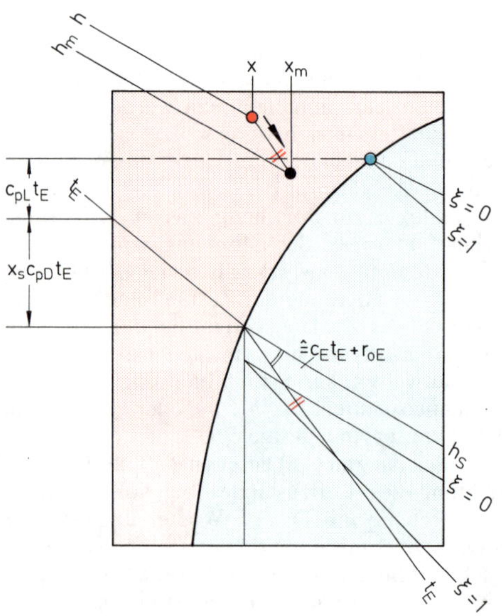

Mischung von Luft und Eis

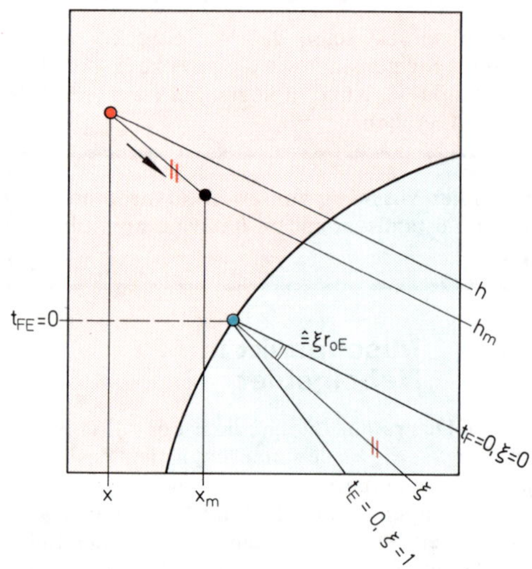

Mischung von Luft und Eis/Wasser

Bild 4.5 Befeuchtung der untersättigten Luft (LD) durch Mischungsprozesse

LD + D	LD + F	LD + E	LD + FE	
$m_L x + m_D = m_L x_m$ $x + m_D/m_L = x_m$	$m_L x + m_F = m_L x_m$ $x + m_F/m_L = x_m$	$m_L x + m_E = m_L x_m$ $x + m_E/m_L = x_m$	$m_L x + m_F + m_E = m_L x_m$ $x + (m_F + m_E)/m_L = x_m$	Stoffbilanzen (4.4)
$m_L h + m_D h_D =$ $= m_L h_m$ $h + m_D/m_L h_D = h_m$	$m_L h + m_F h_F =$ $= m_L h_m$ $h + m_F/m_L h_F = h_m$	$m_L h + m_E h_E =$ $= m_L h_m$ $h + m_E/m_L h_E = h_m$	$m_L h + m_F h_F + m_E h_E = m_L h_m$ $h + m_F/m_L h_F + m_E/m_L h_E = h_m$	Wärmebilanzen (4.5)

Der Quotient der beiden Bilanzgleichungen (4.4) und (4.5) liefert jeweils die Richtung der Zustandsänderung

$\frac{h_m - h}{x_m - x} = h_D$	$= h_F$	$= h_E$	$= \xi \, r_{0\,E}$*	(4.6)

* In Verbindung mit Gl. (2.5) erhält man zunächst den Quotienten der beiden Bilanzgleichungen in der Form

$$\frac{h_m - h}{x_m - x} = h_F (1 - \xi) + \xi \, h_E.$$

Hierin ist $h_F = c_F t_F = 0$ und $h_E = c_E t_E + r_{0\,E} = r_{0\,E}$. Somit bestimmt die Eiskonzentration die Richtung der Zustandsänderung.

Aus den Stoffbilanzen (4.4) gewinnt man auch den waagerechten Abstand des Mischpunktes m vom ursprünglichen Zustandspunkt der Luft im h,x-Diagramm:

(4.7)

LD + D	LD + F
$x_m - x = m_D/m_L$	$= m_F/m_L$
LD + E	**LD + FE**
$= m_E/m_L$	$= (m_F + m_E)/m_L$

4.5. Mischungsprozesse als Näherung

Verdunstung und Taubildung können näherungsweise als Mischungsprozesse aufgefaßt werden. Man geht davon aus, daß sich einzelne Wassermoleküle an der Grenzschicht zur Luft aus dem Verband der Flüssigkeit lösen und in den Luftraum eindringen. Andere wiederum, die sich im Luftraum geradlinig und mit großer Geschwindigkeit bewegen, werden auf die Wasseroberfläche treffen und dort festgehalten. Je nachdem, ob ein Überschuß in der einen oder der anderen Übergangsrichtung auftritt, spricht man von Verdunstung oder Taubildung (Bild 4.6). Die Häufigkeit des Phasenwechsels ist eine Folge der Energie in den einzelnen Molekülen.

Läßt man den Wasserdampfmolekülen genügend Zeit, so werden sie sich von der Phasengrenze her schließlich gleichmäßig in dem verfügbaren Luftraum oder Luftstrom verteilen. Der Transportprozeß der Verdunstung mündet dann in einen Endzustand, der dem Gleichgewicht nach einer vollkommenen Mischung gleichkommt. Nur in diesem fiktiven **Grenzfall,** bei genügend langer Austauschzeit und sehr großer Austauschfläche, ist es belanglos, mit welcher Geschwindigkeit die Ströme der Energie und des Wasserdampfes in der Luft dem Ausgleich zustreben (vgl. Abschnitt 5.2). Man kann, rückschauend, vom Zeitpunkt des Gleichgewichts aus, unbeachtet lassen, welche Geschichte der Transportprozeß hatte.

Wird der Transportprozeß

- □ unmittelbar nach seinem Beginn (Bild 4.7, Mitte — Psychrometer)

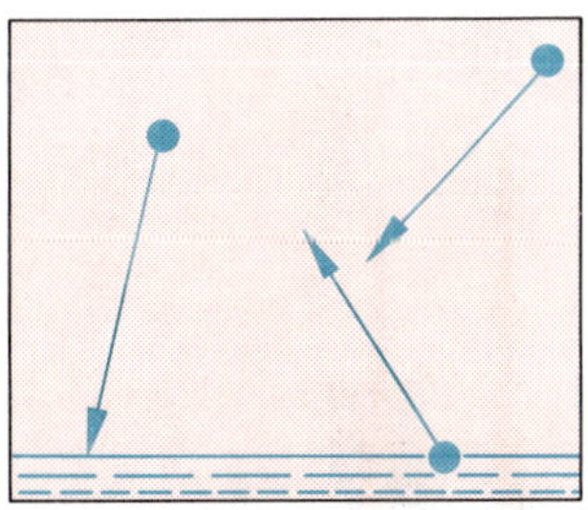

Bild 4.6 Verdunstung und Taubildung

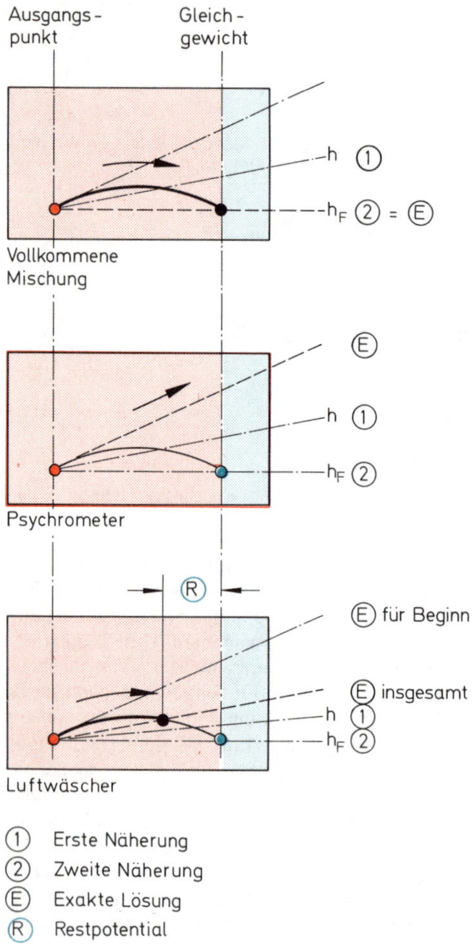

Bild 4.7 Gegenüberstellung von Ausgleichsprozessen (Richtung der Zustandsänderung)

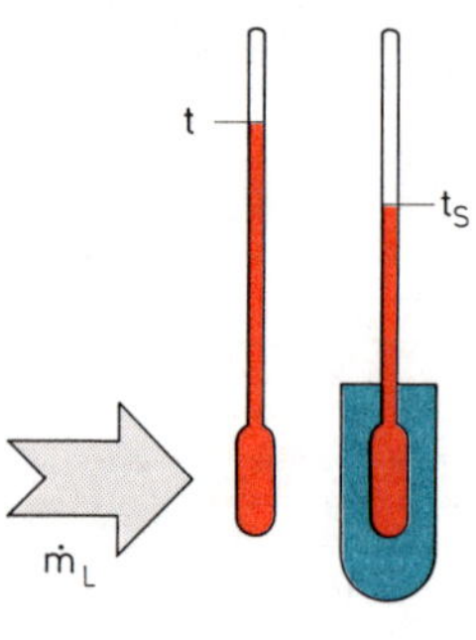

Bild 4.8 Psychrometer

- oder nach einer begrenzten Verweilzeit (Bild 4.7, unten — Luftwäscher)

abgebrochen, so kann man bei vielen Ingenieuraufgaben eine vollkommene Mischung annehmen und die Rechnung auf den Bilanzgleichungen allein stützen. Die Ergebnisse sind nicht exakt. Die exakte Theorie Ⓔ muß von den Näherungen ① und ② logisch sorgfältig getrennt bleiben.
Bei der Näherung ① vernachlässigt man

- die Zustandsgrößen des zweiten Mischungsteilnehmers (Wasser), z.B. dessen Enthalpie. Das ist zulässig, wenn sein Anteil an der gesamten Masse klein ist.
- die Abweichungen infolge der unterschiedlichen Ausgleichsgeschwindigkeiten (vgl. Abschnitt 5.3). Das ist zulässig, wenn *Le, Pr* und $Sc \approx 1$ (Reynolds Analogie).

Bei der Näherung ② vernachlässigt man nur den zweiten Punkt.

4.6. Psychrometer

Zur Bestimmung der Temperatur und der Feuchtigkeit der Luft benutzt man nach August (1825) zwei Thermometer. Die Fühlerkugel des einen bleibt trocken, die des zweiten, die mit einem Gewebe umhüllt ist, wird vor der Messung befeuchtet (Bild 4.8).
Wenn die Luft an den beiden Thermometern mit genügender Geschwindigkeit vorbeistreicht, so sinkt infolge der Verdunstung die Temperatur an der feuchtgehaltenen Kugel unter diejenige der trockenen. Nach wenigen Minuten kommt der Prozeß zum Stillstand. Man kann dann an den Skalen die beiden Werte ablesen.
Zur Kennzeichnung des Luftzustandes bei einem bestimmten Gesamtdruck liefert somit das Gerät

- die Isotherme t (LD) am trockenen Thermometer,
- einen Zustandspunkt der Sättigung durch den Temperaturwert t_s am feuchten Thermometer.

Es stellt sich nun, graphisch ausgedrückt, die Aufgabe, vom Punkt t_s, x_s auf der Sättigungslinie aus eine Linie zu ziehen, die die Isotherme t im gesuchten Zustandspunkt Z schneidet.

4.7. Psychrometer — erste Näherung (Bild 4.9)

An der feuchten Thermometerkugel findet ein Verdunstungsprozeß statt. Ein relativ großer Luftstrom nimmt während der Messung im Gleichgewicht eine kleine Wassermenge von dem Wasservorrat im Gewebe auf. Das Thermometer zeigt die Temperatur des zurückbleibenden Wassers an, die mit der Sättigungstemperatur der Luft an der Phasengrenze übereinstimmt.

Die Luft mischt sich mit dem eindringenden Wasserdampf. Ihre Temperatur sinkt unmerklich, und ihre Feuchte steigt in gleicher Weise unmerklich. Nimmt man an,

- □ daß ihr geringer Verlust an sensibler Wärme dem geringen Gewinn an latenter Wärme genau gleichkommt, der von dem verdunstendem Wasser herrührt, und
- □ die sensible Wärme des verdunstenden Wassers ihres geringen Anteils wegen unberücksichtigt bleiben kann,

so behandelt man das Psychrometer als ein offenes adiabatisches System mit zwei stationären Stoffströmen, die sich vollkommen mischen.

Für den Mischungsprozeß gilt die Wärmebilanz (4.5)

$$\dot{m}_L h + \dot{m}_F h_F = \dot{m}_L h_m \qquad \text{mit } \dot{m}_F = 0$$

und somit: $h = h_m = \text{const.}$ Aus Gl. (4.6) wird

$$\frac{h_m - h}{x_m - x} = 0 = \frac{h_s - h}{x_s - x}$$

Der Prozeßverlauf wird durch die Steigung der Isenthalpen ausgedrückt; es ist $h_s = h_m$ und somit nach Gl. (2.10.1) (4.8)

$$x \approx \frac{h_s - c_{p\,L}\, t}{c_{p\,D}\, t + r_0}$$

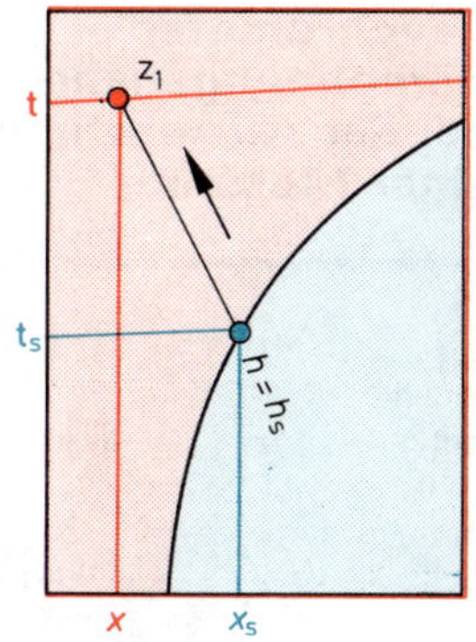

Bild 4.9 Psychrometer — Auswertung

Erste Näherung $\frac{h_s - h}{x_s - x} \approx 0 \qquad h_s \approx h$

Sonderfall der Theorie von Merkel

4.8. Psychrometer — zweite Näherung (Bild 4.10)

Wenn man die Zunahme der Luftenthalpie durch die Flüssigkeitswärme berücksichtigt, die mit dem verdunstenden Wasseranteil mitgeführt wird, so erhält man nach Gl. (4.5) für den linearen Mischungsprozeß zwischen den ursprünglichen Zustandspunkten der Mischungsteilnehmer, Z_2 und s:

$$\frac{h_m - h}{x_m - x} = h_F = c_F\, t_s = \frac{h_s - h}{x_s - x}$$

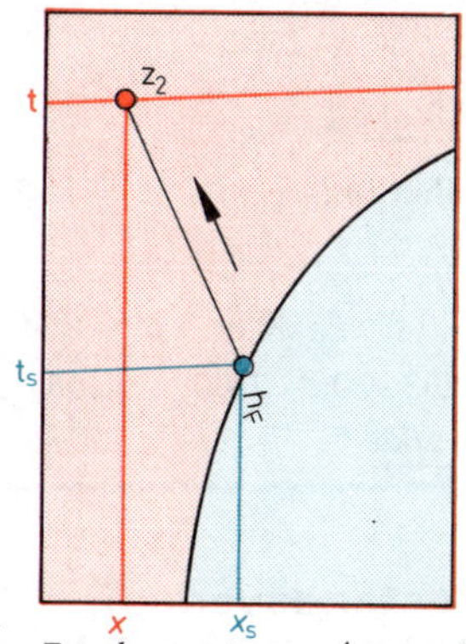

Bild 4.10 Psychrometer — Auswertung

Zweite Näherung $\frac{h_s - h}{x_s - x} \approx h_F$

Zieht man vom Meßpunkt des feuchten Thermometers, t_s, x_s, aus die Flüssigkeitsisenthalpe, h_F, im Zustandsbereich LD (die nach Gl. [2.12.2] mit der Nebelisothermen (LDF) in der Verlaufsrichtung übereinstimmt), so gelangt man zum gesuchten Zustandspunkt Z_2. Dieser liegt etwas weiter links als derjenige nach der ersten Näherung.

(4.9)

$$x \approx \frac{h_s - c_{p\,L}\, t - c_F\, t_s\, x_s}{c_{p\,D}\, t + r_0 - c_F\, t_s}$$

4.9. Psychrometer – Berechnungsgang bei der Auswertung einer Messung

Abgelesen wurden bei	p	=	1	bar
am trockenen Thermometer	t	=	+30	°C
am feuchten Thermometer	t_s	=	+20	°C
Nach Tabelle 2.1 ist	$c_{p\,L}$	=	1,0061	kJ/kg K
	$c_{p\,D}$	=	1,862	kJ/kg K
	c_F	=	4,205	kJ/kg K
	r_0	=	2500	kJ/kg
Nach Tabelle 2.2 ist	x_s	=	14,88	g/kg
	h_s	=	57,88	kJ/kg

Erste Näherung

$$x = \frac{57{,}88 - 1{,}0061 \cdot 30}{1{,}862 \quad 30 + 2500}$$

$$x = \underline{10{,}83 \text{ g/kg}}$$

Zweite Näherung

$$x = \frac{57{,}88 - 1{,}0061 \cdot 30 - 4{,}205 \cdot 20 \cdot 0{,}01488}{1{,}862 \cdot 30 + 2500 - 4{,}205 \cdot 20}$$

$$\underline{x = 10{,}70 \text{ g/kg}}$$

4.10. Zustandsverlauf – Differenzenverfahren

Beim Psychrometer hat man einen Luftstrom von konstantem Zustand, und auch die Temperatur des kleinen Wasservorrates stellt einen einheitlichen und unveränderlichen Wert der Messung dar. Bei den Leistungsprozessen der Klimatechnik ist das in der Regel nicht der Fall. Die Zustandswerte von Luft und Wasser ändern sich im Verlauf der Erwärmung oder Abkühlung. An die Stelle der Mischungsgeraden tritt für jedes der beiden Medien eine Verlaufskurve, die man indessen näherungsweise mit Hilfe einer Schar von einhüllenden Mischungsgeraden konstruieren kann.

Voraussetzung ist, daß die Strömungsführung der beiden Medien eine gegenseitige Zuordnung der Zustandswerte gestattet. Ein Beispiel für eine solche Strömungsführung ist der reine Gegenstrom. Allgemein ist zwar dh/dx nicht konstant,

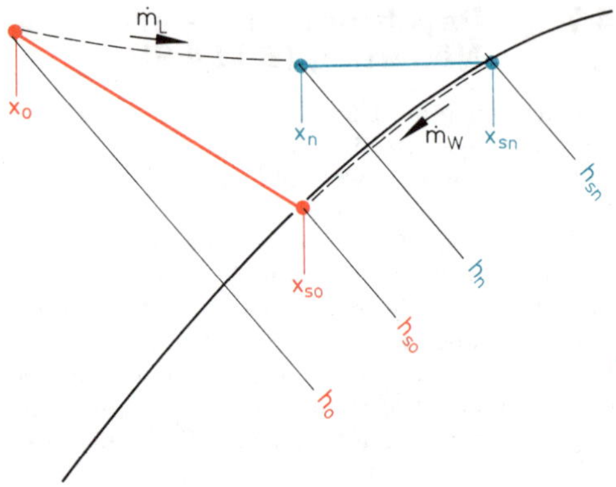

Lufteintritt 0 (rot), Luftaustritt n (blau) } Mischungsgeraden

Bild 4.11 Zustandsverlauf

aber stets $d^2h/dx^2 > 0$ (Gegenstrom), wenn $dh/dx > 0$ (Erwärmung der Luft).

Bild 4.11 zeigt die Mischungsgerade für den Lufteintritt 0 (rot) und den Luftaustritt n (blau). Die Steigung ist

$$\frac{h_{s\,0} - h_0}{x_{s\,0} - x_0} \neq \frac{h_{s\,n} - h_n}{x_{s\,n} - x_n}$$

Man kann die einhüllenden Mischungsgeraden für den Zustandsverlauf der Luft nach einem Differenzverfahren berechnen und zeichnen:

- □ Die **Mittelwerte** (Grenzwert 0) 2, 4, 6, ... (Grenzwert n) sind Berührungspunkte von einer Mischungsgeraden mit der Kurve des Zustandsverlaufs.
- □ Die dazwischenliegenden **Hilfswerte** 1, 3, 5, ... $(n-1)$ sind Schnittpunkte von je zwei benachbarten Mischungsgeraden.

Es zeigt sich, daß die beiden Grenzwerte 0 und n den Kurvenverlauf wohl als Tangentenpunkte bestimmen, dabei aber in die Rechnung mit halbem Gewicht eingehen.

Nach Bild 4.12 gilt für die **Mischungsgerade 0** (rot):

$$\frac{h_{s\,0} - h_0}{x_{s\,0} - x_0} = \frac{h_1 - h_0}{x_1 - x_0}$$

Für die **Mischungsgerade 2** (blau) gilt entsprechend:

Bild 4.12 Konstruktion des Zustandsverlaufs

Mischungsgerade 0
Mischungsgerade 2
Hilfspunkt 1 •

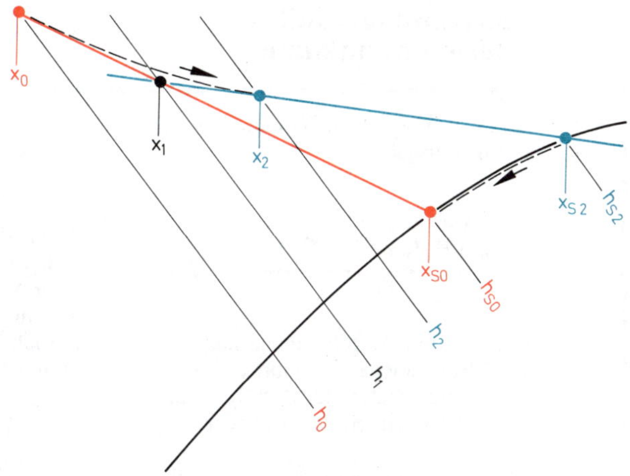

$$\frac{h_{s\,2} - h_1}{x_{s\,2} - x_1} = \frac{h_2 - h_1}{x_2 - x_1}$$

usw.

Aus diesen Gleichungen gewinnt man sukzessive die für den Zustandsverlauf charakteristischen Daten des Feuchteanteils:

(4.10.1)

$$x_1 = \frac{h_1 - h_0}{h_{s\,0} - h_0}(x_{s\,0} - x_0) + x_0$$

(4.10.2)

$$x_2 = \frac{h_2 - h_1}{h_{s\,2} - h_1}(x_{s\,2} - x_1) + x_1$$

usw.

4.11. Zustandsverlauf – zeichnerische Lösung

Schritt Nr.	Mischungsgerade von	bis	Schnittpunkt mit	ergibt
1	h_0, x_0	$x_{s\,0}$	h_1	x_1
2	h_1, x_1	$x_{s\,2}$	h_2	x_2
3	h_1, x_1	$x_{s\,2}$	h_3	x_3
...				
n	h_{n-1}, x_{n-1}	$x_{s\,n}$	h_n	x_n

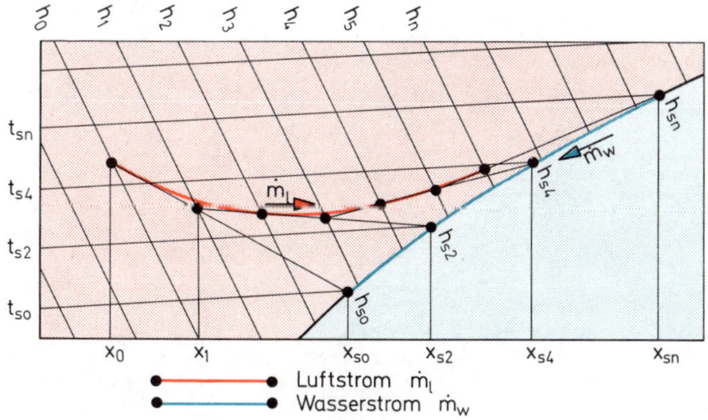

Bild 4.13 Zustandsverlauf der Luft und des Kühlwassers in einem Kühlturm bei Gegenstromführung

4.12. Zustandsverlauf — Berechnungsgang

Ein Wasserstrom werde in einem Gegenstromkühlturm abgekühlt

von	$t_{W\,n} = t_{s\,n} =$	$+34\ °C$
auf	$t_{W\,0} = t_{s\,0} =$	$+22\ °C$
d.h.	um	$12\ °C.$

Man unterteilt den Abkühlungsverlauf des Wassers in drei gleiche Abschnitte von je 12 : 3 = 4 °C und erhält unter Zuhilfenahme der Tabelle 2.1 folgenden Zustandswerte:

$t_{s\,n} = 34\ °C$	$h_{s\,n} = 123{,}79$ kJ/kg	$x_{s\,n} = 34{,}94$ g/kg
$t_{s\,4} = 30\ °C$	$h_{s\,4} = 100{,}62$ kJ/kg	$x_{s\,4} = 27{,}55$ g/kg
$t_{s\,2} = 26\ °C$	$h_{s\,2} = 81{,}28$ kJ/kg	$x_{s\,2} = 21{,}63$ g/kg
$t_{s\,0} = 22\ °C$	$h_{s\,0} = 65{,}03$ kJ/kg	$x_{s\,0} = 16{,}88$ g/kg

Die eintretende Luft habe folgende Zustandswerte:

$$t_0 = +32\ °C;\ x_0 = 4{,}00\ g/kg$$

Nach Gl. (2.10.1) ist ihre Enthalpie $h_0 = 42{,}44$ kJ/kg. Sie werde um 48,00 kJ/kg erwärmt. Bei einer Aufgliederung der Erwärmung in $n = 6$ Abschnitte entfällt auf jeden Abschnitt eine Enthalpiezunahme von 48,00 : 6 = 8,00 kJ/kg. Man erhält folgende Zustandswerte:

$h_0 = 42{,}44$ kJ/kg		$x_0 = 4{,}00$ g/kg
$h_1 = 50{,}44$ kJ/kg	aus Gl. (4.10.1)	$x_1 = 8{,}56$ g/kg
$h_2 = 58{,}44$ kJ/kg	aus Gl. (4.10.2)	$x_2 = 11{,}95$ g/kg
$h_3 = 66{,}44$ kJ/kg	aus Gl. (4.10.3)	$x_3 = 15{,}34$ g/kg
$h_4 = 74{,}44$ kJ/kg	aus Gl. (4.10.4)	$x_4 = 18{,}20$ g/kg
$h_5 = 82{,}44$ kJ/kg	aus Gl. (4.10.5)	$x_5 = 21{,}05$ g/kg
$h_n = 90{,}44$ kJ/kg	aus Gl. (4.10.n)	$x_n = 23{,}74$ g/kg

5. Wärme- und Stofftransport

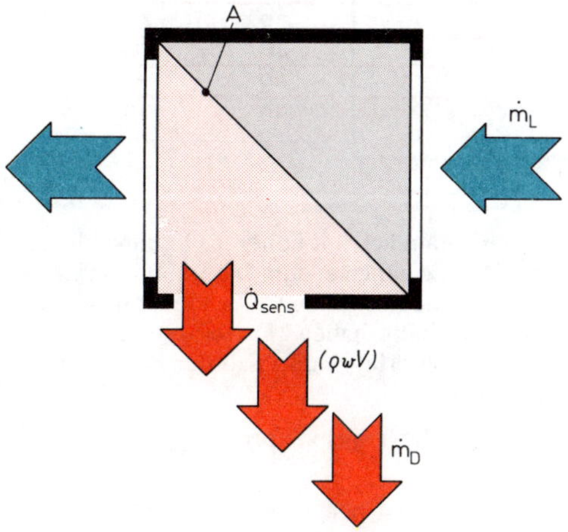

Bild 5.1 Gesamtübersicht über die Austauschprozesse zwischen Luft und Wasser

5.1. Überblick

Für die Klimatechnik ist das Zusammenspiel in dem thermodynamischen System Luft/Wasser wichtig, das auf die beteiligten Energie- und Stoffströme zurückzuführen ist. Beteiligt können sein

- □ ein Strom sensibler Wärme, $\dot{Q}_{sens}$,
- □ ein Strom latenter Wärme, $\dot{Q}_{lat}$,
- □ ein Strom von Bewegungsenergie, $\dot{E}$,
- □ ein Massenstrom, z.B. der Dampfstrom bei Verdunstungsprozessen, $\dot{m}_D$.

Der Kürze halber sei hier allein der allgemeine Fall des gleichzeitigen Wärme- und Stofftransportes behandelt. Für das System Luft/Wasser gibt hierüber die Übersicht Bild 5.1 lückenlos Aufschluß. Je nach dem Luftzustand in Relation zur Wassertemperatur sind insgesamt sieben Zustandsänderungen,
vier Grundprozesse

drei Grenzprozesse

zu unterscheiden, die in schematischen *h,x*-Diagrammen veranschaulicht werden können:

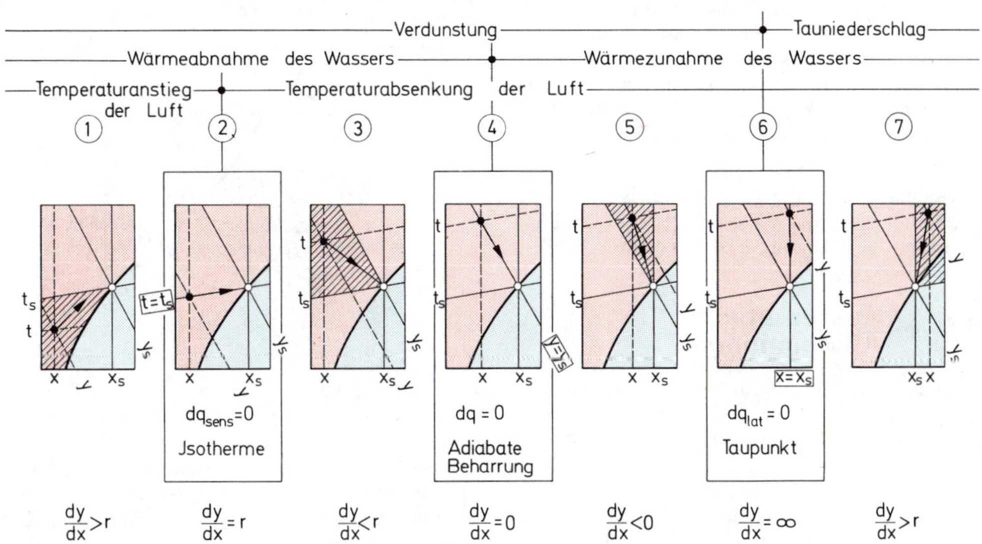

Grundprozeß	Grenzprozeß	Verlaufslinie	konstante Zustandsgröße	Wärmetransport	Temperatur nimmt	Luftfeuchte nimmt
1					zu	zu
	2	Isotherme	t	$\dot{Q}_{sens} = 0$	—	zu
3					ab	zu
	4	Kühlgrenze	y	$\dot{Q} = 0$	ab	zu
5					ab	zu
	6	Taupunkt	x	$\dot{Q}_{lat} = 0$	ab	—
7					ab	ab

5.2. Unterschiedliche Ausgleichsgeschwindigkeiten

Der Grenzprozeß **4** nach Bild 5.1 stellt in Abschnitt 4.5 eine **erste Näherung** dar. Die Beurteilung, ob im Einzelfall eine solche Vereinfachung als vernünftig anzusehen ist, setzt folgende Überlegungen voraus:
Die Ausgleichsgeschwindigkeiten

- ☐ Temperaturleitfähigkeit a in m^2/s für den Strom sensibler Wärme,
- ☐ kinematische Zähigkeit ν in m^2/s für den Energiestrom,
- ☐ Diffusionskoeffizient D in m^2/s für den Dampfstrom und den Strom latenter Wärme

sind nur im Grenzfall (vollkommene Mischung, Reynolds-Analogie) gleich. Im allgemeinen sind sie verschieden, da sie ja von unterschiedlichen treibenden Kräften bewegt werden. Die Verschiedenheit drückt sich darin aus, daß die dimensionslosen Kennzahlen, die ihre Beziehungen zueinander festlegen, von eins abweichen:

wenn $a \neq D$, dann $Le \neq 1$ (Lewis-Zahl);
wenn $a \neq \nu$, dann $Pr \neq 1$ (Prandtl-Zahl);
wenn $D \neq \nu$, dann $Sc \neq 1$ (Schmidt-Zahl).

5.3. Systematik der Abweichungen

In einem Zustandsdiagramm (Bild 5.2) seien die Konsequenzen unterschiedlicher Geschwindigkeiten für den Zustandsverlauf vor Augen geführt.
Wie man sieht, nähern sich die beiden Ströme, X und Y, dem gemeinsamen Gleichgewicht s (= Sättigung) erst „auf Umwegen". Derjenige Strom, der sich anfänglich mit höherer Geschwindigkeit der Sättigung näherte – im Diagramm ist es X –, wird zum Ende hin seine treibende Kraft weitgehend eingebüßt haben. Er wird eine relative Verzögerung erfahren, so daß der Partnerstrom aufholen kann.

Lufttechnische Transportprozesse – Stoffwerte

$$p = 1 \text{ bar}; t = \text{ca. } +30\,°C$$

Temperaturleitfähigkeit	a	=	0,0814 m^2/h
Diffusionskoeffizient	D	=	0,0939 m^2/h
kinematische Zähigkeit	ν	=	0,0578 m^2/h
Wärmeleitfähigkeit	λ	=	0,0264 W/m K
Prandtl-Zahl	$\nu/a = Pr$	=	0,712 –
Schmidt-Zahl	$\nu/D = Sc$	=	0,616 –
Lewis-Zahl	$a/D = Le$	=	0,866 –

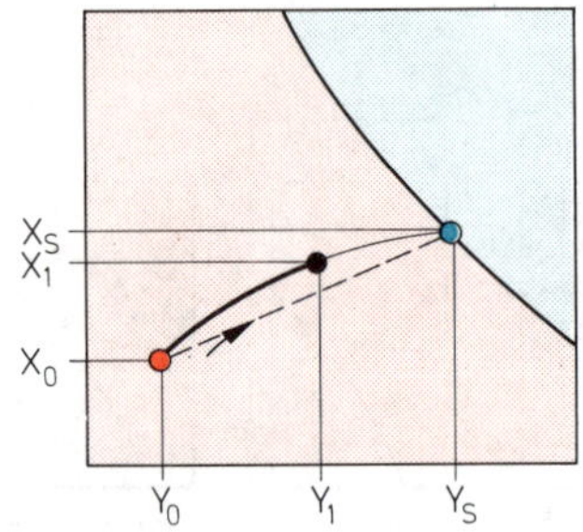

Bild 5.2 Überlagerung von Transportprozessen
Zwei beliebige thermodynamische Ströme, X und Y mit unterschiedlichen Ausgleichsgeschwindigkeiten, Darstellung der Überlagerung in einem Zustandsdiagramm

Der Zusammenhang wird durch die Stanton-Zahlen der beiden Ströme ausgedrückt:

$$St_X = \frac{X_1 - X_0}{X_s - X_0} \frac{dS}{dA}$$

$$St_Y = \frac{Y_1 - Y_0}{Y_s - Y_0} \frac{dS}{dA}$$

Hierin ist dS/dA das Verhältnis zwischen der Querschnittsfläche, die der Strom einnimmt, und der Austauschfläche. Bildet man St_X/St_Y, so entfällt dieses Flächenverhältnis, und man hat ein Maß für die Krümmung im Zustandsverlauf:

wenn $w_X > w_Y$, dann $St_X/St_Y > 1$;
wenn $w_X = w_Y$, dann $St_X/St_Y = 1$;
wenn $w_X < w_Y$, dann $St_X/St_Y < 1$.

Nur wenn sich die beiden Ströme mit gleicher Geschwindigkeit w bewegen, spielt sich der Vorgang auf der Verbindungsgeraden zwischen 0 und s ab. Wo man auch immer bei diesem Grenzprozeß den Ausgleich unterbrechen wollte, stets wären anteilig die gleichen Teilströme X und Y übertragen.

5.4. Daltonsches Verdunstungsgesetz

Um 1800 fand John Dalton (1766—1844), daß die Wassermenge, die in atmosphärischer Luft verdunstet, vom Partialdruckgefälle des Wasserdampfes bestimmt wird. In der Klimatechnik benutzt man anstelle des Gefälles der Partialdrücke das Gefälle des Wasserdampfanteils. Für Luftströme nimmt man die Differenzen zwischen dem Sättigungszustand und dem mittleren Zustand im Strömungsquerschnitt. Für den übertragenen Wasserdampfstrom erhält man danach:

$$\dot{m}_D = \sigma (x_s - x) A \qquad (5.1)$$

5.5. Zustandsverlauf des verdunstenden Wassers

Bei der Verdunstung und bei der Taubildung durchläuft das Wasser drei Zustandsbereiche. In den p,h-Diagrammen von Bild 5.3 ist der Zustandsverlauf durch Pfeile für die Verdunstung kenntlich gemacht, für die Taubildung bzw. für Reifansatz verläuft der Prozeß im Diagramm entgegengesetzt der Pfeilrichtung.
Die drei Phasen im Zustandsverlauf des verdunstenden Wassers sind:

- □ Abkühlung in der flüssigen Phase:
  $$h_F - h_s' = c_F (t_W - t_s)$$
- □ Verdunstung bei der Sättigungstemperatur t_s:
  $$h_s'' - h_s' = r_s = r_0 - c_F t_s + c_{p\,D} t_s$$
- □ Abkühlung oder Erwärmung des verdunsteten Wasserdampfes in der angrenzenden Luft:
  $$h_s'' - h_D = c_{p\,D} (t_s - t)$$

Für den **ganzen** Prozeßverlauf gilt somit bei $t_w \gtrless t_s \gtrless t$:

$$h_D - h_F = r_0 - c_F t_W + c_{p\,D} t$$

5.6. Sensible Wärme

Für den Strom sensibler (fühlbarer) Wärme wird das Newtonsche Abkühlungsgesetz angewandt:

$$\dot{Q}_{sens} = \alpha (t_s - t) A \qquad (5.3)$$

5.7. Latente Wärme

Die latente Wärme wird dadurch übertragen, daß ein Wasserdampfstrom bei der Grenzflächentemperatur t_s die Verdampfungswärme r_s aufnimmt oder abgibt:

$$\dot{Q}_{lat} = \dot{m}_D r_s = \sigma (x_s - x) r_s A \qquad (5.4)$$

5.8. Sensible und latente Wärme

Der insgesamt bei der Verdunstung oder Taubildung übertragene Wärmestrom ergibt sich als Summe der beiden Anteile:

$$\dot{Q} = \dot{Q}_{sens} + \dot{Q}_{lat}$$

$$\dot{Q} = [\alpha (t_s - t) + \sigma (x_s - x) r_s] A \qquad (5.5)$$

5.9. Merkelsche Hauptgleichung

Friedrich Merkel (1892—1929) vereinfachte Gl. (5.5) zu:

$$\dot{Q} = \sigma (h_s - h) A \qquad (5.6)$$

Hierin sind nach seinem Vorschlag für die Enthalpien, die sich im Zustandsverlauf ändern (Abschnitt 4.10), Mittelwerte einzusetzen.

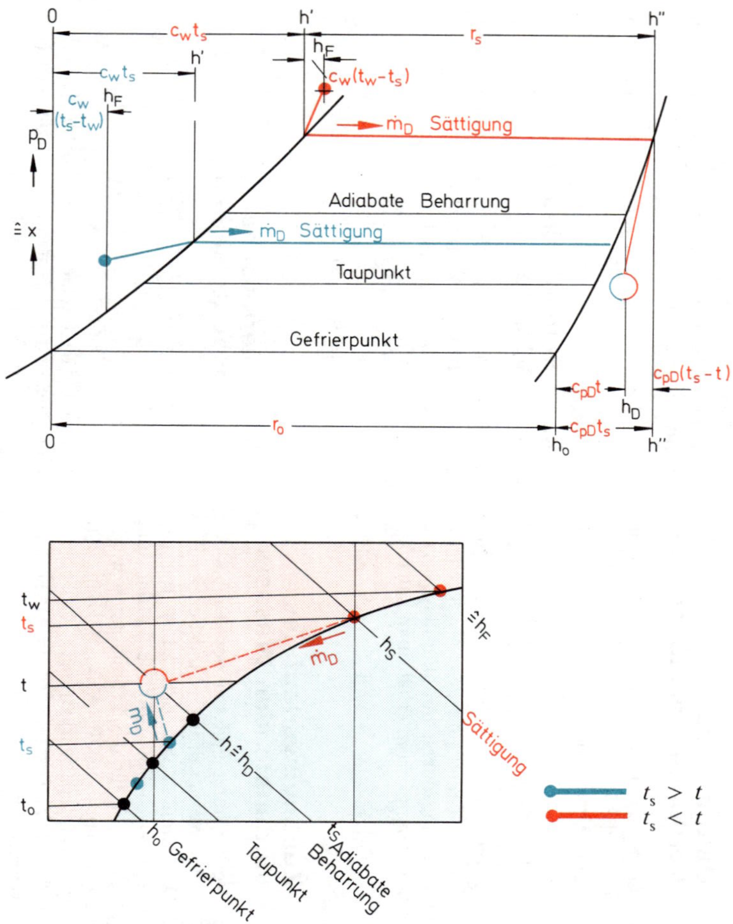

Bild 5.3a Zustandsverlauf von verdunstendem Wasser im p,h-Diagramm für Wasserdampf (und im h,x-Diagramm zum Vergleich)

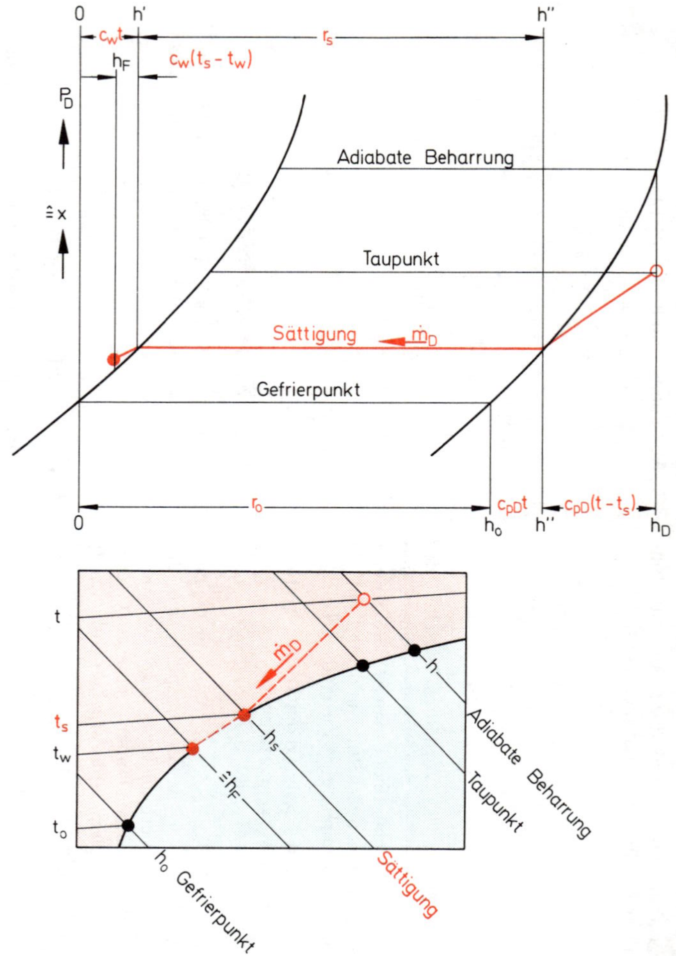

Bild 5.3b Zustandsverlauf von Wasser bei der Taubildung im p,h-Diagramm zum Vergleich)

5.10. Lewissche Beziehung

Setzt man zur Vereinfachung die spezifische Wärmekapazität der feuchten Luft $c_{p\,l} = c_{p\,L} + x\,c_{p\,D}$ in Gl. (2.10.1) ein, so erhält man

$$c_{p\,l}\,t = (c_{p\,L} + x\,c_{p\,D})\,t = h - x\,r_0 \qquad (5.7)$$

Hiermit läßt sich Gl. (5.5) umformen zu

$$\dot{Q} = \sigma \left[\frac{\alpha}{c_{p\,l}\,\sigma} (h_s - h - x_s\,r_s\,r_0 + x\,r_0) + (x_s - x)\,r_s \right] A \qquad (5.8)$$

Die Lewis-Zahl ist definiert durch $Le = a/D$. Darin ist:

- die Temperaturleitfähigkeit $a = \lambda/(c_{p\,l}\,\varrho_l)$ – (DIN 1341). Für die Grenzschicht von der Dicke s kann, ebenfalls als eine Definition, ein linearer Zusammenhang gesetzt werden. Danach ist die Wärmeübergangszahl $\alpha = \lambda/s$, d.h.

$$a = \frac{\alpha\,s}{c_{p\,l}\,\varrho_l}$$

- der Diffusionskoeffizient $D = \beta\,s = \sigma\,s/\varrho_l$; denn auch hier kann man eine Stoffübergangszahl analog als eine Definiton setzen $\beta = D/s = \sigma/\varrho_l$.

Hieraus ergibt sich die in der Klimatechnik gebräuchliche Form

$$Le = \alpha/(c_{p\,l}\,\sigma)$$

Wenn man in der Definitionsgleichung $Le = a/D$ Zähler und Nenner mit der kinematischen Viskosität ν (DIN 1342) multipliziert, so schließt sich der Zusammenhang zu $Le = Sc/Pr$. Bei $Le = 1$ ist also die Prandtl-Zahl gleich der Schmidt-Zahl. Die Transportbedingungen, die dann vorliegen, werden als (erweiterte) Reynolds-Analogie bezeichnet. Die Merkelsche Theorie basiert somit auf der Reynolds-Analogie.

Die dimensionslose Wertegruppe $\alpha/(c_{pl}\,\sigma)$ kennzeichnet offenbar das Verhältnis der Ausgleichsgeschwindigkeiten zwischen der sensiblen und latenten Wärme. Es ist die Lewis-Zahl (psychrometric ratio).

Wenn die Kennzahl den Wert 1 hat, wie man anfänglich annahm, und wenn die Verdampfungswärme auf 0 °C und nicht auf t_s bezogen wird, so nimmt Gl. (5.8) als Grenzfall die einfache Form der Merkelschen Hauptgleichung an.

5.11. Die wirkliche treibende Kraft $y_s - y$

Wenn man in Gl. (5.8) die Zustandswerte der Sättigung von den mittleren trennt, so erhält man in zwei Zeilen:

$$\dot{Q} = \sigma\,[Le\,(c_{p\,L} + c_{p\,D}\,x_s)\,t_s + r_s\,x_s - Le\,(c_{pL} + c_{p\,D}\,x)\,t + r_s\,x]\,A \qquad (5.9)$$

Diese Schreibweise läßt unmittelbar deutlich werden, wie eine neue Zustandsgröße

$$y = Le\,(c_{p\,L} + c_{p\,D}\,x)\,t + r_s\,x \qquad (5.10)$$

entsteht. Die Differenzen dieser Zustandsgröße stellen die wirklichen treibenden Kräfte der Verdunstung dar. Die exakte Gleichung lautet

$$\boxed{\dot{Q} = \sigma\,(y_s - y)\,A} \qquad (5.11)$$

Die neue Zustandsgröße ähnelt der spezifischen Enthalpie, Gl. (2.10.1). Bei $Le < 1$ vollzieht sich also der Transport sensibler Wärme langsamer als der Transport latenter Wärme. Es ist dann $y < h$, da ja auch $r_s < r_0$.

Bei $y_s = y =$ const. findet keine (Gesamt-) Wärmeübertragung statt: $\dot{Q} = 0$ (Grenzfall 4), d.h. $\dot{Q}_{sens} = -\dot{Q}_{lat}$; Kühlgrenze.

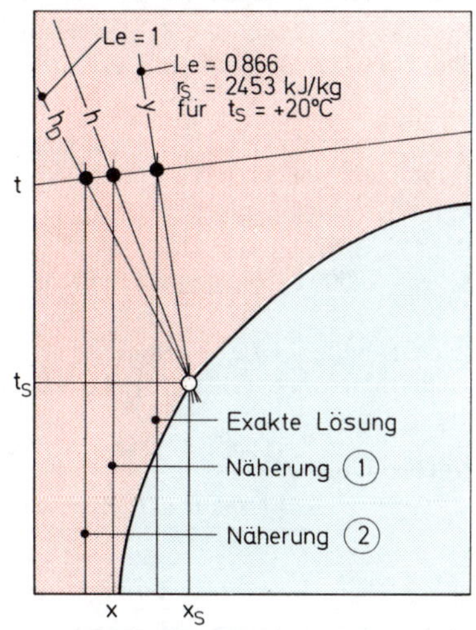

Bild 5.4 Psychrometer, Übersicht über die Näherungen ① und ② in Beziehung zu der exakten Lösung

5.12. Psychrometer – exakte Lösung

Für den Grenzprozeß 4 gilt nach dem vorstehenden Text Gl. (5.5) in der Form

$$\alpha\,(t_s - t) = -\sigma\,(x_s - x)\,r_s$$

Hieraus folgt sofort

$$x = x_s + \frac{Le\; c_{pl}\,(t_s - t)}{r_s} \qquad (5.12)$$

5.13. Psychrometer – Merkelsche Theorie

Mit $Le = 1$ und $r_s = r_0$ vereinfacht sich Gl. (5.12) zu

$$x = x_s + \frac{c_{pl}\,(t_s - t)}{r_0} \qquad (4.8a)$$

Diese Gleichung ist identisch mit Gl. (4.8).

5.14. Psychrometer – Berechnungsgang

Nimmt man die Daten des Zahlenbeispiels, Abschnitt 4.9, wieder auf und ergänzt sie für

$$t_s = +20\ °C$$

durch Interpolation nach Tabelle 2.1

$$c_{p\,L\,s} = 1{,}0059\ \text{kJ/kg K}$$
$$c_{p\,D\,s} = 4{,}205\ \text{kJ/kg K}$$
$$r_s = 2500 - (4{,}205 - 1{,}860)\,20 = 2453\ \text{kJ/kg}$$

und nach Tabelle 5.1 $Le = 0{,}866$ – so erhält man nach Gl. (5.12) die exakte Lösung

$$x = 0{,}01488 + 0{,}866\,\frac{(1{,}0059 + 1{,}8604 \cdot 0{,}01488)}{\dfrac{20 - (1{,}0061 + 1{,}862 \cdot 0{,}011)\,30}{2453}}$$

$$\underline{x = 11{,}32\ \text{g/kg}}$$

5.15. Richtungsmaßstab dy/dx

Um die Richtung eines Zustandsverlaufs allgemein – für Mischungs-, Verdunstungs- und Taubildungsprozesse – im *h,x*-Diagramm zu bestimmen, muß der Grenzfall, Näherung ② = d*h*/d*x*, verallgemeinert werden. Diese Verallgemeinerung liefert Gl. (5.10), unter Anwendung der rechten Seite von Gl. (5.7):

$$dy/dx = Le\; dh/dx - Le\; r_0 + r_s \qquad (5.13)$$

Ersetzt man r_s nach Gl. (5.2.2), so gelangt man zu

$$dy/dx = Le\; dh/dx + (1 - Le)\,r_0 - (c_F - c_{p\,D})\,t_s \qquad (5.14)$$

Darin ist d*h*/d*x* die Steigung, die in vielen Zustandsdiagrammen nach dem Vorschlag von Mollier als Randmaßstab erscheint. Bei $Le = 1$ und $r_s = r_0$ ist $dy/dx = dh/dx$ und gemäß Gl. (4.6)

$$dh/dx = \frac{h_m - h}{x_m - x}\ \left(\approx \frac{h_s - h}{x_s - x}\right)$$

Diese Gleichung ist exakt für vollkommene Mischung, bei den Transportprozessen stellt sie die Näherung ② dar.

Wenn der Richtungsmaßstab d*h*/d*x* am Rand des *h,x*-Diagrammes untergebracht wird, so ist der jeweilige Skalenwert mit dem Pol, $h = 0; x = 0$, zu verbinden. Da im Diagramm eine solche Skala neben den anderen Skalen am Rande stört, ist sie in dem *h,x*-Diagramm Bild 5.5 in dem frei verfügbaren Feld, Zustandsbereich LDF, eingezeichnet. Dieser Richtungsmaßstab gilt für d*y*/d*x* mit $0{,}8 < Le < 1{,}2$ und $t_s \approx +20\ °C$.

Setzt man in Gl. (5.14) mittlere Werte aus dem Arbeitsbereich der Klimatechnik ein, die man in Tab. 2.1 findet, so erhält man

$$dy/dx = Le\; dh/dx + (1 - Le)\,2500 - 50 \quad \text{in kJ/kg} \qquad (5.14a)$$

Abweichungen von den mittleren Werten wirken sich nur unwesentlich aus.

Bild 5.5 Mollier-h,x-Diagramm für feuchte Luft; p = 1 bar mit Hilfsdiagramm zur Ermittlung der Luftdichte ϱ in Abhängigkeit vom Luftdruck, links, und Richtungsmaßstab d*y*/d*x*, *rechts. (Nach H.D. Baehr)*

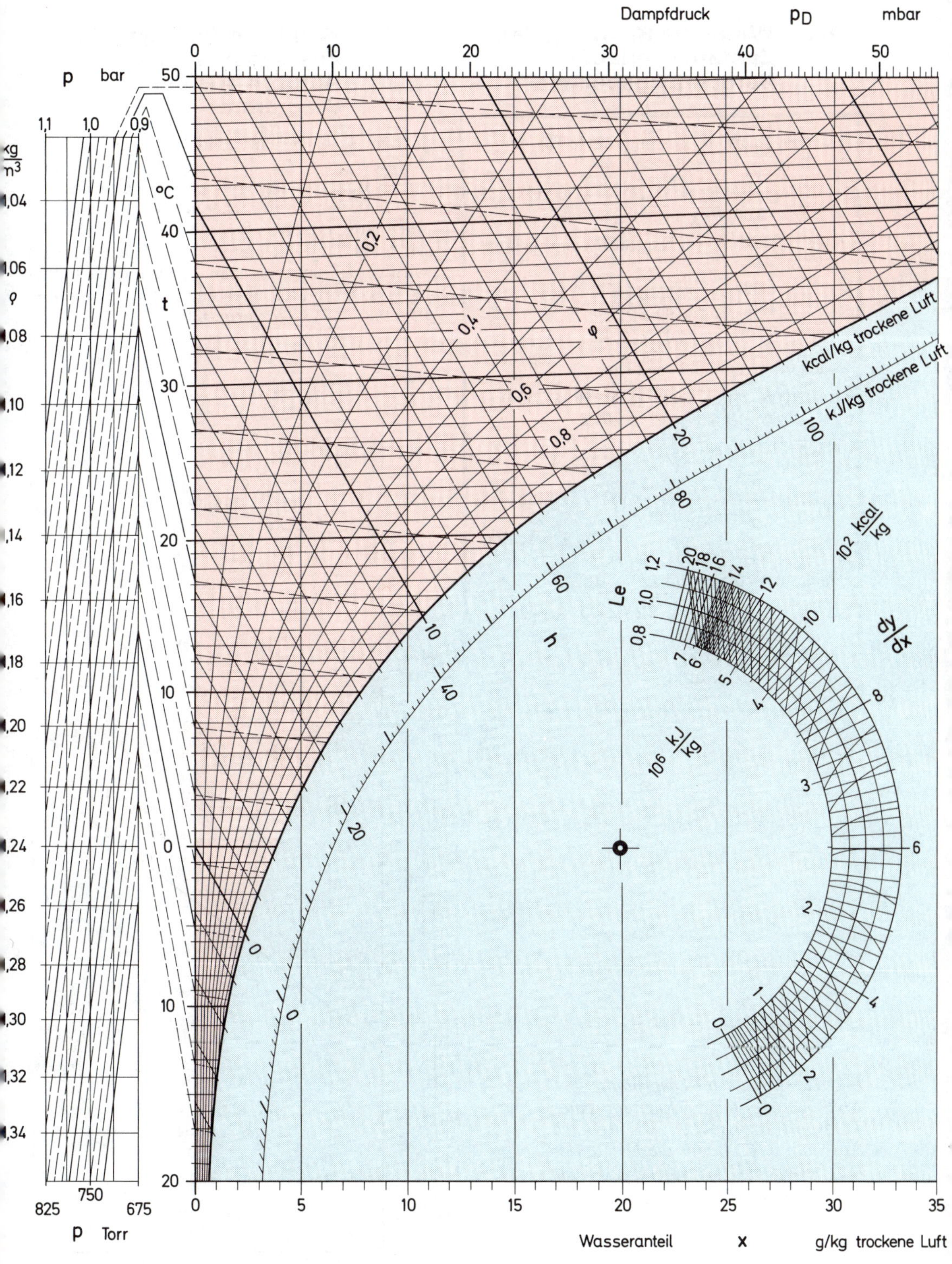
Dampfdruck
p_D
mbar
0
10
20
30
40
50
p
bar
1,1
1,0
0,9
kg/m³
1,04
1,06
ρ
1,08
1,10
1,12
1,14
1,16
1,18
1,20
1,22
1,24
1,26
1,28
1,30
1,32
1,34
°C
t
40
30
20
10
0
10
20
0,2
0,4
φ
0,6
0,8
kcal/kg trockene Luft
kJ/kg trockene Luft
100
80
60
40
20
0
20
10
0
Le
1,2
1,0
0,8
h
10^2 kcal/kg
10^6 kJ/kg
dy/dx
20
18
16
14
12
10
8
7
6
5
4
3
2
1
0
825
750
675
p
Torr
5
15
25
35
Wasseranteil
x
g/kg trockene Luft

5.16. Wirkliche Richtung des Zustandsverlaufs – Berechnungsbeispiel

Es seien folgende Zustandswerte für einen Verdunstungsprozeß gegeben:

$$t = +10\ °C \qquad t_w = +30\ °C$$
$$x = 5{,}00\ g/kg$$

Nach Tab. 2.2 ist für den Sättigungszustand der Luft

$$x_s = 27{,}55\ g/kg$$
$$h_s = 100{,}62\ kJ/kg$$
$$= 24{,}03\ kcal/kg$$

Nach Gl. (7.1) und Tab. 2.1 ist

$$h = 1{,}0057 \cdot 10 + 0{,}005 \cdot (1{,}86 \cdot 10 + 2500)$$
$$= 22{,}65\ kJ/kg = 5{,}41\ kcal/kg$$

Nach Gl. (4.6) ist

$$dh/dx = \frac{100{,}62 - 22{,}65}{27{,}55 - 5{,}00} 10^3 = 3460\ kJ/kg$$
$$= 825\ kcal/kg$$

Nach Gl. (5.14) ist mit $Le = 0{,}8$

$$dy/dx = 0{,}8 \cdot 3460 + 0{,}2 \cdot 2500 - (4{,}20 - 1{,}86)\ 30$$
$$dy/dx = 3200\ kJ/kg$$
$$= 765\ kcal/kg$$

5.17. Wirkliche Richtung des Zustandsverlaufs – Ablesen aus dem Diagramm

In dem *h,x*-Diagramm Bild 5.6 ist der schnelle Ablesevorgang für das Beispiel eines Verdunstungsprozesses, der von dem mittleren Zustand der Luft, gemäß vorstehenden Zahlen, ausgeht, schematisch dargestellt.
Mit dem eingezeichneten Ablesebeispiel (links) wird verdeutlicht, wie man die Dichte der Luft, $\varrho = 1{,}165\ kg/m^3$, für einen Gesamtdruck von $p = 0{,}95$ bar $= 713$ Torr ermittelt.

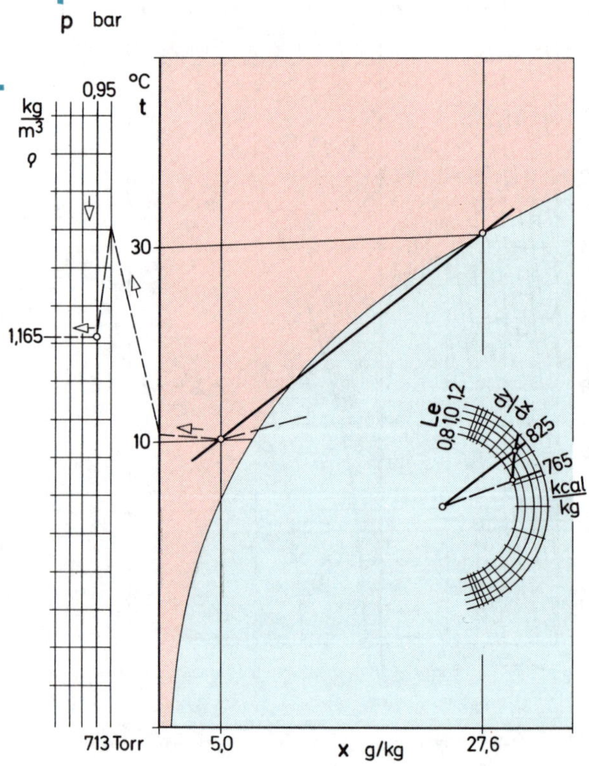

Bild 5.6 Mollier-h,x-Diagramm Ablesebeispiel für die Richtung eines Transportprozesses bei Le = 0,8 nach Abschnitt 5.16, und für die Dichte der Luft bei einem Druck von p = 0,95 bar gemäß Abschnitt 5.17

6. Strömungstechnische Gesetzlichkeiten

6.1. Grundgleichungen

Für jedes offene System, das ein Luftstrom beim Durchgang durch einen Ventilator oder Luftkanal, beim Eintritt in einen klimatisierten Raum usw. bildet, gelten Ableitungen aus den nachstehend aufgeführten, fundamentalen Gesetzen der Aerodynamik. Das Modell einer „Stromröhre", (Bild 6.1) verdeutlicht die Bezeichnungen und die Zusammenhänge.

□ Aus dem Prinzip von der **Erhaltung der Masse** folgt die **Kontinuitätsgleichung**

$$\begin{matrix}\text{Querschnitt. 1} \\ \times\,\text{Geschw. 1}\end{matrix} = \cdots = \text{const.} = \begin{matrix}\text{Volumen-} \\ \text{strom}\end{matrix}$$

$$A_1\, w_1 = A_2\, w_2 = \cdots = \dot{V}$$

in m³/s (6.1)

□ Aus dem Prinzip von der **Erhaltung der Energie** folgt die **Energiegleichung**

$$\begin{matrix}\text{Bewe-} \\ \text{gungs-} \\ \text{energie}\end{matrix} + \begin{matrix}\text{Druck-} \\ \text{energie}\end{matrix} + \begin{matrix}\text{Lage-} \\ \text{energie}\end{matrix} = \text{const.} = \begin{matrix}\text{Energie-} \\ \text{strom}\end{matrix}$$

$$\dot{V}\,\frac{\varrho}{2}\,w_1^2 + \dot{V}\,p_{s1} + \dot{V}\,\varrho\, g\, z_1 = \ldots = \dot{E}$$

$$\text{in } \frac{\text{kg m}^2}{\text{s}^3} \equiv \text{W} \qquad (6.2)$$

□ Dividiert man die Gleichung durch $\dot{V}$, so erhält man die **Bernouilli-Gleichung,** die die Konstanz in der Summe der Druckanteile ausdrückt (Bild 6.2).

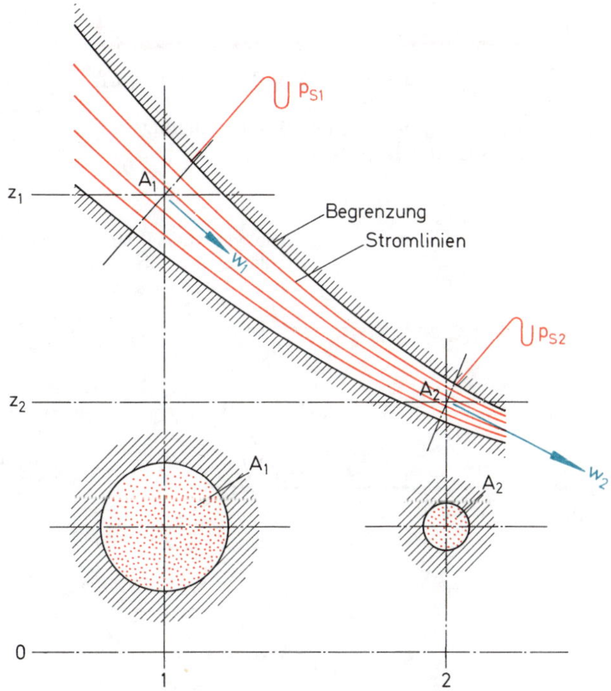

Bild 6.1 Stromröhre

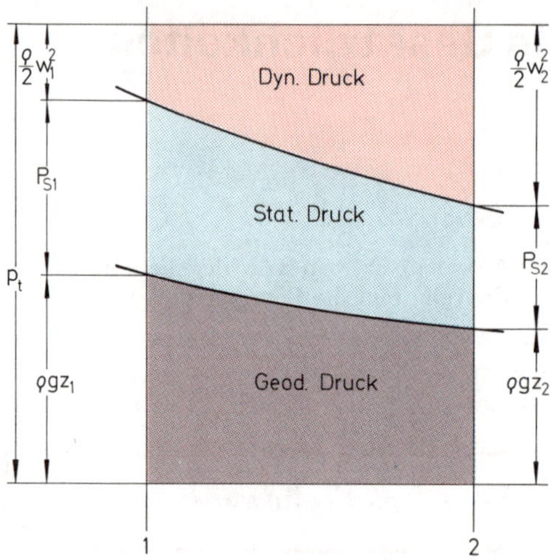

Bild 6.2 Druckverlauf bei reversibler Energieumwandlung nach der Bernoulli-Gleichung (6.3)

dyn. Druck + stat. Druck + geod. Druck = const. = Gesamtdruck

$$\frac{\varrho}{2} w_1^2 + p_{s1} + \varrho g z_1 = \ldots = p_t$$

in kg/s²m ≡ Pa ≡ N/m² (6.3)

□ Aus dem Newtonschen Beschleunigungsgesetz folgt der **Impulssatz**

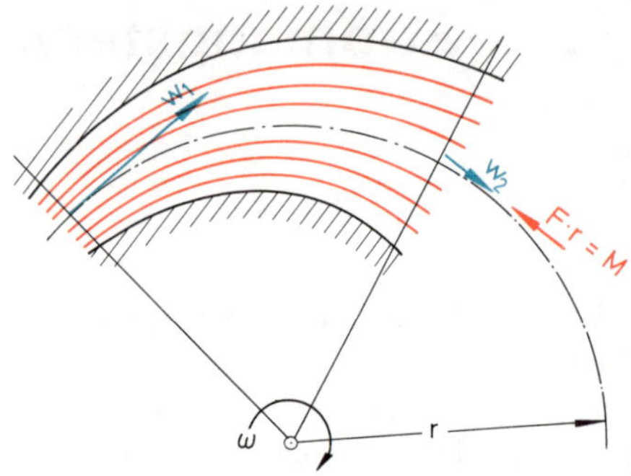

Bild 6.3 Drallsatz

Eingangsimpuls 1 − Ausgangsimpuls 2 = äußere Kraftänderung

$$\dot{V} \varrho w_1 - \dot{V} \varrho w_2 = F$$

$$\text{in } \frac{\text{kg m}}{\text{s}^2} \equiv \text{N} \qquad (6.4)$$

□ Analog gilt für das Drehmoment M im Abstand r von einer Drehachse (Bild 6.3) der **Drallsatz** (Impulsmomentsatz)

$$\dot{V} \varrho w_1 r - \dot{V} \varrho w_2 r = F r = M$$

$$\text{in } \frac{\text{kg m}^2}{\text{s}^2} \equiv \text{J} \qquad (6.5)$$

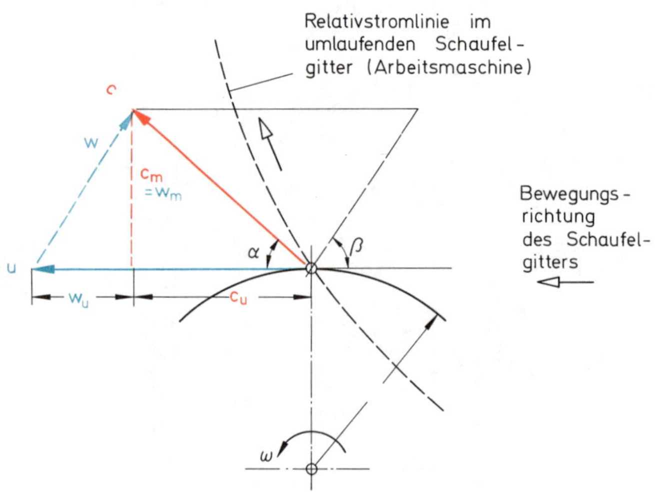

Bild 6.4 Geschwindigkeitsplan, vgl. Abschnitt 6.7

Hierin kann r auch unterschiedliche Werte, r_1 und r_2, haben.

- □ Multipliziert man den Ausdruck Gl. (6.5) mit der Winkelgeschwindigkeit $\omega = u_1/r_1 = u_2/r_2$, so erhält man die **Eulersche Gleichung** (Turbinenhauptgleichung)

$$\dot{V} \varrho \, (w_1 \, u_1 - w_2 \, u_2) = M \, \omega = \dot{E} \quad \text{W}$$

Üblich ist die folgende Schreibweise, z.B. für Zentrifugalventilatoren (Bild 6.4 und 15.5):

$$\dot{m} \, (c_{2\,u} \, u_2 - c_{1\,u} \, u_1) = M \, \omega = \dot{E} \quad \text{in W} \quad (6.6)$$

oder

$$\varrho \, (c_{2\,u} \, u_2 - c_{1\,u} \, u_1) = \Delta p_{th} \quad \text{in Pa}$$

6.2. Druckmessungen

Bei den klimatechnischen Rechnungen kann der geodätische Druckanteil vernachlässigt werden, wenn keine wesentlichen Höhenunterschiede auftreten. Gl. (6.3) vereinfacht sich zu:

$$p_t = \frac{\varrho}{2} \, w^2 + p_s = p_d + p_s \qquad (6.3a)$$

Setzt man die Drücke beim Messen in Beziehung zum äußeren Luftdruck p_0, so erhält man aus Gl. (6.3a) die Gleichung für die **Druckdifferenzen**

$$p_t - p_0 = p_d + p_s - p_0 \qquad (6.3b)$$

Aus den Definitionen
Gesamtdruckdifferenz $\quad p_t - p_0 = \Delta p_t$
dynamischer Druck (in Analogie) $\quad p_d = \Delta p_d$
statische Druckdifferenz $\quad p_s - p_0 = \Delta p_s$
folgt

$$\Delta p_t = \Delta_d + \Delta p_s \qquad (6.3c)$$

Aufgenommen wird der Gesamtdruck mit einer Richtungssonde, vorzugsweise mit dem Pitot-Rohr. Zur Aufnahme des Meßwertes für den statischen Druck genügt eine Bohrung in der Kanalwand. Gewöhnlich werden beide Meßstellen in dem Prandtlschen Staurohr vereinigt (Bild 6.5 und 6.6).

Die Druckimpulse werden auf **U-Rohr-Manometer** übertragen, die mit einer Flüssigkeit gefüllt sind. Gebräuchlich sind in der Klimatechnik für einfache betriebliche Messungen Schrägrohrmanometer. Wo an die Genauigkeit höhere Ansprüche gestellt werden, verwendet man verfeinerte Konstruktionen, z.B. das Steilrohrgefäßmanometer von Prandtl oder das Projektionsmanometer von Betz.

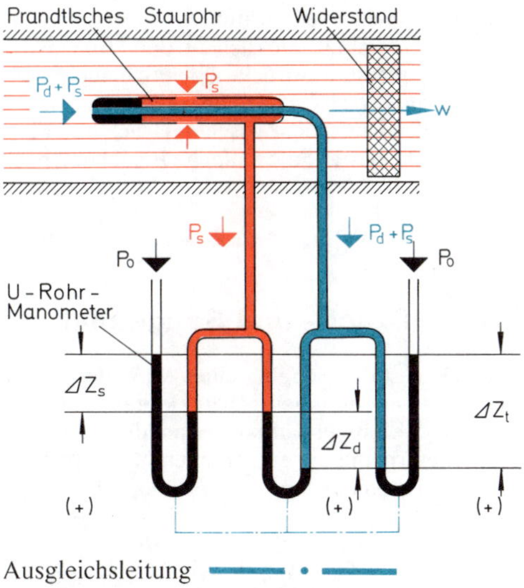

Bild 6.5 Druckmessung in einer Druckleitung

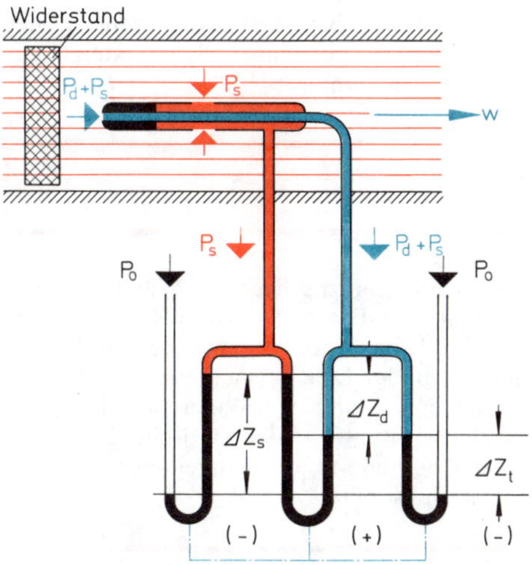

Bild 6.6 Druckmessung in einer Saugleitung

Bei allen diesen Meßgeräten wird die Differenz von zwei Drücken, die sich in der Höhe einer Flüssigkeitssäule ausdrückt, über Schläuche aufgenommen. Die Höhe der Flüssigkeitssäule ist an einer Skala abzulesen. Zwischen Druck und Flüssigkeitshöhe besteht die einfache Beziehung nach Gl. (6.3)

$$\Delta p_{geod} = \varrho_F \, g \, \Delta z_F \qquad (6.3d)$$

6.3. Druck- und Saugkanal

Bild 6.5 zeigt das Schema einer Messung für die Luftströmung in einem **Druckkanal.** Man erkennt die Meßwertaufnahme an drei U-Rohr-Manometern und die entsprechenden Höhen der Flüssigkeitssäulen:

links: $\Delta Z_s \triangleq p_s - p_0 = \Delta p_s$
Mitte: $\Delta Z_d \triangleq (p_d + p_s) - p_s = \Delta p_d$
rechts: $\Delta Z_t \triangleq (p_d + p_s) - p_0 = \Delta p_t$

Bei einer **Druckleitung** liegt der Widerstand hauptsächlich in Strömungsrichtung **hinter** dem Meßpunkt. Davor baut sich ein statischer Druck auf, der den Umgebungsdruck übersteigt, d.h. $p_s > p\, p_0$, und somit

$$p_s - p_0 > 0$$

Bei einer **Saugleitung** liegt der Widerstand **vor** dem Meßpunkt. Dieser Fall ist in Bild 6.6 dargestellt. Es bleiben die vorgenannten drei Gleichungen von der Druckkanalmessung gültig. Jedoch ist hier — hinter dem Widerstandskörper in Strömungsrichtung — der statische Druck im Luftkanal geringer als der Umgebungsdruck, d.h. $p_s < p_0$, und somit

$$p_s - p_0 < 0$$

Es stellt sich eine **negative** statische Druckdifferenz ein. Addiert man diese zum dynamischen Druckanteil, so erhält man definitionsgemäß — Gl. (6.3c) — eine Gesamtdruckdifferenz, deren Betrag (absoluter Wert) kleiner ist als der statische Anteil:

$$|\Delta p_t| < |\Delta p_s|$$

6.4. Geschwindigkeitsmessungen

Nach der Kontinuitätsausgleichung (6.1) gewinnt man die Größe eines Luftstromes aus seiner (mittleren) Strömungsgeschwindigkeit: $\dot{V} = A\, w$. Die Strömungsgeschwindigkeit wird über den dynamischen Druckanteil (Staudruck) aus der Bernouilli-Gleichung (6.3) bestimmt

$$w = \sqrt{\frac{2\, p_d}{\varrho}} \text{ in m/s, wenn } p_d \text{ in Pa} \qquad (6.7)$$

Bei Luft von etwa +22 °C ist nach dem Zustandsdiagramm 5.5

$$w \approx 1{,}3 \sqrt{p_d} \text{ in m/s} \qquad (6.7a)$$

6.5. Druck- und Geschwindigkeitsmessungen — Berechnungsgang

Gemessene Werte:
Dichte der Meßflüssigkeit $\varrho_F = 1000$ kg/m³
Dichte der Luft nach dem
Berechnungsbeispiel 2.11 $\varrho = 1{,}14$ kg/m³
im Saugkanal einer Lüftungsanlage

$\Delta z_s = -22{,}4$ mm FS $\triangleq \Delta p_s = -220$ Pa
$\Delta z_d = +\ 4{,}3$ mm FS $\triangleq p_d = +\ 42$ Pa
$\Delta z_t = -18{,}1$ mm FS $\triangleq \Delta p_t = -178$ Pa

Nach Gl. (6.7) ergibt sich hieraus

$$w = \sqrt{\frac{2 \cdot 42}{1{,}14}} = 8{,}6 \text{ m/s}$$

6.6. Strömungen aus Öffnungen und durch genormte Drosselgeräte

Die Austrittsgeschwindigkeit aus einem Kanal oder aus einer Rohrleitung (Bild 6.7) ergibt sich aus der Bernouilli-Gleichung (6.3a) in der Form

$$\frac{\varrho_1}{2} w_1^2 + p_{s\,1} = \frac{\varrho_2}{2} w_2^2 + p_{s\,2}$$

$$w_2 = \sqrt{\frac{2\,(p_{s\,1} - p_{s\,2}) + \varrho_1\, w_1^2}{\varrho_2}} \qquad (6.8)$$

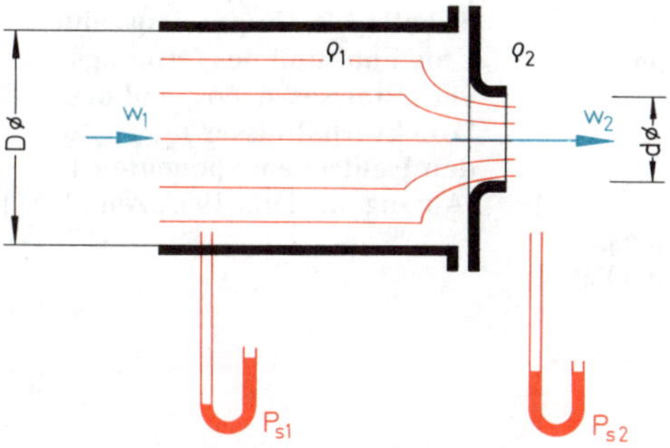

Bild 6.7 Strömung aus einer Öffnung

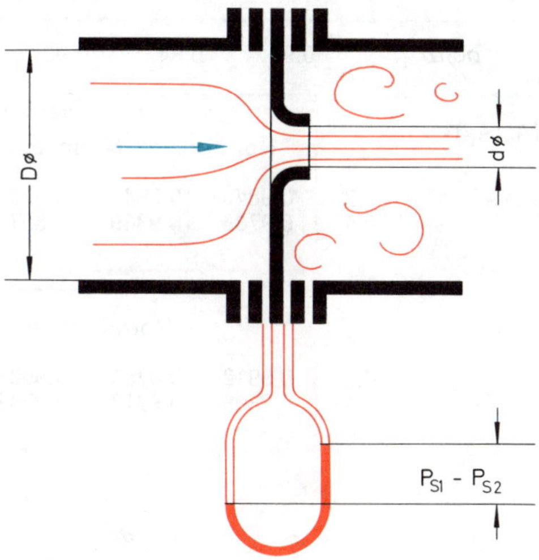

Bild 6.8 Durchflußmessung mit einer Norm-Düse (DIN 1952)

Für die Messung von Volumenströmen werden nach den **VDI-Durchflußmeßregeln** (DIN 1952) folgende Gleichungen zugrunde gelegt:

$$\dot{V} = \alpha \, \varepsilon \, A_d \sqrt{2 \, (p_{s\,1} - p_{s\,2}) / \varrho_1} \qquad (6.9)$$

$$\dot{m} = \alpha \, \varepsilon \, A_d \sqrt{2 \, (p_{s\,1} - p_{s\,2}) \, \varrho_1} \qquad (6.10)$$

Tabelle 6.1 Durchflußzahlen α_0 als Funktion des Öffnungsverhältnisses Düse/Rohr = A_d/A_D = d^2/D^2 und der Reynoldszahl *Re*
(Auszug aus DIN 1952, Aug. 1971)

$(A_d/A_D)^2$	*Re* 2 · 10^4	*Re* 4 · 10^4	*Re* 10 · 10^4
Normdüsen			
0,2	1,0418	1,0494	1,0569
0,4	1,1821	1,1735	1,1660
Normblenden			
0,2	0,6954	0,6861	0,6791
0,4	0,7986	0,7814	0,7673
Normventuridüsen (für 1,5 · 10^5 < *Re* < 2 · 10^6)			
0,2	1,0659		
0,36	1,1554		

Hierin ist $A_d = \pi d^2/4$ [m] der **Öffnungsquerschnitt** des Drosselgerätes bei Betriebstemperatur (Bild 6.8). Die Druckdifferenz $p_{s\,1} - p_{s\,2}$ bezeichnet man als **Wirkdruck**. Die **Durchflußzahl** α berücksichtigt den Impulsverlust durch Reibung, Strahleinschnürung usw. (Tab. 6.1). Der Ausdehnung von gasförmigen Strömungen (ohne Phasenwechsel) trägt die **Expansionszahl** ε Rechnung (Tab. 6.2).

6.7. Geschwindigkeitsplan

Bild 6.4 veranschaulicht die Geschwindigkeitsverhältnisse im Schaufelgitter einer Strömungsmaschine. Es gelten folgende Gleichungen:

- ☐ Umfangsgeschwindigkeit im Abstand r von der Drehachse bei einer Drehzahl n:

$$u = \omega \, r = 2 \, \pi \, r \, n$$

- ☐ Relativgeschwindigkeit des Luftstromes zum umlaufenden Schaufelgitter:

p_{s2}/p_{s1}	0,98	0,94	0,90	0,80
$(A_d/A_D)^2$	Normdüsen, Normventuridüsen			
0,2	0,9846	0,9541	0,9237	0,8481
0,4	0,9785	0,9369	0,8971	0,8039
	Normblenden			
0,2	0,9912	0,9754	0,9601	0,9227
0,4	0,9899	0,9717	0,9542	0,9114

Tabelle 6.2 Expansionszahlen ε als Funktion des Öffnungsverhältnisses A_d/A_D und des Druckverhältnisses p_{s2}/p_{s1} für den Isentropenexponenten 1,3
(Auszug aus DIN 1952, Aug. 1971)

$$w = \sqrt{c^2 + u^2 - 2\,c\,u\cos\alpha}$$

- □ Absolutgeschwindigkeit des Luftstromes zur stillstehenden Umgebung:

$$c = \sqrt{w^2 + u^2 - 2\,w\,n\cos\beta}$$

- □ Geschwindigkeitskomponenten in Umfangsrichtung:

$c_u = c\cos\alpha \qquad c_u + w_u = u$

$w_u = w\cos\beta$

- □ Geschwindigkeitskomponenten senkrecht zur Umfangsrichtung:

$c_m = c\sin\alpha \qquad c_m = w_m$

$w_m = w\sin\beta$

- □ Winkelbeziehungen

$\tan\alpha = c_m/c_u \qquad \tan\beta = w_m/w_u$

Bild 7.1 Täglicher Verlauf der Lufttemperatur ▶
Binnenlandklima: Mittelwerte der Stationen Berlin, Stuttgart, München
Küstenklima: Mittelwerte der Stationen Hamburg, Bremerhaven
(nach VDI 2078 und Recknagel/Sprenger)

7. Meteorologische Daten

7.1. Zusammensetzung der atmosphärischen Luft

Zusammensetzung der trockenen Luft (nach DIN 5450)

Stickstoff	Volumenanteil	78,08%
Sauerstoff		20,95%
Argon		0,93%
Kohlendioxid		0,03%
andere Gase: Neon, Helium, Krypton u.a.		

7.2. Normatmosphäre

Norm-Atmosphäre (nach DIN 5450)

Bodenwerte für	H_0 =	0 m
Temperatur	T_0 =	288,15 K
Druck	p_0 =	$1{,}01325 \cdot 10^5$ N/m²
Dichte	ϱ_0 =	1,225 kg/m²
dyn. Viskosität	η =	$1{,}7894 \cdot 10^{-5}$ kg/m s
kin. Viskosität	ν =	$2{,}5343 \cdot 10^{-2}$ m²/s

7.3. Lufttemperatur

Der wechselnde Sonnenstand, die Bewölkung usw. verursachen im Tages- und im Jahresverlauf Schwankungen in der Lufttemperatur an der Erdoberfläche. Eine gewisse Gesetzmäßigkeit ist erkennbar, wenn man die Mittelwerte der Lufttemperaturen in Diagrammen darstellt und zu Kurven verbindet. Sowohl die Tages- als auch die Jahresschwankungen haben einen wellenförmigen Charakter.

Für die Temperaturänderungen dT mit zunehmender Höhe über der Erdoberfläche dH gilt die allgemeingültige Gleichung

$$\frac{\mathrm{d}T}{\mathrm{d}H} = -\frac{g}{R}\,\frac{n-1}{n}$$

Definiert sind folgende Zusammenhänge:

	dT/dH	n	
Adiabate	−0,01	+1,397	↓ zunehmend stabil
Normatmosphäre	−0,0065	+1,235	
Isotherme	0	+1,000	
Inversion	> 0	< +1,000	

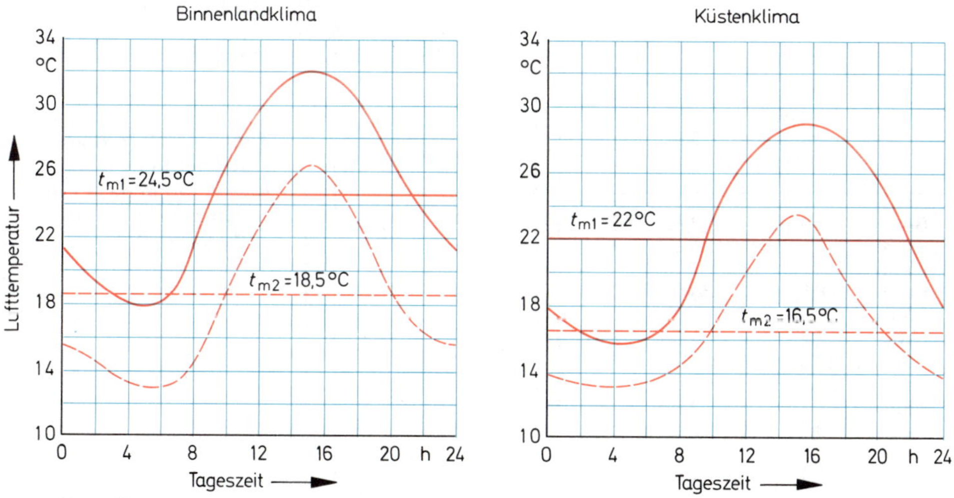

Tagesgänge der Lufttemperatur

——— Juli, – – – – September

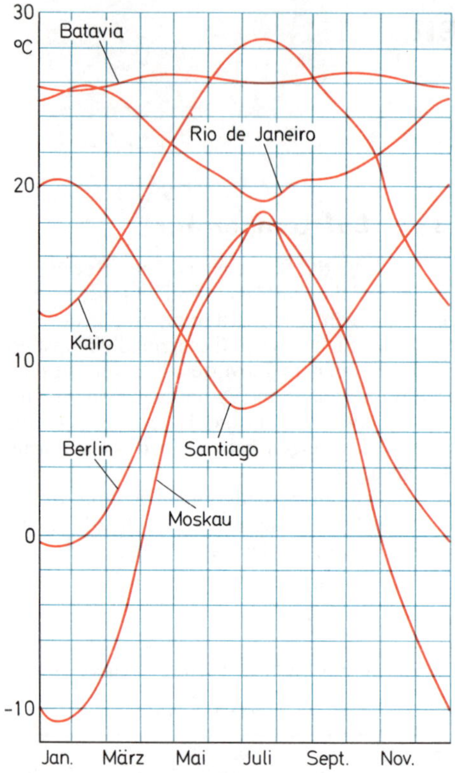

Bild 7.2 Jährlicher Verlauf der Lufttemperatur (nach VDI 2078 und Recknagel/Sprenger)

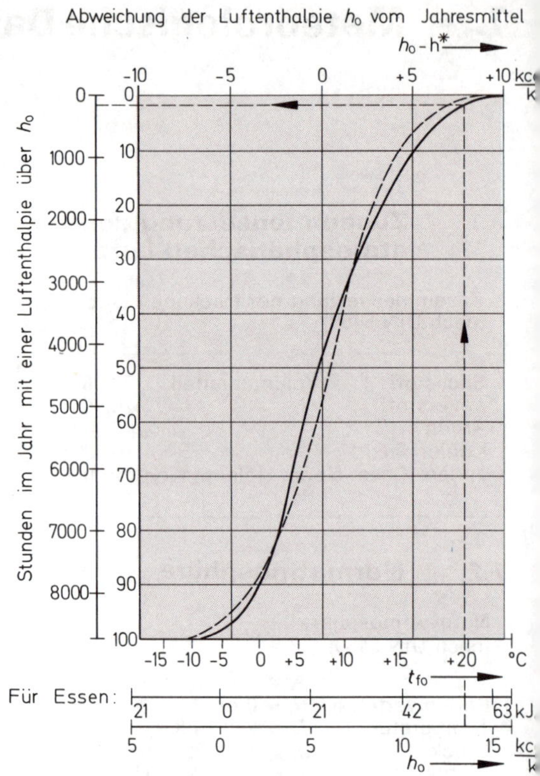

Bild 7.3 Häufigkeitsverlauf der Lufttemperatur und der Luftenthalpie in Deutschland
Ablesebeispiel: Im Durchschnitt liegt an 225 Tagen im Jahr die Lufttemperatur t unter 12 °C, die Temperatur am feuchten Thermometer t_f unter +20 °C (≙ h_0 = 13,8 kcal/kg)
(nach Recknagel/Sprenger und Berliner)

Tabelle 7.3 Mittlere Jahreswerte, Jahresmaxima und -minima der Lufttemperatur [°C] (nach Recknagel/Sprenger)

Ort	Temperatur mittlere	Maximum mittl.	Maximum abs.	Minimum mittl.	Minimum abs.
Berlin	8,4	32,6	37,2	−14,7	−26,0
Essen	9,3	31,6	35,1	−11,3	−20,4
Hamburg	8,5	30,0	33,5	−11,5	−21,1
München	7,4	31,6	36,2	−16,0	−25,4
Batavia	25,9	33,7		+20,0	
Kairo	21,1	43,0		+ 2,0	
Moskau	3,6	31,0		−31,0	
New York	11,1	35,0		−17,0	

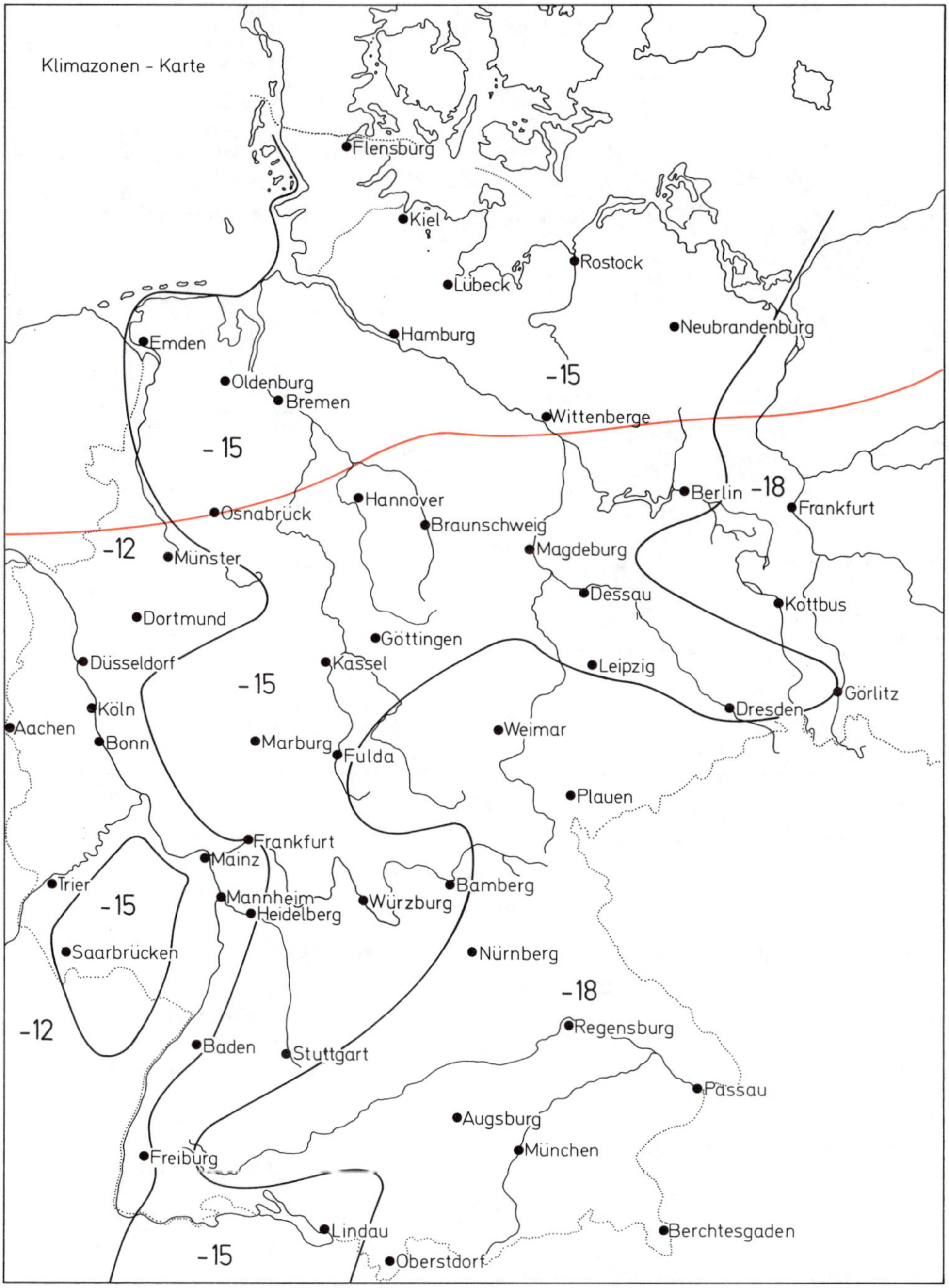

Bild 7.4 Klimazonenkarte für den Winter in Deutschland (nach DIN 4701)
Für den Bereich unterhalb der roten Linie ist Binnenland-Klima angenommen

Bild 7.5 Klimazonenkarte für den Sommer in Deutschland (nach VDI 2078)
Für den Bereich unterhalb der roten Linie ist Binnenland-Klima angenommen

7.4. Luftfeuchte

Der Dampfdruck schwankt in unseren Breiten zwischen den mittleren Werten von 5 mbar im Januar und 20 mbar im Juli. Nach Gl. (2.3.1) ist demnach der Wassergehalt der Luft im Hochsommer durchschnittlich

$$x = 0{,}622 \cdot 20/1000 = \text{ca. } 12 \text{ g/kg}$$

Bei den **hygroskopischen** Stoffen schwankt der Wassergehalt mit der relativen Luftfeuchte. Es stellt sich mit einer gewissen Verzögerung ein Gleichgewicht ein. Die Adsorptions- und Desorptionskurven zeigen dies für verschiedene Stoffe.

7.5. Luftenthalpie

Die Enthalpie der Umgebungsluft wirkt sich auf die Leistung einer Klimaanlage aus:

- □ in dem Wärmeentzug der Zuluft Q_G (Abschnitt 12.5)
- □ in der Leistung der Kühltürme.

Einen Überblick über den Häufigkeitsverlauf der Luftenthalpie vermittelt Bild 7.3. Da die Enthalpie mit den anderen Zustandsgrößen verbunden ist, kann sie durch die Temperaturen und Feuchtewerte festgelegt werden (Psychrometer). Soweit kein Stofftransport in Betracht kommt, kann man mit dem sensiblen Anteil, d.h. mit Temperaturen, rechnen.

7.6. Sonnenstrahlung

Die Sonnenstrahlen, die senkrecht auf die äußere Lufthülle der Erde treffen („Solarkonstante" = ca. 1200 kcal/(h m²) = 1,40 kW/m²), stellen einen

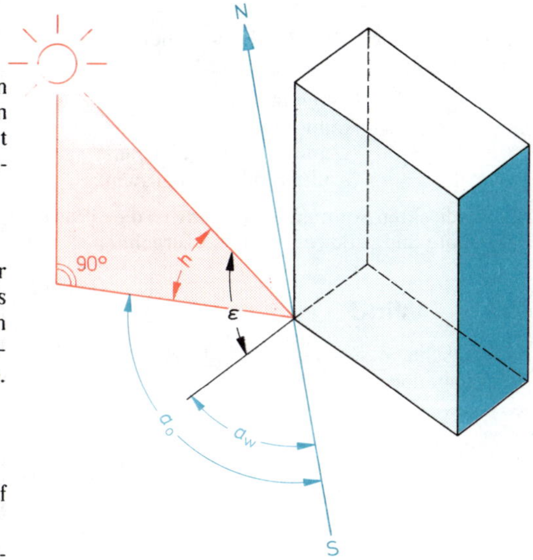

Bild 7.6 Einfallswinkel der Sonne auf eine Fläche $\cos\varepsilon = \cos h \cdot \cos(a_0 \pm a_a)$

Energiestrom dar, der durch vielerlei atmosphärische Einflüsse vermindert wird. Man stellt diese Verminderung durch einen Trübungsfaktor in Rechnung. In der Übersicht über die Sonneneinstrahlung auf horizontalen Flächen ist ein mittlerer Wert für die Praxis der Klimatechnik eingerechnet.

Wo die Sonnenstrahlen nicht senkrecht auf die Wandflächen auftreffen, muß nach dem jeweiligen Sonnenstand eine Umrechnung der Strahlungswärme vorgenommen werden.

$$\dot{Q}_S = I \cos\varepsilon = I \cos h \cdot \cos(a_0 \pm a_w)$$

Tabelle 7.4 Globale Sonneneinstrahlung (direkt und diffus) auf Horizontalflächen in Mitteleuropa [kcal/(h m²)]
(nach VDI 2078)
100 kcal/(h m²) = 116,3 W/m²

Korrekturfaktor *a*:
Reine Atmosphäre 1,15
Großstadtatmosphäre 1,00
Industrieatmosphäre 0,87

Sonnenzeit — MEZ	6 18	7 17	8 16	9 15	10 14	11 13	12
Februar	—	5	86	218	318	383	405
März	—	105	238	365	474	548	561
April	87	211	363	497	594	658	681
Mai	160	317	444	585	686	750	770
Juni	195	330	473	592	696	754	771
Juli	160	317	444	585	686	750	770
August	83	202	350	481	575	638	662
September	—	99	220	347	452	525	537
Oktober	—	5	82	206	303	366	387

Hierin sind nach Bild 7.6 die folgenden Winkel einzusetzen:

- h Sonnenhöhe,
- a_0 Azimut der Sonne,
- a_w Azimut der Wandfläche,
- ε resultierender Einfallswinkel.

Zu der direkten Sonneneinstrahlung ist die diffuse (gestreute und reflektierte) hinzuzurechnen.

7.7. Wind

In Deutschland müssen die Windverhältnisse wie folgt angenommen werden:

	Mittlere Windgeschwindigkeit	Häufigkeit einer Windgeschwindigkeit von über 5 m/s	von Westwind
Berlin	4,5 m/s	24%	38%
Hamburg	5,5 m/s	27%	25%
München	1,8 m/s	13%	33%

Die Windgeschwindigkeit steigt mit der Höhe erheblich an.

Starker Wind beeinflußt die Lüftung der Gebäude und damit die Heiz- und Kühllast. Auf der Luvseite bildet sich ein Überdruck, auf der Leeseite ein Unterdruck. Mit den Hauskenngrößen H (Tabelle 7.5) ist in DIN 4701 der Versuch gemacht, einen mittleren Einfluß des Windes je nach der Lage des Hauses für Berechnungen zu erfassen.

Tabelle 7.5 Einfluß des Windes auf die Heizlast (nach DIN 4701)

Hauskenngröße H (nach DIN 4701) Wind		Reihenhaus, Mehrfamilienhaus	Einzelhaus
normal w = 4 m/s	geschützte Lage Stadtkern	0,24	0,34
	freie Lage* Siedlung	0,41	0,58
	offene Lage* Anhöhen, Meeresufer	0,60	0,84
stark	geschützte Lage	0,41	0,58
	freie Lage*	0,60	0,84
	offene Lage*	0,82	1,13

* nur für die Räume nach N, NO und O.

8. Physiologische Daten

8.1. Wärmeabgabe des menschlichen Körpers

Zum Unterschied zu der Körpertemperatur, die sich in engen Grenzen zwischen 36,5 und 37,0 °C bewegt, schwankt die Wärmeabgabe, $\dot{Q}_{sens} + \dot{Q}_{lat}$, entsprechend den Außenluftzuständen und der körperlichen Beanspruchung. Die Werte der Tabelle 8.1 vermitteln eine vereinfachte Rechnungsgrundlage.

8.2. Thermische Behaglichkeit

Die Klimatechnik stellt sich unter anderem die Aufgabe, das körperliche Wohlbefinden zu gewährleisten. Da indessen das Wohlbefinden von jedem Menschen mit anderen Maßstäben beurteilt wird und überdies eine Fülle von äußeren Umständen mitwirkt, sah man sich veranlaßt, eine allgemein verbindliche Norm für die physische Behaglichkeit zu vereinbaren. Anhaltswerte auf dieser Basis liefert Tabelle 8.2. Nachdem bei den Rechnungen und den Abnahmen der Einfachheit halber Zahlen zur Kennzeichnung der Leistung zugrunde gelegt werden müssen, nehmen die Anhaltswerte den Status von Vertragsbestandteilen an.

In Aufenthaltsbereichen von weiblichen Personen und bei leichter Kleidung müssen höhere, bei körperlichen Anstrengungen niedrigere Raumlufttemperaturen angesetzt werden.

Wenn die Wandtemperatur des Raumes gleich der Lufttemperatur ist, so verteilt sich die Wärmeabgabe des menschlichen Körpers etwa zu gleichen Teilen auf Konvektion und Strahlung, ist die Wandtemperatur niedriger, so steigt der Strahlungsanteil, was leicht als unangenehm empfunden wird. Wenn die Wandtemperaturen nicht den Lufttemperaturen gleich sind, müssen diese über die Tabellenwerte hinaus entsprechend angehoben werden. Bei großen Fensterflächen beispielsweise erfordert der hohe Anteil

Tabelle 8.1 Wärmeabgabe und Wasserdampfabgabe des menschlichen Körpers, Luftfeuchte 30 bis 70%, ruhige Luft (nach Recknagel/Sprenger und VDI 2078)

Lufttemperatur	sitzend, leichte Beschäftigung			mittelschwere Arbeit		
t_R °C	$\dot{Q}_{sens}$ W	$\dot{Q}_{lat}$ W	$\dot{m}_D$ g/h	$\dot{Q}_{sens}$ W	$\dot{Q}_{lat}$ W	$\dot{m}_D$ g/h
10	135	20	30			
12	95	20	30			
14	115	20	30			
16	105	20	30			
18	100	25	33	155	115	80
20	90	25	38	140	130	95
22	85	35	47	120	150	110
24	75	40	58	110	160	115
26	70	50	70	95	180	130
28	60	60	85			
30	45	70	98			
32	30	80	116			

Tabelle 8.2 Behaglichkeitswerte (nach DIN 1946)

Temperatur °C	Winter	Sommer			
Außenluft	< 20	20	25	30	32
Raumluft	22[1]	22	23	25	26
Relative Raumluftfeuchte	%				
Minimal zulässig	35	—	—	—	—
Maximal zulässig	65	65	65	60	55
Raumluft-Geschwindigkeit	m/s				
Maximal zulässig	0,17	0,17	0,22	0,33	0,42
Kurzfristig zulässig	0,24	0,24	0,28	0,41	0,49

[1] nach DIN 4701: 20 °C.

abgestrahlter Körperwärme für die in der Nähe sitzenden Personen eine erhöhte Lufttemperatur und/oder eine Strahlungsquelle. Beides bewirken Radiatoren unter den Fensterbänken.
Die Temperatur der Wandflächen sollte nicht unter 16 °C, die der Fußböden auf den begangenen Flächen nicht über 25 °C liegen.
Mit der Abstrahlung von Körperwärme ist die Empfindlichkeit gegenüber einer gleichförmigen Bewegung kühlerer Raumluft verbunden. Man spricht von unangenehmen Zugerscheinungen.

8.3. Lufterneuerung

Die Bemessungsregeln für einen behaglichen Aufenthalt beinhalten ein Mindestmaß an Frischluft. Tabelle 10.1 gibt einen ersten Anhalt im Rahmen dieses Buches. Für Versammlungsräume gelten die Richtlinien DIN 1946, Tabelle 10.2 und 10.3. Die Mindestraten sind darin nach den Erfordernissen einer wirtschaftlichen Auslegung gestaffelt.

Eine wichtige Aufgabe erfüllt die Klimatechnik mit dem Schutz von Menschen und Gütern vor der Einwirkung schädlicher und gefährlicher Beimengung der Luft — Stäube, Gase, Dämpfe, Gerüche, Rauch, Strahlungsträger usw. Grundlage der Berechnungen ist die maximal zulässige Konzentration in der Atemluft (MAK-Wert). Für einige charakteristische Schadstoffe liefert Tabelle 10.4 die Grenzwerte.

Tabelle 8.3

Für Deutschland übliche Raumtemperaturen im Winter t_R (nach DIN 4701)

Wohnräume, Büros u.ä. Aufenthaltsräume	+20 °C
Badezimmer	+22 °C
Ärztliche Untersuchungszimmer	+24 °C
Vorräume, Flure, Aborte	+10 bis +15 °C

8.4. Lärm

Lärm beeinträchtigt das Wohlbefinden. Nach den Entwürfen für VDI-Richtlinien und DIN-Blätter sind verschiedene Grenzwerte vorgesehen. Tabellen 8.4 und 13.2 geben einen Überblick.

8.5. Beleuchtung

Günstige Sehverhältnisse sicherstellen bedeutet das physische und psychische Wohlbefinden fördern. Hierzu sind die Leitsätze zu beachten, die in DIN 5035 zusammengestellt wurden. Tabelle 9.4 enthält einige Richtwerte.

Tabelle 8.4 Zulässige Lautstärke [dB(A)]
(nach verschiedenen DIN- und VDI-Entwürfen)

Quelle:	tags	nachts
VDI-Richtlinien 2565		
Von der Umgebung her in Wohnungen eindringende Geräusche	35	25
DIN 4109, Blatt 2		
Von haustechnischen Anlagen in benachbarte Wohnräume eindringende Geräusche	40	30
VDI-Richtlinien 2058		
Von der Umgebung her in verschiedenen Besiedlungsgebieten eindringende Geräusche:		
nur gewerbliche Anlagen	70	70
vorwiegend gewerbliche Anlagen	65	50
gewerbliche Anlagen und Wohnungen	60	45
vorwiegend Wohnungen	55	40
nur Wohnungen	50	35
Kurgebiete, Krankenhäuser u.ä.	45	35
Arbeitsstättenverordnung, § 15		
An Arbeitsplätzen maximal auftretende Geräusche		
bei überwiegend geistigen Tätigkeiten	55	
bei überwiegend mechanischen Bürotätigkeiten	70	
bei sonstigen Tätigkeiten	85	

9. Bautechnische Daten

9.1. Wärmeleitung

Zwischen der Dichte ϱ und der Wärmeleitzahl λ eines Baustoffes oder einer Schüttung besteht ein gewisser Zusammenhang. Tabelle 9.1 gibt einen kleinen illustrativen Ausschnitt von dem umfangreichen Datenmaterial für Bau- und Dämmstoffe.

Baustoffe	Dichte ϱ kg/m³	
Dichte Natursteine (Granit, Marmor)	2800	3,50
Sand,		
Kiessand, naturfeucht 10%	1600	0,96
als lufttrockener Füllstoff	1600	0,60
Kiesbeton ≦ B 120	2400	1,50
≧ B 160	2400	2,00
Dampfgehärteter Gasbeton	400	0,14
	600	0,23
	800	0,29
Asbestzementplatten	1800	0,35
Gipskartonplatten bis 18 mm (DIN 18180)	500	0,21
Hohlblocksteine, Leichtbeton Zweikammer (DIN 18151)	1000	0,44
	1200	0,49
	1400	0,56
Lochziegel (Dichte einschl. Hohlräume)	1000	0,46
	1200	0,52
	1400	0,60
Fliesen	2000	1,05
Fensterglas	2500	0,80
Sperrholz, Fichte, Kiefer	600	0,14
Dämmstoffe		
Leichtbauplatten, Holzwolle (DIN 1101)		
Dicke ≦ 15 mm		0,14
= 25 und 35 mm		0,09
≧ 50 mm		0,08
Schaumkunststoffe	15 bis 30	0,040

Tabelle 9.1 Wärmeleitzahlen λ in W/m K
(Auszug aus DIN 4108)

9.2. Wärmedurchgang

Der Wärmedurchgang schließt neben der Wärmeleitung durch eine oder mehrere ebene Schichten von der Dicke s_1, s_1, ... die beiderseitigen Wärmeübergänge zwischen dem Baukörper und der angrenzenden Luft ein. Der Wärmestrom $\dot{Q}$ von der höheren Lufttemperatur t_E zur niedrigeren Lufttemperatur t_A durch den Querschnitt A wird durch die folgende Gleichung ausgedrückt:

$$\dot{Q} = \frac{1}{\dfrac{1}{\alpha_E} + \dfrac{1}{\alpha_A} + \sum \dfrac{s}{\lambda}} (t_E - t_A) A \text{ in W} \tag{9.1}$$

Hierin ist der Koeffizient

$$k = \frac{1}{\dfrac{1}{\alpha_E} + \dfrac{1}{\alpha_A} + \sum \dfrac{s}{\lambda}} \text{ in } \frac{\text{W}}{\text{m}^2\text{K}}$$

die Wärmedurchgangszahl. Für einige charakteristische Bauelemente liefern die Tabellen 9.2 und 9.3 die Rechenwerte.

Tabelle 9.2 Wärmedurchgangszahlen k in $W/m^2 K$ (Auszug aus DIN 4701)

Wände verputzt	Dichte ϱ kg/m³	außen 240 mm	außen 365 mm	außen 490 mm	innen 115 mm	innen 240 mm	innen 365 mm
Lochziegel	1200	1,50	1,10	0,87	2,00	1,36	1,02
	1400	1,65	1,23	0,99	2,12	1,48	1,13
Klinker	2000	2,30	—	—	2,70	2,00	—
Gasbeton	600	1,12	0,80	0,62	1,64	1,03	0,76
Kiesbeton ≦ B 120		2,70	—	—	—	2,25	—
Kiesbeton ≧ B 160		3,00	—	—	—	2,55	—
≧ B 160		1,67	—	—	—	1,49	—

Decken, Stahlbeton (DIN 1045)

$1/\lambda = 0{,}09$ bis $0{,}22$ schwimmender Estrich	Keller	Wohnungstrennung
	1,30	1,46

Dächer

	Flachdächer nicht belüftet	Steildächer belüftet
$1/\lambda = 0{,}09$ bis $0{,}22$ Stahlbeton	1,70	2,15
Holzbalken	1,22	0,92

mit zusätzlicher Wärmedämmung durch eine 25 mm dicke Leichtbauplatte aus Holzwolle (DIN 1101).

Tabelle 9.3 Wärmedurchgangszahlen k $W/m^2 K$

Fugendurchlässigkeit a W/m K

(nach DIN 4701)

	Holz (Kunststoff) k	Holz (Kunststoff) a	Metall k	Metall a
Türen				
Außentür	3,5	2,9	6,0	1,75
Balkontür, einfach, mit Glasfüllung	4,5	2,9	—	—
Innentür „undicht“	2,5	45	—	—
„dicht“	2,5	17,5	—	—
Fenster				
einfach verglast	5,0	3,5	6,0	1,75
Verbundfenster	2,5	2,9	3,5	1,75
Doppelfenster	2,5	2,3	3,0	1,4
Verglasungen				
Thermopane, 1 Luftspalt		3,0		
2 Luftspalte		2,0		
Cudo, je nach Glasdicke,		3,1		
bis		3,8		
Glasbausteine, hohl		3,1		

Tabelle 9.4 **Wärmeleistung von Beleuchtungskörpern** (Nennbeleuchtungsstärke nach DIN 5035)

	Beleuchtungsstärke lx	Lampenleistung Glühlampen W/m²	Lampenleistung Leuchtstofflampen W/m²
Wohnräume, Gaststätten u.ä.	120	27	8
Büroräume für leichte Sehaufgaben u.ä.	250	55	16
Nähen, feine Handarbeiten, Supermärkte u.ä.	750	135	40
Zeichensäle, Farbprüfungen, Großraumbüros u.ä.	1000	—	52
Edelsteinschleifen, Montage feinster Teile u.ä.	1500	—	78
Goldschmieden, Montage von Subminiaturteilen u.ä.	2000	—	104

9.3. Wärmequellen

Für die in den Räumen aufgestellten Erzeuger von Wärmeströmen — Motoren, elektronische Geräte, Kühlschränke, Schreibtischlampen usw. — geben die Hersteller, Architekten, Betreiber oder Elektriker die aufgenommene elektrische Leistung an. Für die an oder in der Decke angebrachten Beleuchtungskörper gibt es von den handelsüblichen Konstruktionen Meß- oder Erfahrungswerte, die auf den Quadratmeter Deckenfläche bezogen sind. Tabelle 9.4 liefert einige

Tabelle 9.5 **Restwärmefaktor l_2** (nach VDI 2078)

Absaugung über	Leuchte	Luftdurchsatz je 100 W Lampenleistung m³/h: 20	30	50	100
	unbelüftet	1,0	1,0	1,0	1,0
Deckenhohlraum	durchlüftet	0,5	0,4	0,3	0,25
	umlüftet	0,6	0,5	0,4	0,35
nicht-isolierte Kanäle	durchlüftet	0,4	0,35	0,25	0,20
	umlüftet	0,5	0,45	0,35	0,30
isolierte Kanäle	durchlüftet	0,25	0,20	0,20	0,20
	umlüftet	0,35	0,32	0,30	0,28

Tabelle 9.6 Raumkenngröße *R* Durchlässigkeitsrelation zwischen Fenstern und Innentüren (nach DIN 4701)

Innentüren	Holz (Kunststoff) undicht	Holz (Kunststoff) dicht	Metall undicht	Metall dicht	*R*
Außenfensterfläche	3	1,5	6	2,5	0,9
Innentürfläche	3 bis 9	1,5 bis 3	6 bis 20	2,5 bis 6	0,7

repräsentative Rechenwerte für die Klimatechnik.
Man ist bemüht, die Beleuchtungskörper so in die Decke einzubauen, daß bei optimaler Lichtleistung möglichst wenig Verlustwärme in den Raum eindringt, zugleich aber die Lampen nicht unwirtschaftlich hoch erwärmt werden (Lebensdauer). Die Tabelle 9.5 gibt eine Übersicht, die dem Rechnungsgang nach Kapitel 12 dient.

9.4. Durchlässigkeit

Zahlreiche Komponenten eines modernen Gebäudes enthalten Luftspalte und Undichtigkeiten, sei es von der Montage her oder von der Funktion des Schließens ohne genügenden Anpreßdruck usw. Zu solchen Baukomponenten zählen Fassaden, Innentrennwände, Fenster und Türen. Zur Berücksichtigung in Rechnungen gibt es grobe Anhaltswerte: Fugendurchlässigkeit (Tabelle 9.3), Raumkenngrößen (Tabelle 9.6).

9.5. Wärmestrahlung

Da die Sonneneinstrahlung meist die höchste Belastung der Klimaanlage hervorbringt, sind nach Möglichkeit bauliche Vorkehrungen zu treffen, um diesen Anteil der Kühllast herabzusetzen. Das gilt besonders für die Periode, die zur Spitzenbelastung der Klimaanlage führt. Die Tabelle 9.7 zeigt den Einfluß der Sonnenschutzeinrichtungen in der Form eines rechnerischen Durchlaßfaktors, der auf die Verglasung mit einfachem Tafelglas (= 1) bezogen ist.

Tabelle 9.7 Durchlaßfaktor der Sonnenstrahlung *b* (nach VDI 2078)

Tafelglas (DIN 1249)	
einfach	1,0
doppelt	0,9
Absorptionsglas	
einfach	0,7
innen zusätzlich Tafelglas	0,6
zus. vorgehängt	0,5
Reflexionsglas	
einfach	0,6
innen zusätzlich Tafelglas	
Metalloxidbelag	0,5
Edelmetallbelag	0,4
Glashohlsteine 100 mm farblos	
glatt	
ohne Glasvlies	0,6
mit Glasvlies	0,4
gerippt	
ohne Glasvlies	0,4
mit Glasvlies	0,3

Sonnenschutz außen	
Jalousie, Öffnung 45°	0,15
Markise, ventiliert	0,3
Markise, anliegend	0,4
zwischen den Glasscheiben	
Jalousie, Öffnung 45°	0,5
innen	
Jalousie, Öffnung 45°	0,7
Vorhänge, hell	0,5
Vorhänge, dunkel	0,7
Kunststoffolien	0,7

9.6. Speicherwirkung

Jeder Baukörper hat infolge seiner Masse und seiner spezifischen Wärmekapazität die Fähigkeit, eindringende Wärmeströme aufzunehmen und sich erst allmählich aufzuheizen. Das gleiche gilt für die austretenden Wärmeströme während der kalten Jahres- und Tageszeiten. Bei genügend großen Massen macht diese Fähigkeit eine Klimaanlage entbehrlich, was besonders bei den älteren Bauweisen zutrifft.
Wand- und Deckenkonstruktionen mit geringer Masse sowie Isolierungen dieser Massen durch Styroporschichten, Teppiche u.ä. setzen die Speicherwirkung herab.
Die Berechnung der Auswirkungen ist für die Praxis zu schwierig. In Einzelfällen mögen Modellanalysen angebracht sein. Für die klimatechnischen Rechnungen unterscheidet man einfach eine weniger speichernde Bauart I von einer stärker speichernden Bauart II (Tabelle 9.8 und Abschnitt 12.8).
Bei der Speicherwirkung, die von der Beleuchtungswärme ausgelöst wird (Tabelle 9.9), ist die Zeitspanne vom Ein- bis zum Ausschalten von Bedeutung.

Tabelle 9.8 Speicherfaktor *s* für Strahlungsenergie durch Fenster mit innerem Sonnenschutz
(Auszug aus VDI 2078)

		Wahre Ortszeit 8	9	10	11	12	13	14	15	16	17	18
Bauart I wenig speichernd	NO	0,71	0,51	0,33	0,32	0,31	0,31	0,29	0,27	0,23	0,19	0,14
	O	**0,79**	0,77	0,65	0,46	0,30	0,28	0,26	0,24	0,21	0,18	0,14
	SO	0,71	**0,82**	**0,82**	0,74	0,58	0,38	0,29	0,25	0,22	0,17	0,14
	S	0,23	0,43	0,66	**0,76**	**0,83**	**0,80**	0,73	0,53	0,34	0,23	0,18
	SW	0,15	0,18	0,20	0,28	0,49	0,68	**0,79**	**0,83**	0,77	0,65	0,42
	W	0,15	0,17	0,18	0,20	0,20	0,37	0,58	0,74	**0,82**	0,80	0,58
	NW	0,20	0,24	0,26	0,28	0,28	0,28	0,26	0,44	0,68	**0,81**	**0,68**
	N	0,59	0,72	0,79	**0,85**	**0,85**	**0,86**	**0,81**	0,75	0,63	0,54	0,63
Bauart II stärker speichernd	NO	0,65	0,47	0,30	0,29	0,29	0,29	0,28	0,26	0,26	0,19	0,15
	O	**0,75**	0,71	0,58	0,41	0,27	0,25	0,23	0,21	0,19	0,16	0,12
	SO	0,68	**0,75**	**0,75**	0,68	0,53	0,35	0,28	0,24	0,22	0,18	0,15
	S	0,24	0,42	0,63	**0,71**	**0,77**	**0,73**	0,67	0,48	0,32	0,22	0,17
	SW	0,16	0,18	0,20	0,29	0,48	0,65	**0,74**	**0,77**	0,71	0,59	0,39
	W	0,16	0,17	0,19	0,20	0,21	0,37	0,56	0,70	**0,77**	0,74	0,53
	NW	0,20	0,23	0,25	0,26	0,26	0,26	0,26	0,44	0,65	**0,76**	**0,63**
	N	0,57	0,67	0,73	**0,78**	**0,80**	**0,80**	**0,76**	0,70	0,61	0,51	0,58

(fett = Maximumwerte, im Original farbig hinterlegt) Maximumwerte

Tabelle 9.9 Speicherfaktor für Beleuchtungswärme s_B
(nach VDI 2078)
Bauart I und II, vgl. Abschnitt 12.8

Leuchte	Anordnung	Zeitspanne nach dem Einschalten der Beleuchtung = 2 h	2 h bis 8 h	8 h bis 16 h	≧ 16 h	Bauart
unbelüftet	freihängend	0,85	0,9	0,95	1,0	
unbelüftet	in Decke eingebaut	0,75	0,9	1,0	1,0	I
		0,7	0,8	0,9	1,0	II
belüftet	eingebaut	0,6	0,75	0,9	1,0	

10. Berechnung des Außenluftbedarfs

10.1. Berechnungsmethoden

Der Volumstrom der Außenluft, der zur Erneuerung der Raumluft benötigt wird, muß nach den Erfordernissen des Einzelfalles bestimmt werden. Sind die Ursachen der Luftverschlechterung in den Räumlichkeiten bekannt, so kann man bei der Rechnung meist von relativ zuverlässigen Mengenangaben ausgehen. In anderen Fällen kann man sich nur auf die Kenntnis der örtlichen Verhältnisse stützen und allgemeine Erfahrungsregeln heranziehen, die sich auf die Nutzung der Räumlichkeiten beziehen. Es sind danach für die Methoden der Rechnung drei Gesichtspunkte zu unterscheiden:

Außenluftwechsel,
Außenluftrate,
Schadstoffemission.

10.2. Außenluftwechsel

Bei einfachen Lüftungsaufgaben ist die Forderung nach Lufterneuerung vorsorglich nicht an genau einzuhaltende Zahlenwerte gebunden. Man läßt einen Spielraum zwischen Anhaltswer-

Tabelle 10.1 Stündlicher Außenluftwechsel
(Anhaltswerte nach Recknagel/Sprenger, DIN 1946, VDI 2052)

Geschäftshäuser (VDI 2082)		
Verkauf, allgemein	2 bis 8	$\frac{1}{h}$
Verkauf, Lebensmittel	4 bis 12	
Verkauf mit hohem Wärmeanfall	6 bis 20	
Schnellimbiß, Kasino	6 bis 15	
Büros	4 bis 8	
Datenverarbeitung, nach VDI 2054, mindestens	2 bis 3	
Datenverarbeitung, Abführung der Gerätewärme	40 bis 60	
Schwimmbäder (VDI 2089)		
Schwimmhalle, Abführung der Verdunstungswärme	5 bis 15	
Brausen	20 bis 30	
Baderäume	5 bis 8	
Umkleideräume	8 bis 10	
Schulen (vgl. DIN 1946 Teil 5)		
Klassenzimmer	4 bis 5	
Projektions-, Chemieräume	6 bis 8	
Turnhallen, Lehrschwimmbäder	2 bis 3	
Gymnastikräume	4 bis 6	
Umkleideräume	8 bis 10	
Krankenhäuser (vgl. DIN 1946 Teil 4)		
Operationsräume	15 bis 20	
Untersuchungs-, Behandlungsräume	5 bis 10	
Bettenstation	2 bis 3	
Küchen (vgl. VDI 2052)		
Kochen, Raumhöhe 2,5 bis 3,5 m	15 bis 25	
Kochen, Raumhöhe 3,0 bis 4,0 m	20 bis 30	
Kochen, Raumhöhe 4,0 bis 6,0 m	15 bis 20	
Backen, Raumhöhe 3,0 bis 4,0 m	8 bis 15	
Backen, Raumhöhe 4,0 bis 6,0 m	6 bis 8	
Toiletten (vgl. DIN 18 017)		
öffentliche	10 bis 15	
in Fabriken	8 bis 10	
in Bürogebäuden	5 bis 8	
in Wohnungen	4 bis 6	

ten, die sich auf Erfahrungen bei der Lösung ähnlicher Aufgaben stützen. Tabelle 10.1 enthält solche Anhaltswerte. Man muß sich an der Größe der Räume und ihrer Zweckbestimmung orientieren und einfach das Raumvolumen — m^3 — mit dem stündlichen Außenluftwechsel — 1/h — multiplizieren, um zu dem Außenluftbedarf in seiner Größenordnung — m^3/h — zu gelangen.
Die Bedeutung des stündlichen Außenluftwechsels als der charakteristischen Kennzahl einer Lüftungsanlage ist darin zu sehen, daß er den Schwierigkeitsgrad der Aufgabe, z.B. der Luftführung unter Vermeidung von Zugerscheinungen, deutlich werden läßt.

10.3. Außenluftrate

Bei Räumlichkeiten, in denen sich eine größere Zahl von Personen aufhält, nimmt man nicht die Raumgröße, sondern die Personenzahl oder — bei Verkaufsräumen — die Bodenfläche als Bemessungsgrundlage, wenn diese in der Rechnung zu höheren Außenluftströmen führt. In der Tabelle 10.2 sind solche Werte, die ebenfalls einen Ermessensspielraum offenlassen, nach DIN 1946, Entwurf Sept. 1972, zusammengestellt.
Diese Berechnungsmethode ist besonders dort angebracht, wo vorwiegend für Menschen zuträgliche Raumluftverhältnisse geschaffen werden sollen. Die allgemeinen hygienischen Forderungen in den Grundregeln der DIN 1946 beinhalten für die Lufterneuerung zwei Gesichtspunkte:

- □ Zum ersten sollen alle Verunreinigungen durch Zuführen unverbrauchter Luft soweit entfernt werden, daß sie weder gesundheitsschädlich oder belästigend wirken noch Arbeitsvorgänge stören.
- □ Zum zweiten soll aus wärmephysiologischen Gründen einer zu hohen Temperatur oder Feuchte der Raumluft entgegengewirkt werden.

Um die Beurteilung des Einzelfalles nicht durch schematische Festlegung einzuengen, werden nicht nur zur Berücksichtigung der örtlichen Bedingungen, sondern auch der Wirtschaftlichkeit Zahlenbereiche für sinnvolle Auslegungen als Empfehlungen angegeben. Im Hinblick auf die Kosten für Heizung und Kühlung der Außenluft werden Abstriche von der maximalen Höhe — bei t_s zwischen 0 und 26 °C — als statthaft angesehen.
Während die Tabelle 10.2 die allgemeinen Richtwerte enthält, sind in Tabelle 10.3 die Erfordernisse nach typischen Kategorien von Aufenthaltsräumen aufgegliedert. Die Richtwerte im unteren

Tabelle 10.2 Außenluftrate (nach DIN 1946, Blatt 1)

Mindestwerte

Bei Hochhäusern mit fest verglasten dichten Außenflächen empfiehlt es sich, diese Werte etwa zu verdoppeln

Anzustrebende Werte

Außenluft-temperatur t_a °C	Räume mit Rauchverbot m³/h je Person (Mindestwerte)	Räume mit Rauchverbot m³/h je Person (Anzustrebende Werte)	Räume mit Raucherlaubnis m³/h je Person (Mindestwerte)	Räume mit Raucherlaubnis m³/h je Person (Anzustrebende Werte)
−20	8	12	12	18
−15	10	15	15	23
−10	13	20	20	30
− 5	16	24	24	36
0 bis +26	20	30	30	40
über +26	15	23	23	35

Tabelle 10.3 Außenluftrate (nach DIN 1946, Blatt 2)

Aus wirtschaftlichen Gründen können die Außenluftraten bei $t_a < 0\,°C$ bis zum Auslegungswert nach der Klimakarte DIN 4701 linear auf 50% abgesenkt werden. Die Tabelle enthält die Außenluftraten für den Auslegungswert $t_a = -15\,°C$. Desgleichen kann die Außenluftrate bei $t_a > +26\,°C$ auf 75% reduziert werden.

Mindestwerte (rot umrandet)

Obere Werte (blau umrandet)

Außenlufttemperatur t_a °C	Büros, Sitzungsräume (Mindestwerte)	Büros, Sitzungsräume (Obere Werte)	Vortragssäle, Theater, Festsäle (Mindestwerte)	Vortragssäle, Theater, Festsäle (Obere Werte)	Ausstellungs-, Verkaufsräume, Gaststätten[1] (Mindestwerte)	Ausstellungs-, Verkaufsräume, Gaststätten[1] (Obere Werte)
	m³/h je Person					
−15	15	25	10	18	10	15
−10	20	33	14	24	14	20
− 5	25	42	17	30	17	25
0 bis +26	30	50	20	35	20	30
über +26	23	38	15	26	15	23

Außenlufttemperatur t_a °C	Ausstellungsräume Verkaufsräume mit Waren, die die Luft nicht verunreinigen[1]	Gaststätten[1]
	m³/h je m² Bodenfläche	
−15	3	6
−10	4	8
− 5	5	10
0 bis +26	6	12
über +26	5	9

[1] Hier ist jeweils der höhere Wert zu nehmen.

Teil der Tabelle 10.3 gelten für die Räume, in denen von Speisen oder gelagerten Waren mehr oder weniger starke Gerüche, Dünste o.ä. ausgehen.

10.4. Schadstoffemission

Schadstoffe in der Raumluft sind Beimengungen von Gasen, Dämpfen oder von Feststoffen, wie Rauch oder Staub. Über ihre Wirkung auf den menschlichen Organismus und über die zulässigen MAK-Werte gibt Tabelle 10.4 auszugsweise einen Überblick.

Sind die Quellen der Luftverschlechterung im Raum bekannt, so kann man die erforderliche Außenluftmenge zur Verdünnung nach den MAK-Werten bestimmen. Wendet man die Bilanzgleichung für die vollkommene Vermischung (4.4) gemäß Bild 10.1 auf den Fall der Schadstoffemission an, so erhält man

$$\sigma_a \dot{V}_a + \dot{V}_s = \sigma_i (\dot{V}_a + \dot{V}_s) \qquad (10.1)$$

Beimengung	Kennzeichnung der Wirkung I	II	III	IV	MAK-Wert	
	mg/l	mg/l	mg/l	mg/l	mg/l	cm³/m³
Äthylether	124	31	5,5	0,001	1,2	400
Ammoniak	3,5 bis 7	1,5 bis 2,7	0,1	0,035	0,035	50
Arsenwasserstoff	0,2 bis 0,3	0,02 bis 0,03	0,01	—	0,0002	0,05
Benzol	64	20 bis 30	5 bis 10	1,0	0,032	10
Chlor	2,5 bis 3	0,1 bis 0,15	0,01	0,01	0,0015	0,5
Kohlendioxid	360 bis 550	90 bis 120	20 bis 30	geruchlos	9	5000
Kohlenoxid	6 bis 12	2 bis 3	0,2	geruchlos	0,055	50
Ozon	—	0,03	0,001	0,00002	0,0002	0,1
Phosgen	0,8 bis 2	0,02 bis 0,1	0,005 bis 0,01	0,02	0,0004	0,1
Schwefeldioxid	5,5	1,0 bis 1,7	0,02 bis 0,03	0,008 bis 0,013	0,013	5

Kennzeichnung der Wirkung:
I Augenblicklicher oder rascher Tod.
II Bei einhalb- bis einstündigem Einatmen Lebens- oder Erkrankungsgefahr.
III Bei mehrstündigem Einatmen nicht indifferent.
IV Geruchsschwelle.

Tabelle 10.4 Schädliche Wirkung von einigen Gasen und Dämpfen auf den menschlichen Organismus und maximal zulässige Arbeitsplatzkonzentration (MAK-Werte)
(nach einer Zusammenstellung von K. G. Müller)

Hierin ist

σ_a Volumenkonzentration (DIN 1310) des Schadstoffes in der Außenluft,
σ_i Volumenkonzentration des Schadstoffes in der Abluft, identisch mit dem MAK-Wert nach Tabelle 10.4,
$\dot{V}_a$ stündlich erforderlicher Volumenstrom der Außenluft,
$\dot{V}_i$ stündlich anfallendes Schadstoffvolumen.

Hieraus: $\dot{V}_a = \frac{1 + \sigma_a}{\sigma_i - \sigma_a} \dot{V}_s$

Wenn $\sigma_i < 0{,}1$ und $\sigma_a \ll \sigma_i$, vereinfacht sich die Gleichung zu

$$\dot{V}_a = \frac{1}{\sigma_i} \dot{V}_s \qquad (10.2)$$

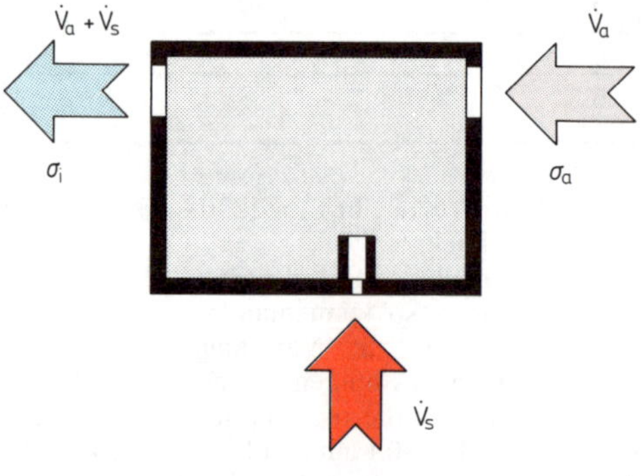

Bild 10.1 Schadstoffemission $\dot{V}_s$ und Außenluftbedarf $\dot{V}_a$

10.5. Berechnungsbeispiel

Beim Leerlauf in einer Garage erzeugen mehrere Kraftfahrzeuge insgesamt 4 m³/h Kohlenoxid.
Nach der Tabelle 10.4 ist der MAK-Wert $\sigma_i = 50$ cm³/m³.
Nach Gl. (10.2) ist

$$\dot{V}_a = \frac{4\,(\text{m}^3/\text{h}) \cdot 10^6\,(\text{cm}^3/\text{m}^3)}{50\,(\text{cm}^3/\text{m}^3)} = 8 \cdot 10^4\ \text{m}^3/\text{h}$$

Wenn die Schadstoffe mit der Raumluft ein brennbares Gemisch bilden, wie das beispielsweise bei vielen Lösungsmitteln der Fall ist, so sind für die maximal zulässige Volumenkonzentration neben den MAK-Werten die unteren Zündgrenzen sowie Brennpunkt und Flammpunkt wichtig. Letztere sind gegebenenfalls vom Teildruck des betreffenden Stoffes und damit von der Raumlufttemperatur abhängig.
Im Zusammenhang mit der Darstellung der Berechnungsmethoden zählt auch Wasserdampf und Nebel zu den „Schadstoffen", die nach Gl. (10.2) durch eine Vermischung mit der Außenluft beseitigt werden können.

10.6. Zuluftbedarf

Wenn die Abluft vor dem Austritt in die freie Atmosphäre gefiltert wird, bzw. wenn nur ein Teil gefiltert als Umluft in die Räume zurückgeführt wird, so gelten die Gleichungen für die Zuluft in gleicher Weise wie für die reine Außenluft als Grenzfall.

Bei der Bemessung des Zuluftbedarfs steht die Wirtschaftlichkeit, über die ganze jährliche Betriebsperiode betrachtet, im Vordergrund. Kühllast und Wärmebedarf bestimmen den Umluftanteil. In Analogie zu den Gleichungen für die Schadstoffemission richtet sich der Zuluftbedarf

- □ nach der Kühllast — Kapitel 12
- □ nach dem Wärmebedarf — Kapitel 11 — in dem Maße, wie der Wärmebedarf nicht durch Heizkörper in den Räumen gedeckt wird, nach der Bilanzgleichung

$$\dot{V}_z = \frac{\dot{Q}_k}{c_{p1}\,\varrho\,(t_R - t_Z)} \qquad (10.3)$$

Hierin ist

t_R Raumtemperatur,
t_z Zulufttemperatur.

11. Berechnung des Wärmebedarfs

11.1. Überschlagswerte

Um den Wärmebedarf von üblichen Wohn- und Bürogebäuden abzuschätzen, kann man Tabelle 11.1 heranziehen. Die Näherungswerte machen den Einfluß des Fensterflächenanteils und der Fensterkonstruktion deutlich.

11.2. Rechnungsgang

Bei der vereinheitlichten Berechnungsmethode nach DIN 4701 unterscheidet man zwei Anteile,

den Wärmeverlust durch die Außenflächen (11.1)

$$Q_T = \sum_i k_i A_i (t_R - t_a)(l + z_D + z_H)$$

Hierin ist

k_i Wärmedurchgangszahl nach Gl. (9.1) oder für normale Bauten nach bautechnischen Tabellen, z.B. nach Tabelle 9.2,

A_i Querschnittsfläche des Bauteiles gegenüber dem Wärmestrom,

t_R Raumlufttemperatur, z.B. nach Tabelle 8.3,

t_a Außenlufttemperatur, z.B. für Deutschland nach Klimakarte 7.4,

z_D Zuschlag, z.B. nach Tabelle 11.2,

- □ für den vermehrten Wärmebedarf zum Aufheizen nach einer Unterbrechung des Heizbetriebes und
- □ für den Ausgleich des Einflusses kalter Flächen

z_H Zuschlag für den Einfluß der Himmelsrichtung nach Tabelle 11.3

den Wärmeverlust durch eindringende kalte Luft

$$Q_L = \sum (a\, l)\, R\, H\, (t_R - t_a)\, Z_E \qquad (11.2)$$

Hierin ist

a Durchlässigkeit je m Fugenlänge in W/m K Druckunterschied (nach Tabelle 9.3), mittlere Werte: 1,5 bis 3,0 W/m K,

l Fugenlänge der angeblasenen Fenster und Türen,

Tabelle 11.1 Wärmebedarf je m³ umbauten Raumes in W/m³ für freistehende Wohnhäuser
(Überschlagswerte nach Recknagel/Sprenger)

	Einfachfenster		Doppelfenster	
Fensteranteil A_F/A	0,50	0,25	0,50	0,25
12 m hoch	56	40	35	30
6 m hoch	73	56	50	43
3,5 m hoch	75	67	62	53

Tabelle 11.2 Zuschlagsfaktor z_D (nach DIN 4701)

	D-Wert < 0,35	< 0,80	< 1,75	> 1,75
Betriebsweise mit Nachtabsenkung der Raumtemperatur	0,07	0,07	0,07	0,07
Betriebsweise mit 9- bis 12stündiger Unterbrechung	0,20	0,15	0,15	0,15
Betriebsweise mit 12- bis 16stündiger Unterbrechung	0,30	0,25	0,20	0,15

Tabelle 11.3 Zuschlagsfaktor für die Himmelsrichtung der Außenwand z_H
(nach DIN 4701)

	S	SW	W	NW	N	NO	O	SO
z_H	−0,05	−0,05	0	+0,05	+0,05	+0,05	0	−0,05

R Raumkenngröße, bezeichnet die Strömungswiderstände innerhalb des Raumes gegenüber dem Abströmen der Luft (nach Tabelle 9.6),

H Hauskenngröße, berücksichtigt Lage, Umgebung und Bauweise des Hauses (nach Tabelle 7.5),

Z_E Eckfensterzuschlag = 1,2, entfällt für die übrigen Fenster und Türen.

11.3. Zuschlagsrechnungen

Mit den Zuschlagsfaktoren und Kenngrößen versucht man, den verwickelten Vorgängen in einem einfachen und übersichtlichen Rechenschema gerecht zu werden. Die Zahlenwerte aus den Tabellen sollen nicht nur praktische Anhaltswerte für die Rechnung sein, sondern auch helfen, den Zusammenhang zwischen den verschiedenen Einflußgrößen zu erkennen.

So ist die wichtige Einwirkung der inneren Wandungstemperaturen durch eine fiktive, mittlere Wärmedurchgangszahl — dem sogenannten *D*-Wert — berücksichtigt.

$$D = \frac{Q_T}{A_{ges}\,(t_R - t_a)} \text{ in W/m}^2\text{ K} \quad (11.3)$$

Im Rechnungsgang setzt man hier für Q_T den Zahlenwert ohne Zuschläge, da z_D vor der Bestimmung von *D* noch nicht ermittelt ist. Der Einfachheit halber beläßt man für die angrenzenden Räume die Außentemperatur t_a.

Gl. (11.3) ist eine Zahlenwertgleichung. Damit das Ergebnis für Q_L richtig in W herauskommt, muß entgegen DIN 4701 die Fugendurchlässigkeit *a* in W/m K ausgedrückt werden.

11.4. Berechnungsgang nach DIN 4701

Vorgegebene Daten

Gebäude: Mehrgeschossiges Bürohaus, Grundriß nach Bild 11.1, Raum 401 im Zwischengeschoß als Beispiel

Klima: Norddeutschland

Windlage: normal, freie Lage, als Reihenhaus zu behandeln

Betrieb: mit 9- bis 12stündiger Unterbrechung

AW Außenwände: Lochziegel, Dichte 1400 kg/m³, 365 mm dick

IW Innenwände: Lochziegel, Dichte 1400 kg/m³, 240 mm dick

Da Dach: Stahlbeton, flach, Isolierung 25 mm Holzwolle o.ä.

VF Fenster: Verbund, Metall

IT Türen: innen, ohne Schwelle „undicht“

Erste Rechenwerte

Nach Tabelle 8.3:	$t_R = +20\ °C$
Nach Klimakarte 7.4:	$t_a = -15\ °C$
Nach Grundriß 11.1:	$t_a = +15\ °C$ für Treppenhaus
Nach Tabelle 9.2:	$k_{AW} = 1{,}23\ W/m^2\ K$ $k_{IW} = 1{,}48\ W/m^2\ K$ $k_{Da} = 1{,}70\ W/m^2\ K$
Nach Tabelle 9.3:	$k_{VF} = 3{,}5\ W/m^2\ K$ $a_{VF} = 1{,}75\ W/m\ K$ $k_{IT} = 2{,}5\ W/m^2\ K$ $a_{IT} = 45\ W/m\ K$

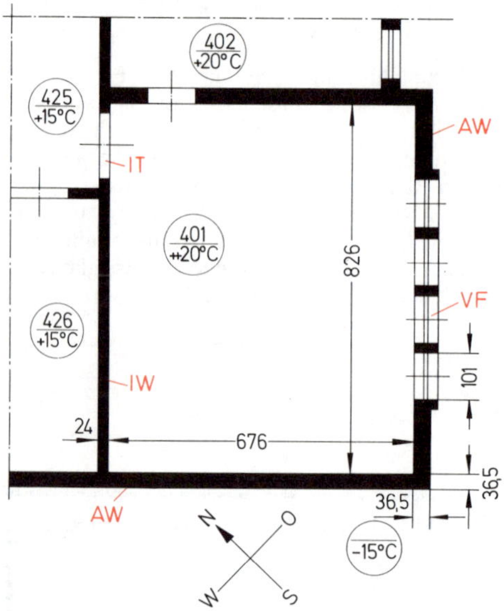

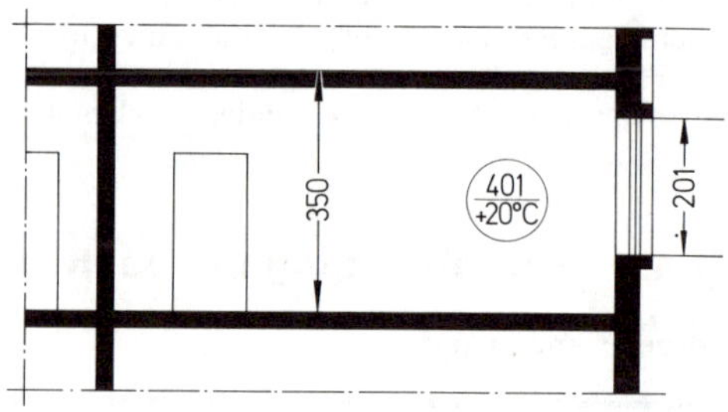

Bild 11.1 Raumabmessungen

Wärmedurchgangsflächen

Bauteile	Richtung	Länge	Breite	Höhe	Fläche	Abzug	Nettofläche
—	—	m	m	m	m²	m²	m²
4 VF	SO	—	1,01	2,01	2,03	—	8,1
1 AW	SO	8,26	—	3,50	28,9	8,1	20,8
1 AW	NO	—	0,39	3,50	1,4	—	1,4
1 AW	SW	—	6,76	3,50	23,7	—	23,7
1 IT	—	—	1,64	2,26	3,7	—	3,7
1 IW	—	8,26	—	3,50	28,9	3,7	25,2
1 IW	—	—	6,01	3,50	21,0	—	21,0
2 De	—	8,26	6,76	—	111,8	—	111,8
							215,7

Transmissionswärme

Bauteile —	$t_R - t_a$ °C	k W/m² K	Q_T W	z_H nach Tabelle 11.3:
4 VF	35	3,5	990	−0,05
1 AW	35	1,23	900	+0,05
1 AW	35	1,23	60	−0,05
1 AW	35	1,23	1030	
1 IT	5	2,5	50	
1 IW	5	1,48	190	
1 IW	0	entfällt		
2 De	0	entfällt		
			3220	

Nach Gl. (11.3): $D = \frac{3220}{215{,}7 \cdot 35} = 0{,}43$ W/m² K

Nach Tabelle 11.2: $z_D = 0{,}15$

Nach Gl. (11.1): $Q_T = 3220\,(1 + 0{,}15 - 0{,}05)$

$\underline{Q_T = 3540 \text{ W}}$

Lüftungswärme

Nach Grundriß 11.1: Fugenlänge

VF: 4 (2 · 1,00 m + 2 · 2,00 m) = 24 m
[IT: 1 (2 · 2,26 m + 2 · 1,63 m) = 7,8 m]

Nach Tabelle 9.6: Raumkenngröße $R = 0{,}9$

Nach Tabelle 7.5: Hauskenngröße $H = 0{,}24$

Nach Gl. (11.2): $Q_L = 1{,}75 \cdot 24 \cdot 0{,}9 \cdot 0{,}24\,(20 + 15)$

$\underline{Q_L = 320 \text{ W}}$

Wärmebedarf des Büroraumes 401

$$Q_T = 3540 \text{ W}$$
$$+Q_L = 320 \text{ W}$$
$$\underline{Q_h = 3860 \text{ W}}$$

Raumvolumen innen, $V_i = 8{,}26 \cdot 6{,}76 \cdot 3{,}50 = 195$ m³
Wärmebedarf je m³ umbauten Raumes 3860/195 = 20 W/m³

Der errechnete Wert ist wesentlich geringer als der Schätzwert, der für den umbauten Raum von freistehenden Wohnhäusern nach Tabelle 11.1 genommen werden kann.

12. Berechnung der Kühllast

12.1. Zusammenfassung

Als Kühllast bezeichnet man nach VDI 2078 die kalorische Leistung, die zu einem bestimmten Zeitpunkt aus einem Raumbereich abzuführen ist, damit die erforderlichen Zustandswerte der Raumluft erreicht werden.
In der Form einer Summe von Wärmestromanteilen erfaßt die Kühllast $\dot{Q}_K$
einen inneren Anteil

Wärmeabgabe von Menschen $\dot{Q}_M$ von Beleuchtungskörpern $\dot{Q}_B$ von Geräten $\dot{Q}_N$ von Stoffdurchgängen $\dot{Q}_G$ von Wärmedurchgängen $\dot{Q}_R$

und einen äußeren Anteil

eindringende Wärme durch Außenwände und Dächer $\dot{Q}_W$ durch Fenster $\dot{Q}_F$ als Transmissionswärme $\dot{Q}_T$ als Strahlungswärme $\dot{Q}_S$

Die Größe der einzelnen Wärmeströme beruht auf

den Witterungsbedingungen,
der Bauausführung,
den inneren Wärmequellen,
den Nutzungsanforderungen

und umfaßt den sensiblen und den latenten Anteil.
Die Berechnungsmethode ist auf den Fall abgestellt, daß in den Räumen eine konstante Temperatur und Feuchte herrschen soll. Systemspezifische Einflüsse sind weitgehend ausgeschaltet.

12.2. Wärmeabgabe von Menschen $\dot{Q}_M$

Die insgesamt durch die Personen, die sich in den Räumen aufhalten, freigesetzte, sensible und latente Wärme kann mit Hilfe der Tabelle 8.1 ermittelt werden.

12.3. Wärmeabgabe von Beleuchtungskörpern $\dot{Q}_B$

$$\dot{Q}_B = P\, l_1\, l_2\, s_B s_M \qquad (12.1)$$

Hierin ist

P gesamte Anschlußleistung der Leuchten (einschl. der Vorschaltgeräte) (Tabelle 9.4).

l_1 Gleichzeitigkeitsfaktor der Beleuchtung. Er kann sich auf den Berechnungszeitraum und auf die Beleuchtungsfläche beziehen.

l_2 Restwärmefaktor bei belüfteten Leuchten. Er zeigt nach Tabelle 9.5 den Anteil der Beleuchtungswärme an, der im Raum verbleibt. Die Zahlen gelten für den Fall, daß unter dem Fußboden des berechneten Raumes eine gleichartige Absaugung durch den Deckenhohlraum vorhanden ist. Wenn durch den Fußboden keine Wärme von einer gleichartigen Absaugung nachströmt, so sind die Tabellenwerte mit einem Faktor 0,8 zu berichtigen.

s_B Speicherfaktor für die Beleuchtungswärme. Je kürzer die Einschaltzeit der Beleuchtung ist, um so stärker wirkt sich die Wärmespeicherung aus. Nach Tabelle 9.9 wird die Kühllast während der Einschaltzeit herabgesetzt, nach dem Ausschalten dann für eine gewisse Zeit noch erhöht, Der Speicherfaktor ist von

der Speichermasse der Baulichkeiten,
der Anordnung der Leuchten und
der Zeitspanne seit dem Einschalten

abhängig.

s_M Zuschlag für Mischungen von Zu- und Abluft im Deckenbereich.

12.4. Wärmeabgabe von Geräten $\dot{Q}_N$

$$\dot{Q}_N = \sum_i \left(\frac{P_i}{\eta_i} a_1\right) a_2 \qquad (12.2)$$

Hierin ist

P_i Nennleistung der i-ten Maschine,
η_i Wirkungsgrad, z.B. aus einer Herstellerliste,
a_1 Belastungsfaktor der i-ten Maschine,
a_2 Gleichzeitigkeitsfaktor.

Der Teil der Gerätewärme, der unmittelbar am Gerät durch die Kühlung mit Luft oder Wasser abgeführt wird, geht nicht in die Rechnung ein.

12.5. Wärmeabgabe von Stoffdurchgängen $\dot{Q}_G$

Wenn irgendwelche Stoffströme (Kühlwasser, Abgase) oder Gegenstände (bei Wärmebehandlung) innerhalb des Raumes Wärmeträger werden, so ist ihre Wärmeabgabe bzw. -aufnahme zu berücksichtigen:

$$\dot{Q}_G = c\, G\, (t_E - t_A) \qquad (12.3)$$

Hierin ist

c spezifische Wärmekapazität,
G Stoffstrom,
t_E Eintrittstemperatur,
t_A Austrittstemperatur.

12.6. Wärmeabgabe von Wärmedurchgängen $\dot{Q}_R$

Wenn durch die Innenwände, Geschoßdecken usw. Wärmeströme in den Raum eindringen bzw. abfließen, so werden diese angesetzt mit

$$\dot{Q}_R = k_R\, A\, (t_a - t_R) \qquad (12.4)$$

Hierin ist

k_R Wärmedurchgangszahl nach Tabelle 9.2 und 9.3,
t_a Temperatur angrenzender Räume nach Tabelle 12.1.

12.7. Eindringende Wärme durch Außenwände und Dächer $\dot{Q}_W$

Bei Annahme einer eindimensionalen Wärmeströmung durch die Wandungen gilt

$$\dot{Q}_W = k\, A\, \Delta t_{äq} \qquad (12.5)$$

Hierin ist

k Wärmedurchgangszahl nach Gl. (9.1) oder Tabelle 9.2,
A Außenfläche,
$\Delta t_{äq}$ äquivalente Temperaturdifferenz. Sie berücksichtigt den Tagesverlauf der Außenlufttemperatur und der Sonnenstrahlung sowie die durch Speicherung bewirkte Dämpfung und zeitliche Verschiebung.
Die Tabellenwerte 12.2 $\Delta t_{äq\ Tafel}$, gelten für
$t_R = +26\ °C$
$t_{am} = +24{,}5\ °C$ (Binnenlandklima im Juli),
Großstadttrübung.
Bei abweichenden Auslegungsbedingungen gilt

$$\Delta t_{äq} = \Delta t_{äq\ Tafel} + (t_{am} - 24{,}5) + (26 - t_R) + a_T. \qquad (12.5a)$$

Hierin sind t_{am} und t_R die Auslegungstemperaturen der Rechnung und a_T der Trübungsfaktor der Rechnung.

Korrektur für a_T für reine Atmosphäre $+1{,}5$,
für Industrieatmosphäre $-1{,}5$.

Für September ist anstelle des Temperaturwertes $+24{,}5\ °C$ der Wert $+18{,}5\ °C$ anzunehmen.

12.8. Eindringende Wärme durch Fenster $\dot{Q}_F$

Transmissionswärme

$$\dot{Q}_T = k_F\, A_M\, (t_a - t_R) \qquad (12.6)$$

Tabelle 12.1 Berechnungsannahmen für die Temperatur angrenzender, nicht klimatisierter Räume und des Erdreichs
(nach VDI 2078)

Dachräume,	
nicht ausgebaut	+40 bis +50 °C
ausgebaut	+35 °C
Sonstige Nachbarräume	+30 °C
Erdreich	+20 °C

	Wahre Ortszeit 8	9	10	11	12	13	Wahre Ortszeit 14	15	16	17	18
NO	−6,1	−4,7	−3,0	−1,4	−0,2	0,8	1,6	2,4	3,2	3,8	4,2
O	−5,8	−3,9	−1,3	1,5	4,0	5,9	7,0	7,5	7,7	7,7	7,4
SO	−6,8	−5,8	−3,9	−1,2	1,8	4,8	7,2	8,9	9,6	9,7	9,4
S	−7,8	−8,1	−7,7	−6,5	−4,4	−1,5	1,9	5,2	8,0	9,8	10,7
SW	−7,1	−7,6	−7,7	−7,4	−6,4	−4,7	−2,1	1,1	4,7	8,2	11,2
W	−6,6	−7,1	−7,3	−7,0	−6,2	−5,0	−3,3	−1,1	1,7	5,1	8,6
NW	−7,0	−7,5	−7,6	−7,2	−6,4	−5,1	−3,7	−2,1	−0,3	1,7	4,0
N	−7,4	−7,4	−7,2	−6,7	−5,9	−4,8	−3,3	−1,8	−0,4	0,8	1,8
diffus	−8,2	−8,4	−8,3	−7,8	−6,8	−5,5	−3,9	−2,3	−0,7	0,6	1,6
Sept.: S	-12,0	-12,5	-12,1	-10,6	−7,9	−4,4	−0,5	3,3	6,5	8,6	9,6

Tabelle 12.2 Äquivalente Temperaturdifferenzen $\Delta t_{\text{äg Tafel}}$ in [°C] für Außenwände in Verbund-Konstruktion — 5 cm Beton/6 cm Isolierung/5 cm Beton — m_w = 230 12 g/m² (Auszug aus Raiß/Masuck: Äquivalente Temperaturdifferenzen; München 1970, Oldenbourg)

Richtung	Sonnenzeit 6	7	8	9	10	11	12	13	14	15	16	17	18
NO	336	420	351	220	122	127	128	127	119	107	89	70	46
O	378	563	589	540	412	252	128	127	119	107	89	70	46
SO	209	391	495	554	540	467	336	177	119	107	89	70	46
S	46	70	125	245	392	434	470	434	392	245	125	70	46
SW	46	70	89	107	119	178	336	467	539	554	495	390	208
W	46	70	89	107	119	127	128	252	411	539	587	561	378
NW	46	70	89	107	119	127	128	127	122	219	351	420	336
N	91	72	89	107	119	127	128	127	119	107	89	72	91
HORIZ	123	278	419	567	677	741	763	741	677	567	419	278	123

Tabelle 12.3 Gesamtstrahlung durch einfach verglaste Flächen *I* in W im Tagesverlauf für die Zeit vom 21. Mai bis zum 23. Juli, Trübungsfaktor 4,0 nach F. Linke (nach VDI 2078)

Hierin ist

k_F Wärmedurchgangszahl nach Tabelle 9.3,

$A_M = A_F\ 1/g$ Querschnitt der Maueröffnung für Fenster,

t_a momentane Außenlufttemperatur nach Klimakarte 7.5,

t_R Raumlufttemperatur, für Deutschland z.B. nach DIN 1946, Tabelle 8.2.

Strahlungswärme

Infolge der Speicherwirkung der Gebäude unterliegt die Strahlungswärme in ihrer Wirkung auf die Kühllast erheblichen Abweichungen vom Augenblickswert

$$\dot{Q}_{S\ mom} = [A_1\, I\, a + (A_F - A_1)\, I_{diff}]\, b \qquad (12.7)$$

Hierin ist

A_1 von der Sonne zu einem Zeitpunkt bestrahlte Glasfläche der Fenster nach Abzug der beschatteten Glasfläche.
Die Beschattung kann von Vorsprüngen in den Fassaden und von Nachbargebäuden o.ä. hervorgerufen werden. Sie richtet sich also nach den örtlichen Gegebenheiten. Im Anhang von VDI 2078 ist ein Berechnungsschema abgedruckt, das Wand- und Sonnenazimut, Sonnenhöhe für verschiedene Jahreszeiten und die Gebäudeabmessungen berücksichtigt.

A_F gesamte Glasfläche der Fenster.
Ist nur der Querschnitt der Maueröffnung

in den Bauzeichnungen vermerkt, so kann man die Glasfläche mit Hilfe der o.a. Relation $A_F = g\,A_M$ abschätzen.

I direkte und diffuse Sonneneinstrahlung durch einfach verglaste Fenster nach Tabelle 12.3.

I_{diff} diffuse Sonneneinstrahlung durch die beschattete Glasfläche von einfach verglasten Fenstern. Es kann für die Augenblicksstrahlung ohne Berücksichtigung der Speicherwirkung der Wert für die Gegenrichtung der berechneten Fassade nach Tabelle 12.3 genommen werden.

a Korrekturfaktor für Trübung nach Tabelle 12.4.

b Produkt der einzelnen Durchlaßfaktoren $b_1, b_2, \ldots$, die der Tabelle 9.7 für verschiedene Fensterkonstruktionen und Sonnenschutzeinrichtungen entnommen werden können.

Strahlungswärme unter Berücksichtigung der Speicherwirkung

Für die Kühllast eines Gebäudes zu irgendeinem Zeitpunkt ist nicht die momentane Sonneneinstrahlung entscheidend. Durch die Speicherwirkung der Baukörpermasse tritt eine Verzögerung in der Wirkung gegenüber der momentanen Einstrahlung auf. Ist das Maximum der Einstrahlung im Tagesverlauf überschritten, gibt der Baukörper die gespeicherte Wärme ab, so daß sich die Kühllast erhöht. Das ist am Nachmittag der Fall. Konnte sich der Baukörper während der Nacht und der frühen Morgenstunden abkühlen, so wird am Vormittag die Kühllast um den Wärmeanteil vermindert, der vom Baukörper gespeichert wird. Für die Berechnung der Strahlungswärme zu irgendeinem Zeitpunkt unter Berücksichtigung der vorausgegangenen — positiven oder negativen — Wärmespeicherung ist nach VDI 2078 eine vereinfachende Gleichung eingeführt worden, deren Ausgangswerte auf der maximalen — direkten und diffusen — Einstrahlung im Tagesverlauf beruhen:

$$\dot{Q}_S = [A_1\, I_{max}\, a + (A_F - A_1)\, I_{diff\ m}]\, b\, s \quad (12.8)$$

Hierin ist gegenüber Gl. (12.6)

I_{max} Maximalwert der direkten und diffusen Sonneneinstrahlung für den Berechnungsmonat nach Tabelle 12.4.

$I_{diff\ m}$ Maximalwert der diffusen Sonneneinstrahlung für den Berechnungsmonat nach Tabelle 12.4. Die Spalte für die Nordrichtung enthält ausschließlich diffuse Einstrahlung. Diese Maximalwerte können herangezogen werden.

s Speicherfaktor nach Tabelle 9.8. Er drückt die Abhängigkeit des Kühllastanteils der Sonneneinstrahlung als Relation der Maximalwerte von den verschiedenen Einflußgrößen aus.
Folgende Einflußgrößen sind berücksichtigt:

Tabelle 12.4 Gesamtstrahlung durch einfach verglaste Flächen. Monatliche Maxima I_{max} in W (nach VDI 2078)

Neigung	vertikal					horizontal
Himmelsrichtung	S	SW SO	W O	NW NO	N	
Februar	695	653	414	85	77	378
April	580	618	590	335	114	695
Juni	429	527	594	436	129	787
Juli	470	555	590	420	128	765
September	630	627	375	184	99	362

Korrekturfaktor a

Reine Atmosphäre	1,15
Großstadt-Atmosphäre	1,00
Industrie-Atmosphäre	0,87

- die Tageszeit als wahre Ortszeit (Sonnenzeit);
- die Sonnenhöhe für 50° nördlicher Breite (Mitteleuropa);
- einen Trübungsfaktor von $T = 4$ nach Linke für Juli;
- gleichbleibende Raumtemperaturen. Wird die Raumlufttemperatur nach DIN 1946 (entsprechend der Außenlufttemperatur geregelt, so ist nach VDI 2078 eine Berichtigung vorzusehen.
- ununterbrochener Betrieb;
- zwei Bauarten von unterschiedlicher spezifischer Baumasse

$$G = \left(\sum_j G_{aj} + 0{,}5 \sum_k G_{ik}\right) A_{Fu}^{-1} \qquad (12.9)$$

mit

G_{aj} Masse der Außenwände und des ans Erdreich grenzenden Fußbodens,

G_{ik} Masse der Trennwände, Decken und der an andere Räume grenzenden Fußböden,

A_{Fu} Fußbodenfläche des Raumes.

Bauart I (wenig speichernd),

G entweder zwischen 100 und 350 kg/m² oder, falls darüber, wenn der betreffende Raum durch Isolierschichten (Teppiche usw.) von der Wärmespeicherung teilweise getrennt ist;

Bauart II (stärker speichernd).

12.9. Kühllastanteil der eindringenden Luft

In Analogie zu DIN 4701 kann der häufig beträchtliche Kälteverlust berechnet werden, der durch die warme Außenluft entsteht, die durch die Undichtigkeiten in die gekühlten Räume eindringt. Namentlich bei den modernen Fassaden- und Türkonstruktionen darf diese zusätzliche Kühllast nicht übersehen werden.

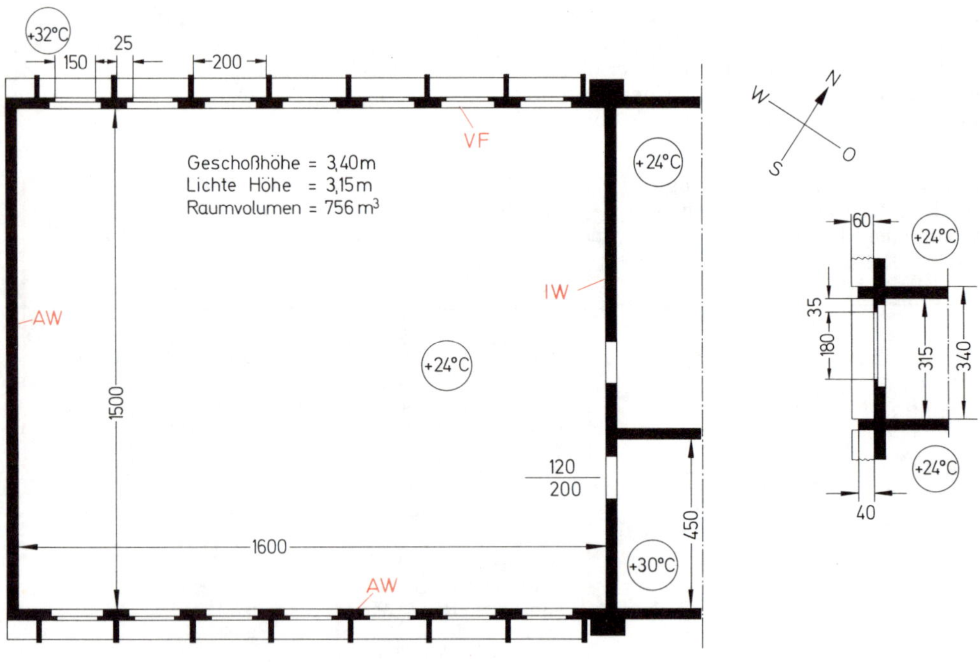

Bild 12.1 Raumabmessungen

12.10. Berechnungsgang nach VDI 2078

Vorgegebene Daten

Gebäude: Mehrgeschossiges Bürohaus, Grundriß nach Bild 12.1, Zeichensaal im Zwischengeschoß als Beispiel

Klima: Binnenlandklima, reine Atmosphäre, Deutschland

Belegung: 48 Personen

Beleuchtung: Absaugleuchten, umlüftet, Luftabsaugung im Deckenhohlraum: 50 m³/h 100 W, zusätzlich 48 Zeichenbrettlampen zu je 60 W

Beleuchtungszeit: von 7.00 bis 17.00 Uhr, $l_1 = 0{,}47$

AW Außenwände: Verbundkonstruktion: 2 × 5 cm Beton, dazwischen 6 cm Isolierung; $k = 1{,}07$ W/m² K

IW Innenwände: Lochziegel; Dichte 1400 kg/m³; Wandstärke 115 mm, verputzt

VF Fenster: Stahl, Tafelglas, Verbund, helle Vorhänge, $A_M/A_F = 1{,}14$

Beschattung: nach Bild 12.1

Wärmeabgabe von Menschen

Nach Klimakarte 7.5:	t_{max}	$= +32\ °C$
Nach Tabelle 8.2:	$t_{R\,max}$	$= +26\ °C$
gewählt	t_R	$= +24\ °C$
Nach Tabelle 8.1:	für leichte Beschäftigung im Sitzen:	
	$\dot{Q}_{sens}$	$= 75$ W
	$\dot{Q}_{lat}$	$= 40$ W
Nach Abschnitt 12.2:	$\dot{Q}_M$	$= (75 + 40)\ 48$
	$\dot{Q}_M$	$= 5520$ W

Wärmeabgabe von Beleuchtungskörpern

Nach Tabelle 9.4 ist
die für Zeichensäle erforderliche Beleuchtungsstärke — 1000 lx
die Lampenleistung — 52 W/m²

Nach Tabelle 9.5 ist für umlüftete Leuchten bei Absaugung über den Deckenhohlraum von 50 m³/h 100 W
der Restwärmefaktor — $l_2 = 0{,}4$

Nach Tabelle 9.9 ist der Speicherfaktor für belüftete Leuchten
um 17.00 Uhr, d.h. mehr als acht Stunden nach dem Einschalten, — $S_B = 0{,}9$
um 10.00 Uhr, d.h. zwei bis acht Stunden nach dem Einschalten — $S_B = 0{,}75$

Infolge der Vermischung von Zu- und Abluft im Bereich der Leuchten macht die Deckenkonstruktion einen Ausgleichsfaktor von — $s_M = 1{,}3$
erforderlich

Nach Bild 12.1 ist die Bodenfläche 15,00 m · 16,00 m = 240 m²

Nach Gl. (12.1) ist

um 17.00 Uhr $\dot{Q}_B = 52 \cdot 240 \cdot 0{,}47 \cdot 0{,}4 \cdot 1{,}3 \cdot 0{,}9 + 48 \cdot 60 \cdot 0{,}25$

$\underline{\dot{Q}_B = 3460 \text{ W}}$

um 10.00 Uhr $\dot{Q}_B = \ldots \cdot 0{,}75 + \ldots$

$\underline{\dot{Q}_B = 3010 \text{ W}}$

Wärmeabgabe von Geräten und Stoffdurchgängen

entfällt

Wärmeabgabe von Wärmedurchgängen

Nach Bild 12.1 ist der Wärmedurchgang aus dem benachbarten, nicht klimatisierten Raum B in Rechnung zu stellen, und zwar ist

die Querschnittsfläche der Innentür $A_{IT} = 1{,}20 \cdot 2{,}00 = 2{,}4 \text{ m}^2$

die Querschnittsfläche der Innenwand $A_{IW} = 4{,}50 \cdot 3{,}40 = 12{,}9 \text{ m}^2$

Nach Tabelle 9.3 ist $k_{IT} = 2{,}50 \text{ W/m}^2 \text{ K}$

Nach Tabelle 9.2 ist $k_{IW} = 2{,}12 \text{ W/m}^2 \text{ K}$

Nach Tabelle 12.1 ist $t_a = +30\ °\text{C}$

Nach Gl. (12.4) $\dot{Q}_{R\,IT} = 2{,}50 \cdot 2{,}4 \cdot (30 - 24) = 36 \text{ W}$

$+\dot{Q}_{R\,IW} = 2{,}12 \cdot 12{,}9 \cdot (30 - 24) = 164 \text{ W}$

$\underline{= \dot{Q}_R = 200 \text{ W}}$

Eindringende Wärme durch die Außenwände

Zunächst ist der Zeitpunkt für das voraussichtliche Maximum der eindringenden Wärme abzuschätzen. Er wird möglicherweise nahe dem Höchstwert im Tagesverlauf der Sonneneinstrahlung liegen, wie er für die verschiedenen Himmelsrichtungen errechnet und in Tabelle 12.3 aufgeführt ist.
Man hat nach dem Grundriß 12.1 zwei Außenwände mit großen Fenstern auf der NW- und der SO-Seite.
Nach Tabelle 12.3 ist für Juli

der Maximalwert an der NW-Wand 0,81 um 17.00 Uhr,
der Maximalwert an der SO-Wand 0,82 um 10.00 Uhr.

Wärmedurchgangsflächen

Bauteile	Richtung	Länge	Breite	Höhe	Fläche	Abzug	Nettofläche
—	—	m	m	m	m^2	m^2	m^2
1 AW	NW	—	16,0	3,4	54,4	19,0 · 1,14	32,7
1 AW	SW	15,0	—	3,4	51,0	—	51,0
1 AW	SO	—	16,0	3,4	54,4	19,0 · 1,14	32,7
14 VF	7 NW, 7 SO	—	1,50	1,80	2,7	—	43,4

Äquivalente Temperaturdifferenz

Nach Gl. (12.5a) ist

$$\Delta t_{äq} = \Delta t_{äq\,Tafel} + (26 - 24) + 1{,}5 = \Delta t_{äq\,Tafel} + 3{,}5\ °C$$

Nach Tabelle 12.2 ist

Bauteile	Richtung	$\Delta t_{äq\,Tafel}$ 17.00 Uhr	$\Delta t_{äq\,Tafel}$ 10.00 Uhr	$\Delta t_{äq}$ 17.00 Uhr	$\Delta t_{äq}$ 10.00 Uhr
1 AW	SO	+1,7	−7,6	+5,2	−4,1
1 AW	SW	+8,2	−7,7	+11,7	−4,2
1 AW	NW	+9,7	−3,9	+13,2	−0,4

Wärmedurchgang durch die Außenwände

Nach Gl. (12.5) ist

im Juli, 17.00 Uhr

$$\dot{Q}_{W\,NW} = 1{,}07 \cdot 32{,}7 \cdot 5{,}2 = 182\ W$$
$$\dot{Q}_{W\,SW} = 1{,}07 \cdot 51{,}0 \cdot 11{,}7 = 638\ W$$
$$\dot{Q}_{W\,SO} = 1{,}07 \cdot 32{,}7 \cdot 13{,}2 = 461\ W = 1281\ W$$

im Juli, 10.00 Uhr

$$\dot{Q}_{W\,NW} = 1{,}07 \cdot 32{,}7 \cdot -4{,}1 = -143\ W$$
$$\dot{Q}_{W\,SW} = 1{,}07 \cdot 51{,}0 \cdot -0{,}4 = -\ 14\ W$$
$$\dot{Q}_{W\,SO} = 1{,}07 \cdot 32{,}7 \cdot -4{,}2 = -229\ W = -386\ W$$

Eindringende Transmissionswärme durch die Fenster

Nach Tabelle 9.3: $k_{VF} = 3{,}5\ W/m^2\ K$

Nach Diagramm 7.2: für Juli, 17.00 Uhr, $t_a = +31\ °C$
für Juli, 10.00 Uhr, $t_a = +26\ °C$

Nach Gl. (12.6):
für 17.00 Uhr

$$\dot{Q}_T = 3{,}5 \cdot 14 \cdot 2{,}7 \cdot 1{,}14\,(31 - 24)$$
$$\dot{Q}_t = 1160\ W$$

für 10.00 Uhr

$$Q_T = \ldots \qquad (26 - 24)$$
$$\dot{Q}_T = 300\ W$$

Nach Grundriß, Bild 12.1, ist
die Gesamtfläche eines Fensters

$A_F = 1{,}5 \text{ m} \cdot 1{,}8 \text{ m} = 2{,}70 \text{ m}^2$

davon ist die direkt im Juli von der Sonne bestrahlte Glasfläche
um 17.00 Uhr durch die Beschattung eines Seitenstreifens von 0,31 m Breite

$A = (1{,}50 - 0{,}31) \text{ m} \cdot 1{,}8 \text{ m} = 2{,}14 \text{ m}^2$

um 10.00 Uhr durch die Beschattung eines Höhenstreifens von 0,07 m Höhe

$A_1 = 1{,}5 \text{ m} \cdot (1{,}80 - 0{,}07) \text{ m} = 2{,}60 \text{ m}^2$

Nach Tabelle 12.3 ist die augenblickliche Gesamtstrahlung im Juli

um 17.00 Uhr durch die direkte Strahlung auf die NW-Fassade

$I = 420 \text{ W/m}^2$

durch die diffuse Strahlung auf die beschattete Fensterfläche, entsprechend der Einstrahlung auf der Gegenseite (SO-Fassade) der sonnenbeschienenen NW-Fassade

$I_{\text{diff}} = 70 \text{ W/m}^2$

um 10.00 Uhr durch die direkte Strahlung auf die SO-Fassade

$I = 540 \text{ W/m}^2$

entsprechend

$I_{\text{diff}} = 119 \text{ W/m}^2$

Nach Tabelle 12.4 ist für reine Atmosphäre

$a = 1{,}15$

Nach Tabelle 9.7 ist für Doppelverglasung $b_1 = 0{,}9$
für helle Vorhänge $b_2 = 0{,}5$

$b = 0{,}9 \cdot 0{,}5 = 0{,}45$

Nach Gl. (12.7) ist beispielsweise im Juli um 17.00 Uhr die gesamte Strahlungswärme, die durch ein Fenster an der NW-Fassade eindringt:

$\underline{\dot{Q}_{\text{S mom}} = [2{,}14 \cdot 420 \cdot 1{,}15 + (2{,}70 - 2{,}14)\, 70]\, 0{,}45 = 483 \text{ W}}$

Berücksichtigung der Speicherwirkung

Nach Tabelle 12.4 ist

für die NW-Fassade im Juli	$I_{max} = 420$ W
für die SO-Fassade im Juli	$I_{max} = 555$ W
für die N-Fassade im Juli	$I_{diff\,m} = 128$ W

Nach Tabelle 9.8 ist bei der Bauart I und bei innerem Sonnenschutz der Speicherfaktor im Juli

um 17.00 Uhr an der NW-Fassade	$s_{max} = 0{,}81$
an der SO-Fassade	$s = 0{,}17$
um 10.00 Uhr an der SO-Fassade	$s_{max} = 0{,}82$
an der NW-Fassade	$s = 0{,}26$

Nach Gl. (12.8) üben die vier Speicherfaktoren eine verzögernde Wirkung auf die eindringende Strahlungswärme aus, die sich aus je zwei Teilströmen für die beiden Fassaden zusammensetzen:

um 17.00 Uhr

$$\dot{Q}_{S\,NW} = [7 \cdot 2{,}14 \cdot 420 \cdot 1{,}15 + 7\,(2{,}70 - 2{,}14)\,128]\,0{,}45 \cdot 0{,}81$$
$$\dot{Q}_{S\,NW} = 2820 \text{ W}$$
$$\dot{Q}_{S\,SO} = [7 \cdot 2{,}60 \cdot 555 \cdot 1{,}15 + 7\,(2{,}70 - 2{,}60)\,128]\,0{,}45 \cdot 0{,}17$$
$$\dot{Q}_{S\,SO} = 890 \text{ W}$$
$$\underline{\dot{Q}_{S} = 3710 \text{ W}}$$

um 10.00 Uhr

$$\dot{Q}_{S\,NW} = [7 \cdot 2{,}14 \cdot 420 \cdot 1{,}15 + 7\,(2{,}70 - 2{,}14)\,128]\,0{,}45 \cdot 0{,}26$$
$$\dot{Q}_{S\,NW} = 900 \text{ W}$$
$$\dot{Q}_{S\,SO} = [7 \cdot 2{,}60 \cdot 555 \cdot 1{,}15 + 7\,(2{,}70 - 2{,}60)\,128]\,0{,}45 \cdot 0{,}82$$
$$\dot{Q}_{S\,SO} = 4330 \text{ W}$$
$$\underline{\dot{Q}_{S} = 5230 \text{ W}}$$

12.11. Zusammenstellung der Wärmeströme

		17.00 Uhr	10.00 Uhr
innere	$\dot{Q}_M$	5 520	5 520
	$\dot{Q}_B$	3 460	3 010
	$\dot{Q}_R$	200	200
äußere	$\dot{Q}_W$	+ 1 280	− 390
	$\dot{Q}_T$	1 160	300
	$\dot{Q}_S$	3 710	5 230
	$\dot{Q}$	15 330 W	13 870 W
davon	$\dot{Q}_{lat}$	1 920 W	1 920 W
	$\dot{Q}_{sens}$	13 410 W	11 950 W

Die um 17.00 Uhr wirksame Transmissionswärme $\dot{Q}_w + \dot{Q}_T$ ist so stark, daß sie die zu diesem Zeitpunkt wirksame Strahlungswärme $\dot{Q}_S$ mehr als kompensiert.

13. Berechnung der Raumakustik

13.1. Grundgleichungen

Der **Schalldruckpegel** L_p kennzeichnet die Größe des Schalldruckes an einem bestimmten Meßpunkt (VDI 2081, DIN 1320).

$$L_p = 20 \lg (p/p_0) [-] \quad (13.1)$$

Hierin ist

p in Pa Schalldruck
(1 Pa = 1 N/m² = 10 µbar),
p_0 [= $2 \cdot 10^{-5}$ Pa] Bezugsschalldruck.

Die Druckschwankungen, die von einer **Schallquelle** ausgehen, wirken sich als **Auslenkungen** der übertragenden Teilchen (Luftmoleküle) aus. Die Wechselgeschwindigkeit der Auslenkungen — **„Schallschnelle"** v in m/s —, multipliziert mit dem Schalldruck, ergibt die **Schallintensität** in W/m². Summiert man die Schallintensität über der geschlossenen Fläche S, die man sich um eine Schallquelle gebildet vorstellen kann, so erhält man die **Schalleistung**

$$N = \int_S p\, v\, dS \text{ in W.}$$

Tabelle 13.1 Frequenzbewertete Schallpegel für das Oktavband (Serie 2)
nach DIN 45 633

Grenzfrequenz Hz	Mittenfrequenz Hz	Bewertung *A* (Filterdämpfung) dB
	20	−50,4
	32	−39,2
45		
	63	−26,1
90		
	125	−16,1
180		
	250	− 8,6
355		
	500	− 3,2
710		
	1 000	0
1 400		
	2 000	+ 1,2
2 800		
	4 000	+ 1,0
5 600		
	8 000	− 1,1
11 200		
	12 500	− 4,2
	20 000	− 9,2

Der **Schalleistungspegel** L_W kennzeichnet die gesamte von einer Schallquelle abgegebene Schalleistung (VDI 2081, DIN 1320).

$$L_W = 10 \lg (N/N_0) [-] \quad (13.2)$$

Hierin ist

N_0 [= 10^{-12} W]

Bezugsschalleistung.
Die so definierte dimensionslose Zahl L_W wird mit dB (Dezibel) angegeben.
Der Frequenzbereich von 45 bis 11 200 Hz wird in acht **Oktaven** (vereinzelt in Terzen; 3 Terz = 1 Oktave) aufgeteilt und nach den **Mittenfrequenzen** benannt (Tabelle 13.1).

13.2. Geräuschbewertung

Die Lästigkeit von Geräuschen, bei denen **nicht Einzeltöne** unangenehm hervortreten, wird durch einen frequenzbewerteten Schallpegel L_{pA} erfaßt und nach DIN 45633 durch eine Filterung der einzelnen Oktaven gemäß der Bewertung A festgelegt — Benennung: L_{pA} in dB(A).
Dort, wo im Geräuschspektrum Einzeltöne hervortreten, gelten für die Zulässigkeit eines Schallpegels **Grenzkurven.** Beispiele:

- ☐ Kurvenschar der inversen dB(A)-Werte (Tabelle 13.1);
- ☐ ISO-Grenzkurven NR (Bild 13.1 und Tabelle 13.2).

Zum Nachweis der Erfüllung von Geräuschgarantien ist L_{pA} zu ermitteln; zusätzlich kann die Einhaltung der Grenzkurven vereinbart werden (VDI 2081).

13.3. Umgebungsgeräusche

Es hat keinen Sinn, die Geräuscheinwirkungen einer Klimaanlage ohne Rücksicht auf andere Schallquellen (z.B. Verkehrslärm) zu fixieren. Man muß vielmehr

- ☐ den Störschallpegel bei abgeschalteter Anlage und

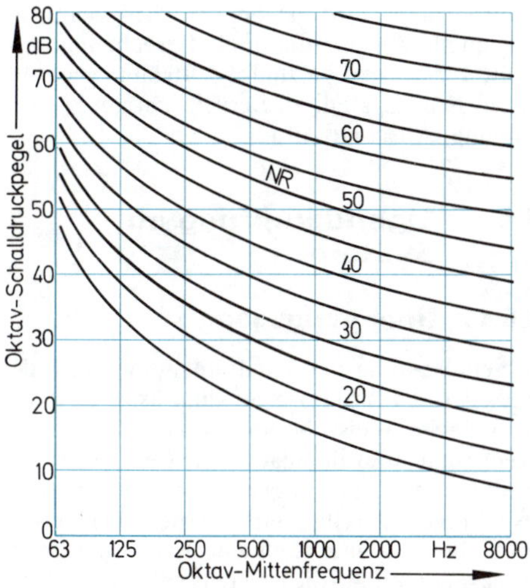

Bild 13.1 NR-Bewertungskurven (nach VDI 2081) als obere Grenze für frequenzbewertete Geräusche

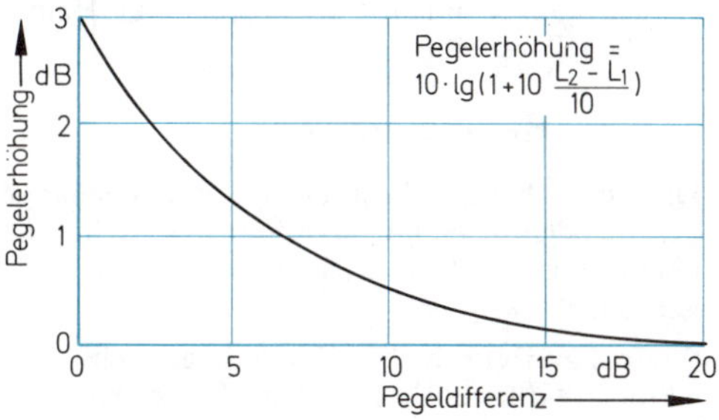

Bild 13.2 Pegelerhöhung beim Auftreten von zwei Schallquellen unterschiedlichen Pegels

- □ den Gesamtschallpegel bei eingeschalteter Anlage aufnehmen.

Nach dem Diagramm Bild 13.2 liefert die Pegeldifferenz die Erhöhung des Schallpegels. Zieht man folglich diese Erhöhung von dem Gesamtschallpegel ab, so erhält man den geforderten Schallpegel der Anlage.

13.4. Näherungsverfahren

Sind die Zuluftkanäle relativ kurz und die Strömungsgeschwindigkeiten der Luft niedrig, so kann nach VDI 2081 im Nachhallfeld des Raumes der **unbewertete** Schalldruckpegel wie folgt abgeschätzt werden:

$$L_p = 25 + 20 \lg \Delta p_t \text{ in dB} \qquad (13.3)$$

Der **bewertete Schalldruckpegel** ist etwa

$$L_{pA} = 33 + 20 \lg \Delta p_t - (L_W - L_{pA}) \text{ in dB(A)} \qquad (13.4)$$

Die Differenz $(L_W - L_{pA})$ kann dem Diagramm Bild 13.3 entnommen werden. Dabei ist für den Ausblasquerschnitt S die Summe der Strömungsquerschnitte von allen Luftauslässen im Raum einzusetzen.

Die Gleichungen zeigen, daß für die Höhe der Geräusche in erster Linie der **Gesamtdruck** Δp_t entscheidend ist.

Tabelle 13.2 Zulässige Grenzwerte der bewerteten Schallpegel L_{pA} und zugehörige Grenzkurven NR in klimatisierten Räumen (nach VDI 2081)

	L_{pA} in dB(A)	NR
Konzertsäle, Opern, Sprechtheater	25 bis 30	20 bis 25
andere Theater, Festsäle, Kirchen	30 bis 35	25 bis 30
Bettenräume in Krankenhäusern, Hotels tags	35	30
nachts	25	20
Operations-, Behandlungsräume u.ä.	35	30
Kinos, Sitzungs-, Leseräume u.ä.	30 bis 35	25 bis 30
Hörsäle, Büros*	35 bis 40	30 bis 35
Büros, Gaststätten*	40 bis 45	35 bis 40
Großraumbüros, Gaststätten u.ä.	45 bis 50	40 bis 45

*mit hohen Anforderungen.

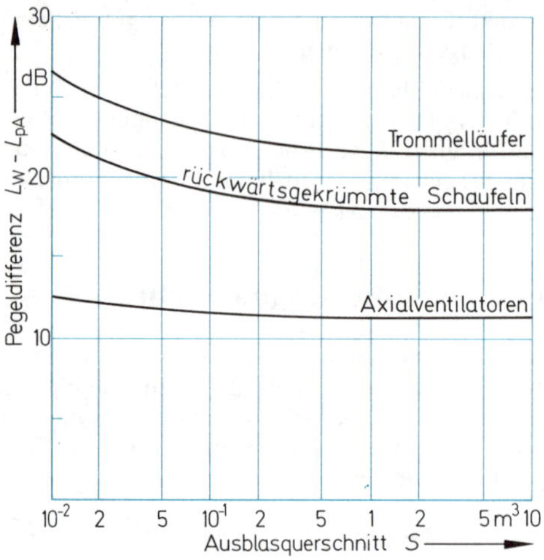

Bild 13.3 Differenz zwischen der Schalleistung in einem Luftkanal und dem frequenzbewerteten Schallpegel in einem Raum (25 m² Absorption) als Funktion des Ausblasquerschnittes S (nach VDI 2081)

13.4.1. Berechnungsbeispiel

Gegeben: $\Delta p_t = 600$ Pa $= 6$ mbar
$S = 0{,}1$ m²

Trommelläufer, normaler Büroraum

Nach Gl. (13.4):

$$L_{pA} = 33 + 20 \lg 600 - (L_W - L_{pA})$$

Nach Diagramm 13.3:

$$(L_W - L_{pA}) = 23 \text{ dB}$$

Somit:

$$L_{pA} = 33 + 56 - 23 = 66 \text{ dB(A)}$$

Der zulässige Grenzwert für normale Büroräume von 40 bis 45 dB(A) nach Tabelle 13.2 wird überschritten.

13.5. Schallentstehung

Die charakteristischen Geräusche von Klimaanlagen stellen ein gleichförmiges **Strömungsrauschen** dar, das von der Turbulenz im Luftstrom hervorgerufen wird. Dabei ist die wichtigste Schallquelle der Ventilator – Berechnung: Abschnitt 15.8. Daneben sind die Strömungsgeräusche in Kanalsystem zu berücksichtigen – Berechnung: Abschnitt 16.4.

13.6. Eigendämpfung im System

13.6.1. Rechnungsgang

Die Schalleistung der Zuluftanlage wird auf der Strecke vom Ventilator zum klimatisierten Raum auf vielfache Weise herabgesetzt*. Eine exakte Berechnung muß demnach schrittweise für alle beteiligten Verzweigungen des Systems und für alle Oktaven durchgeführt werden. Dabei sind zahlreiche Einflußgrößen der Konstruktion zu berücksichtigen. An dieser Stelle soll nur das Prinzipielle anhand der für die Ingenieurpraxis vorbereiteten Diagramme und Tabellen klargemacht werden. Die Dämpfungserscheinungen werden von einem klimatisierten Aufenthaltsraum bis zurück zum Ventilator, d.h. zurück zur Hauptschallquelle, verfolgt.

13.6.2. Raumakustik

Die verwickelten akustischen Zusammenhänge der Schallausbreitung in Räumen sind für die überschlägigen Rechnungen in der Klimatechnik vereinfacht worden.

Wenn man weiterhin den Einfluß des Richtungsfaktors Q (der sich zwischen 1 und etwa 16 bewegt) unterdrückt, so kann man nach folgendem Schema vorgehen:

- ☐ mittlerer Absorptionsgrad für die Raumumgrenzungen α_m aus Tabelle 13.3,
- ☐ mittlere äquivalente Absorptionsfläche A [m² Sabine] aus Diagramm 13.4,
- ☐ Differenz zwischen Schalleistungs- und Schalldruckpegel für verschiedene Abstände vom Geräuschaustritt aus dem Kanal nach Diagramm 13.5.

* Es soll hier unbeachtet bleiben, ob es sich nach dem Sprachgebrauch der Akustiker um Dämpfung, Dämmung oder um beide Wirkungen zugleich handelt.

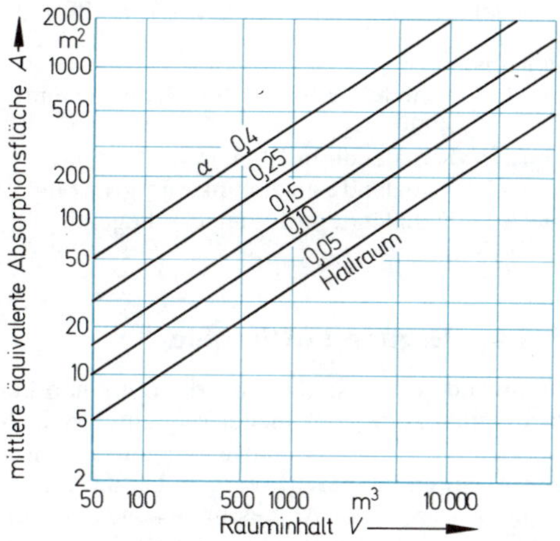

Bild 13.4 Mittlere äquivalente Absorptionsfläche A für verschiedene Absorptionsgrade α und Rauminhalte (nach VDI 2081)

Ablesebeispiel

Gegeben:	Rauminhalt 500 m³ Abstand 4,0 m Innenwände mit Glasflächen, daneben gleichwertige Absorptionsflächen
Nach Tabelle 13.3:	$\alpha_m \sim 0{,}20$
Nach Diagramm 13.4:	für den Rauminhalt 500 m³ $A = 50$ m² Sabine
Nach Diagramm 13.5:	für den Abstand 4,0 m Pegeldifferenz $R_1 = 10$ dB

13.6.3. Luftauslässe

Beim Austritt der Zuluft aus dem Luftkanal stellt sich eine **Reflektionsdämmung** ein. Die höchste Dämmwirkung ist dann zu verzeichnen, wenn das Kanalende in den Raum hineinragt (Diagramm, Bild 13.6). Man kann die Mündungsreflektion durch die folgende Gleichung abschätzen

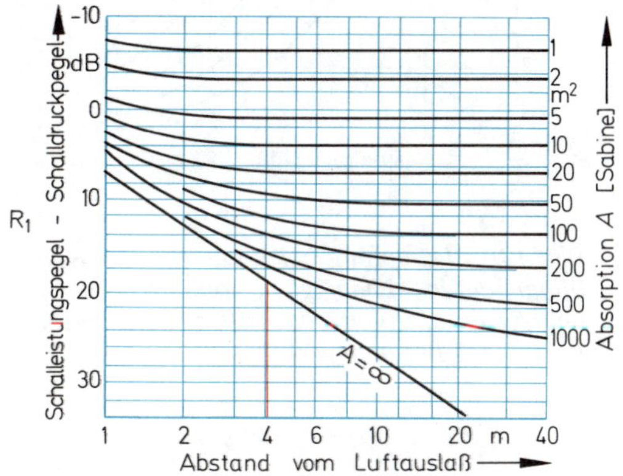

Bild 13.5 Differenz zwischen Schalleistungs- und Schalldruckpegel für verschiedene Abstände vom Luftauslaß. Q = 4 (nach VDI 2081)

Tabelle 13.3 Absorptionsgrad α

Baustoff	Mittenfrequenz 125	250	500	1000	2000	4000 Hz
ungeputzte Betonwand	0,01	0,01	0,02	0,02	0,02	0,03
geputzte Ziegelwand, tapeziert	0,02	0,03	0,04	0,05	0,07	0,08
8-mm-Sperrholz auf 50-mm-Leisten	0,28	0,22	0,17	0,09	0,10	0,11
Lochplatte auf 66-mm-Leisten weiche 25-mm-Matte	0,13	0,73	0,85	0,72	0,58	0,51
Fensterglas	0,40	0,30	0,20	0,17	0,15	0,10
Teppichboden	0,05	0,08	0,20	0,30	0,35	0,40

(Auszug aus der Schallabsorptionsgrad-Tabelle des DNA. Beuth-Vertrieb, Berlin 1968)

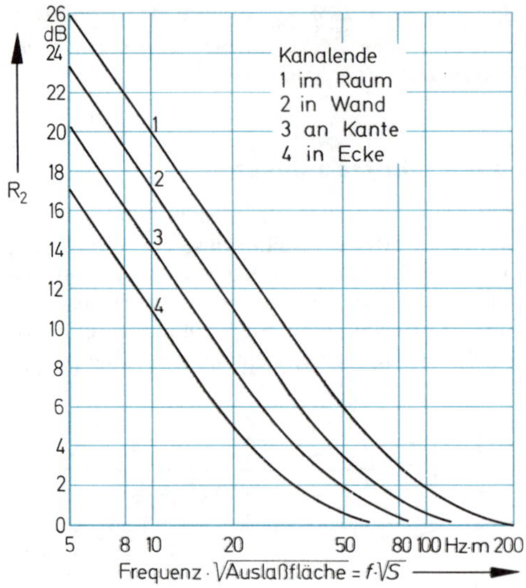

Bild 13.6 Dämpfung bei Luftauslässen (Kanalöffnungen) in Abhängigkeit von der Frequenz f und der Quadratwurzel des Öffnungsquerschnittes S (nach Brockmeyer)

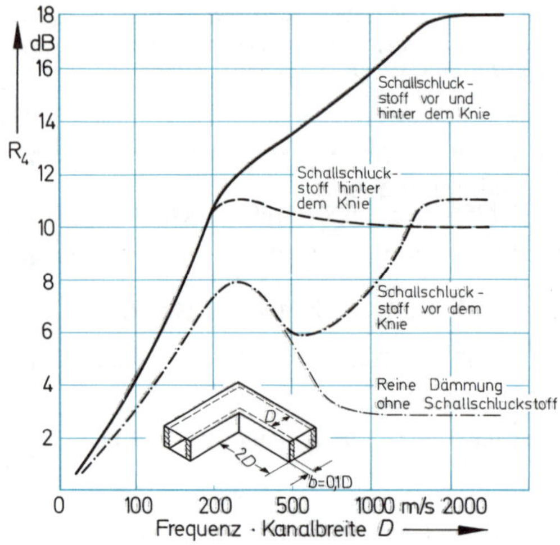

Bild 13.7 Dämpfung in Umlenkungen (aus ASHRAE Guide and Data Book, New York 1967)

$$R_2 \sim 40 - 3\,(k - 1) - 20 \lg (f \sqrt{S}) \text{ in dB} \quad (13.5)$$

Hierin ist

$k = 1 \rightarrow$ Kanalende frei in den Raum hineinragend,

$k = 2 \rightarrow$ Kanalende in Wandmitte, bündig,

$k = 3 \rightarrow$ Kanalende an Raumkante grenzend,

$k = 4 \rightarrow$ Kanalende in Raumecke liegend,

f Frequenz in Hz.

13.6.4. Gerade Luftkanäle

Dünnwandige Luftkanäle absorbieren einen beträchtlichen Anteil der niederfrequenten Schallenergie, wenn die Kanalwandungen in ihrer **Eigenfrequenz** angeregt werden. Da die Eigenfrequenz u.a. von den Abmessungen und der Steifigkeit der Wandungen abhängig ist, kann man diese Dämpfungserscheinung, ebenso wie die **Schallabstrahlung** nach außen, praktisch nicht vorausberechnen. Tabelle 13.4 gibt einige Anhaltswerte für gerade Strecken.

13.6.5. Umlenkungen

Das Diagramm Bild 13.7 vermittelt eine anschauliche Vorstellung von der Schalldämpfung bei rechteckigen Umlenkungen in Abhängigkeit von der Frequenz, der Kanalbreite und der Anordnung einer inneren schallabsorbierenden Auskleidung. Tabelle 13.4 enthält hierzu einige praktische Zahlenangaben.

13.6.6. Querschnittssprünge

Das Diagramm Bild 13.8 gilt für Querschnittssprünge mit $S_1 \gtrless S_2$. Die zugehörige Gleichung lautet

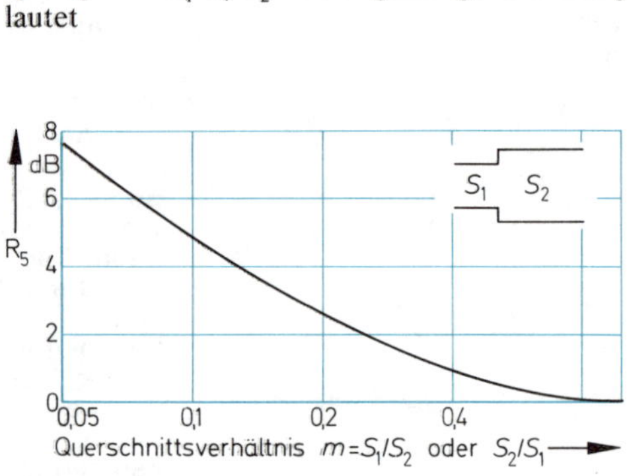

Bild 13.8 Dämpfung bei einfachem Querschnittssprung (nach Brockmeyer)

Tabelle 13.4 Dämpfung rechteckiger Stahlblechkanäle (nach VDI 2081)

	Mittenfrequenz								
	63	125	250	500	1000	2000	4000	8000	Hz
Gerade Strecken									
75 bis 200 mm	0,6	0,6	0,45	0,3	0,3	0,3	0,3	—	dB/m
200 bis 400 mm	0,6	0,6	0,45	0,3	0,2	0,2	0,2	—	
400 bis 800 mm	0,6	0,6	0,3	0,15	0,15	0,15	0,15	—	
800 bis 1600 mm	0,45	0,3	0,15	0,1	0,06	0,06	0,06	—	
Umlenkungen ohne Leitschaufeln, ohne Auskleidung									
Breite 125 mm	—	—	—	—	6	8	4	3	dB
Breite 250 mm	—	—	—	6	8	4	3	3	
Breite 500 mm	—	—	6	8	4	3	3	3	
Breite 1000 mm	—	6	8	4	3	3	3	3	
desgl., mit Auskleidung vor und hinter dem Knie									
Breite 125 mm	—	—	—	—	7	12	14	16	dB
Breite 250 mm	—	—	—	7	12	14	16	18	
Breite 500 mm	—	—	7	12	14	16	18	18	
Breite 1000 mm	—	7	12	14	16	18	18	18	

$$R = 10 \lg \frac{(m+1)^2}{4\,m} \text{ in dB} \qquad (13.6)$$

Hierin ist

$m = S_1/S_2$ oder S_2/S_1 – Querschnittsverhältnis

Bei den in der Klimatechnik auftretenden Querschnitten wirkt sich die Dämpfung nur in den tiefen Frequenzen aus.

13.6.7. Verzweigungen

Das Diagramm Bild 13.9 erleichtert die akustische Berechnung für einen abgezweigten Luftkanal, dessen Querschnitt mit S_a bezeichnet ist. Die Gesamtheit solcher Querschnitte ΣS_a ist dem Querschnitt des Hauptkanals, S_h, gegenübergestellt. Die Relation $m' = S_h/\Sigma S_a$ bildet die Abszisse im Diagramm.

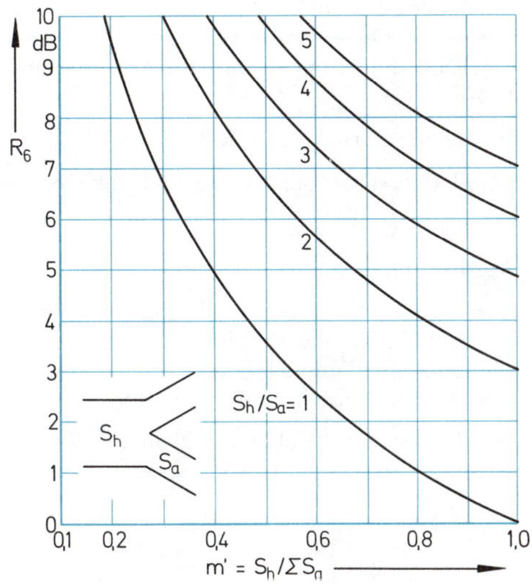

Bild 13.9 Dämpfung an Kanalverzweigungen (nach Brockmeyer)

13.6.8. Verschiedene klimatechnische Komponenten

Auch die übrigen Formstücke und Einbauten in Luftkanälen wirken sich akustisch aus. Jedes Bauteil trägt zugleich zur Steigerung und Minderung der Geräusche bei. Einige Anhaltswerte für die resultierende Dämmung liefert Tabelle 13.5. Da die akustischen Wirkungen in hohem Maße von der **Konstruktion** und der **Anordnung** abhängig sind, muß sich die Berechnung vorzugsweise an den Herstellerdaten orientieren. Das gilt sinngemäß auch für die Schlitzauslässe (Abschnitt 18.2.5).

Tabelle 13.5
Schalldämmung von klimatechnischen Komponenten
(nach Rákóczy)

	Mittenfrequenz 31,5	63	125	250	500	1000	2000	4000	8000	Hz
Lufterwärmer + Luftkühler + Luftwäscher	22	13	6,5	9	9	12	13	14	10	dB
Rollbandfilter + Feinfilter	0	0	8	9	10	10	10	7	12	
Wetterschutzgitter	3	2	3,5	7	2,5	3	4	3	4	

13.7. Berechnungsgang

Vorgegebene Daten

Gebäude: Büroräume, normale Anforderungen, NR 35, Tabelle 13.2, Abmessungen nach Bild 13.10

Umgebungsgeräusch: $NR\ 30 = 39$ dB(A)

Ventilator: nach dem Berechnungsbeispiel, Abschnitt 15.8

Luftauslässe: $k = 1, S = 0{,}1\ \text{m}^2, \Sigma S_a = 0{,}3\ \text{m}^2$

Absorption:

Wände: 60% Glas, 40% Beton ohne Putz
Decke: etwa wie Ziegelwand, tapeziert
Fußboden: Teppichboden
Möbel: unberücksichtigt

Bezugspunkt: vereinbarte Meßstelle 4,0 m vom Luftauslaß; Richtungsfaktor $Q = 4$

Bild 13.10 Raum- und Luftkanalabmessungen

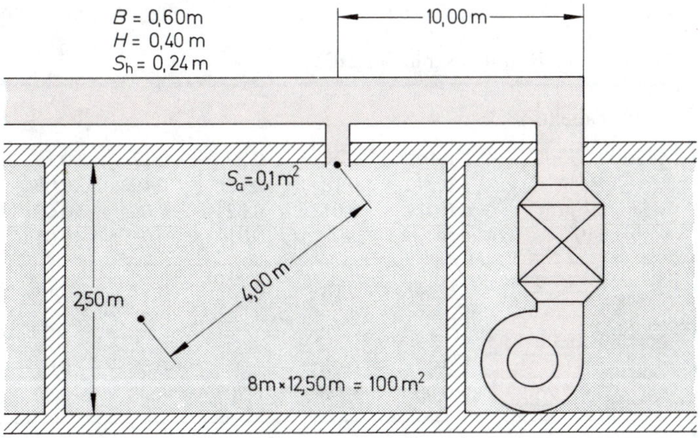

Oktavband	f	63	125	250	500	1000	2000	4000	8000	Hz
Schalleistungspegel des Ventilators nach Abschnitt 15.8:										
	1	88	83	78	73	68	63	58	53	dB
Nach Diagramm 13.1 für NR 35 zulässiger Schallpegel:										
	2	63	52	45	39	35	32	30	28	dB
für NR 30 Störpegel:										
		59	48	40	34	30	27	25	23	dB
Pegeldifferenz		4	4	5	5	5	5	5	5	dB
Pegelzunahme nach Diagramm 13.2 für 4 = 1,5, für 5 = 1,2;										
aufgerundet	3	2	2	1	1	1	1	1	1	dB
zul. Pegel	2–3	61	50	44	38	34	31	29	27	dB
Insgesamt für das System erforderliche Dämpfung $G = 1 - (2 - 3)$										
	G	27	33	34	35	34	32	29	26	dB

Eigendämpfung des Systems

Räumliche Gegebenheiten

Oberfläche der Wände:	$A_w = 2{,}50\ \text{m} \cdot 2\ (8{,}00 + 12{,}50)\ \text{m} = 102{,}5\ \text{m}^2$
Oberfläche der Decke:	$A_d = 8{,}00\ \text{m} \cdot 12{,}50\ \text{m} = 100\ \text{m}^2$
Oberfläche des Fußbodens:	$A_f = 100\ \text{m}^2$
Oberflächenanteile:	Wände : Decke : Fußboden = 1 : 1 : 1
Raumvolumen:	$V = 2{,}50\ \text{m} \cdot 8{,}00\ \text{m} \cdot 12{,}50\ \text{m} = 250\ \text{m}^2$

Oktavband	f	63	125	250	500	1000	2000	4000	8000	Hz

Dämmung der Raumumschließungsflächen

	63	125	250	500	1000	2000	4000	8000	
Nach Tabelle 13.3:									
Wände, Glas		0,40	0,30	0,20	0,17	0,15	0,10		
60%		0,24	0,18	0,12	0,10	0,09	0,06		
Beton		0,01	0,01	0,02	0,02	0,02	0,03		
40%		—	—	0,01	0,01	0,01	0,01		
$\alpha_{\text{Wände}}$		0,24	0,18	0,13	0,11	0,10	0,07		
Nach Tabelle 13.3:									
α_{Decke}		0,02	0,03	0,04	0,05	0,07	0,08		
α_{Boden}		0,05	0,08	0,20	0,30	0,35	0,40		
$3\,\alpha_m$		0,31	0,29	0,37	0,46	0,52	0,55		
α_m		0,10	0,10	0,12	0,15	0,17	0,18		
Nach Diagramm 13.4 für $V = 250\ m^3$:									
A		28	28	32	36	40	41		m^2
Nach Diagramm 13.5:									
R_1		7	7	8	8	9	9		dB

Dämpfung der Luftauslässe

Nach Diagramm 13.6 für $k = 1$ und $f\sqrt{S} = f\sqrt{0{,}1}$

	63	125	250	500	1000	2000	4000	8000	
$f\sqrt{S}$	21	41	83	165	330	—	—	—	Hz · m
R_2	14	8	3	1	0	0	0	0	dB

Dämpfung der geraden Kanalstrecken

Nach Tabelle 13.4 für eine Länge von 10,00 m:

	63	125	250	500	1000	2000	4000	8000	
R_3	6	6	3	2	1	1	1	1	dB

Dämpfung der Umlenkung

Nach Tabelle 13.4 für B = 0,6 m, ohne Auskleidung

	63	125	250	500	1000	2000	4000	8000	
R_4		—	6	8	4	3	3	3	dB

Dämpfung der Verzweigung

Nach Bild 13.10: $S_h/S_a = 0{,}24/0{,}1 = 2{,}4$

Nach vorgegebenen Daten: $S_h/\Sigma S_a = 0{,}24/0{,}3 = 0{,}8$

Nach Diagramm 13.9: $R_6 = 4{,}5$ (ausgeglichen)

Zusammenfassung

Oktavband	f	63	125	250	500	1000	2000	4000	8000	Hz
	G	27	33	34	35	34	32	29	26	dB
Eigendämpfung des Systems	$R = R_1 + R_2 + \cdots + R_6$									
	R	~28	26	24	23	19	18	18	~18	dB
	$G - R$	–	7	10	12	15	14	11	~ 8	dB

Da die vorgesehenen Grenzwerte NR 35 nicht eingehalten werden, ist eine zusätzliche Dämpfung in Höhe von $G - R$ erforderlich.

14. Luftströmungen im Raum

14.1. Überblick

Die Bewegungen der Luft, namentlich hinsichtlich

Geschwindigkeit,
Bewegungsrichtung,
Vermischung von Zu- und Raumluft,

sind für den angenehmen Aufenthalt in klimatisierten Räumen entscheidend. Im einzelnen sind bei einer wohldurchdachten Auslegung der Gesamtanlage viele Faktoren zu berücksichtigen, darunter

- □ **räumliche Gegebenheiten** (wie Abmessungen der Grundfläche, Deckenhöhe, Hindernisse, z.B. Unterzüge, Beleuchtungskörper, Rasterdecken, giebelförmige Decken, Stuhlreihen, offene Durchgänge u.ä.),
- □ **wechselnde Luftdichte** (Temperaturunterschiede der Luft als unmittelbare Ursache, Einflüsse der Wärmequellen, der Fenster und Wände unterschiedlicher Temperatur als mittelbare Strömungsursache),
- □ **Lufterneuerung** (Kapitel 10),
- □ örtliche **Aufenthaltsbedingungen** (Verteilung der Personen, stehende oder sitzende Beschäftigung, Aufenthalt im Liegen, Lichteinfall, Schadstoffemission u.ä.),
- □ dominierende **Produktionserfordernisse** (Verdrängungsströmungen, offene Abzüge u.ä.),
- □ sekundäre **Impulswirkungen** (Injektion, Zweitgeräte zur Beeinflussung der Strömungen, walzenförmige Lufterneuerungsströme, Coanda-Effekt u.ä.).

Ein Mangel an Luftbewegung (Ursache z.B. stationäre Luftschichtungen bei Temperaturzunahme nach oben = Inversion) kann ebenso nachteilig sein wie ein Zuviel (Folge u.U. störende Zugerscheinungen, Begleiterscheinung Geräusche von Luftauslässen).
Die Untersuchungen laufen methodisch in zwei Richtungen

- □ didaktisch-dekutiv (für allgemeine Erkenntnisse, vereinfachende Denkmodelle, z.B. Freistrahlen),
- □ empirisch-induktiv (für spezielle Anwendungen, Strömungsbilder in Modellräumen, auch hydrodynamische Modelle, verwickelte Meßmethoden, anschaulich durch Methaldehydflocken, Lichtschnittverfahren).

14.2. Freistrahlen

Bild 14.1 zeigt schematisch die Stromlinien beim Austritt der Luft aus einer zylindrischen Öffnung; die Luft mischt sich sofort mit der anfänglich ruhenden Umgebungsluft. Man kann, rein formal, drei Zonen unterscheiden:

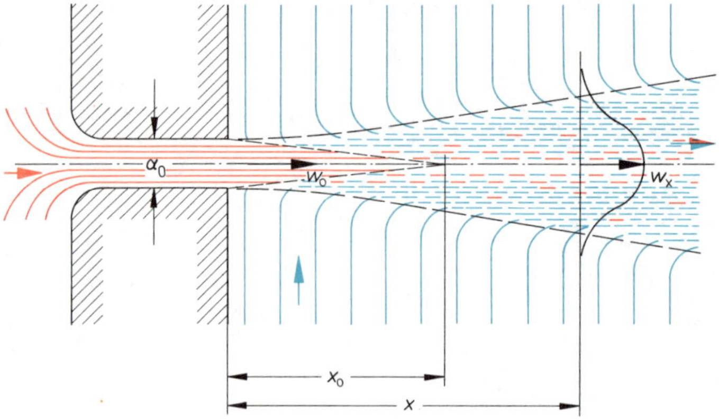

Bild 14.1 Freistrahl (schematisch vereinfacht; laminare Anlaufströmung vernachlässigt)

□ die **Kernströmung**

Hier behält der Freistrahl seine ursprüngliche Austrittsgeschwindigkeit, seinen spezifischen Impuls und seine Enthalpie. Die Länge der trichterförmigen Kernströmung sinkt mit steigender Turbulenz der Luft ($x_0 = (2{,}5 \cdots 10)\ d_0$).

□ die **Mischzone**

Hier stellt sich, zum Rand hin abfallend, ein Geschwindigkeits-(Konzentrations- und Enthalpie-)Profil in Strömungsrichtung ein. Es wird mit zunehmendem Abstand von der Mündung flacher.

Die Geschwindigkeit in der Strahlachse ist nach Regenscheit und Recknagel/Sprenger bei geringer Turbulenz (Düse)

$$w_x \approx 7\ (d_0/x)\ w_0$$

bei großer Turbulenz

$$w_x \approx 4\ (d_0/x)\ w_0$$

Der im Strahl entstehende **Volumstrom** ist bei geringer Turbulenz

$$\dot{V}_x \approx 0{,}3\ (x/d_0)\ \dot{V}_0$$

bei großer Turbulenz

$$\dot{V}_x \approx 0{,}5\ (x/d_0)\ \dot{V}_0$$

Die beigemischte Luft wird mit turbulenter Bewegung zur Strahlachse hin beschleunigt, wobei von Querschnitt zu Querschnitt die ursprünglichen Strahlteilchen einen Teil ihres Impulses abgeben.

□ die **Zuströmzone**

Hier empfangen die zunächst unbeteiligten, ruhenden Luftteilchen durch die Sogwirkung des Unterdruckes (Bernouilli) von der Strahlachse her eine Beschleunigung, die sie **radial** zum Strömungskern zieht, dann aber mit zunehmender Vermischung **axial** in Strahlrichtung fortbewegt. Verbindet man die Mittelpunkte der Umlenkbahnen, so gewinnt man nach Bild 14.1 formal einen Trichter, der dem Trichter der Kernströmung gewissermaßen umgekehrt aufgestülpt ist. Der Spitzenwinkel beträgt häufig etwa 25°.

Wichtiger für die Klimatechnik ist das Verhältnis der primären zur sekundären Luft, die beigemischt wird, $\dot{V}_0/(\dot{V}_x - \dot{V}_0)$, und die „Wurfweite"

$$x_w \approx 11{,}5, \text{ wenn } w_0 \text{ in m/s und } d_0 \text{ in m je m/s,}$$

(ein Hilfsbegriff, der die Länge des Strahles bis zu einem Absinken der Geschwindigkeit auf z.B. 0,5 m/s bezeichnet).

14.3. Coanda-Effekt

Wenn die Zuströmzone für einen Freistrahl seitlich begrenzt ist, so daß die Luft in der Umgebung nicht ungehindert zum Strahl hin nachströmen kann (Bild 14.2), so stellt sich eine Erscheinung ein, die man nach dem rumänischen Physiker Coanda-Effekt nennt.

Es handelt sich um eine strömungstechnische Erscheinung, die dem Bernouillischen Gesetz als ein Sonderfall unterliegt. Auf der Seite der festen Begrenzung bildet sich ein Unterdruck, der den Freistrahl von seiner achsialen Strömungsrichtung weg zur Wandung hin ablenkt.

Es zeigt sich, daß die Strömung dicht an der Wandung verläuft, solange nicht ein **kritischer Ablenkungswinkel** α_{krit} unterschritten wird. Doch auch in diesem Fall kann sich der Freistrahl entlang der Wand bewegen, wenn die Wand zunächst mit $\alpha > \alpha_{krit}$ eingestellt war und erst dann langsam aus der Strahlachse weggeschwenkt wird. Der Freistrahl folgt bei einer solchen Bewegung der Wandneigung bis zu einer

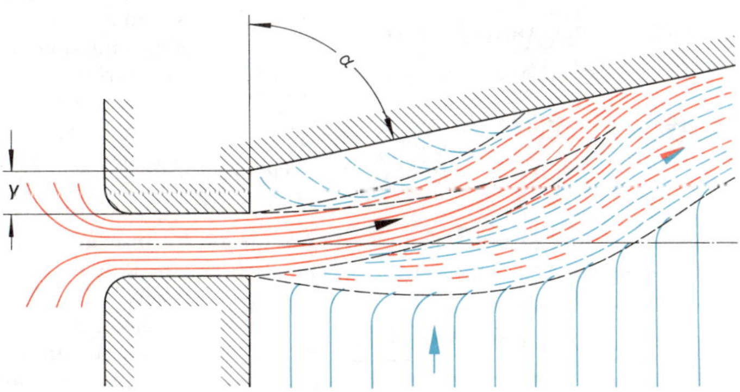

Bild 14.2 Coanda-Effekt

Grenze mit $\alpha < \alpha_{krit}$. Der Abstand y und die Strömungsgeschwindigkeit w spielen hierbei natürlich eine Rolle.

14.4. Abluftsenke

Dem in einen Raum hineingeführten Freistrahl der Zuluft steht das Strömungsbild der Luft vor einer Absaugöffnung gegenüber. Der Unterdruck vor der Öffnung bildet an einer ebenen Wand eine **halbkugelförmige** Senke. Die Zuströmgeschwindigkeiten aus dem Raum sinken im Quadrat mit der Entfernung vom Mittelpunkt (vgl. Bild 14.1 und 14.2, links). Zum Unterschied zum Lufteintritt ist die Bewegung am Luftaustritt in einiger Entfernung schon sehr gering, d.h. durch die Anordnung der Abluftöffnung vergleichsweise wenig zu beeinflussen.

14.5. Auftrieb

Wenn sich in einem Raum Zonen unterschiedlicher Lufttemperatur gebildet haben, so bewirken die Dichteunterschiede ein Aufsteigen der wärmeren und ein Absinken der kälteren Luft. Vielfach hält sich indessen für einige Zeit bei einer geschlossenen Schicht kältere Luft, die über der wärmeren liegt, ein labiles Gleichgewicht, bis es zu einem plötzlichen „Umkippen" kommt. Dieser Vorgang kann sich, oft in störender Weise, fortwährend wiederholen.

Man ist bestrebt, allgemeinere Kenntnisse über die thermischen Strömungen zu gewinnen, indem man den Beziehungen zwischen den bewegenden Kräften nachgeht. Dabei ist für **modelltheoretische Forschung** die Archimedeszahl von besonderer Bedeutung; sie drückt in der Form

$$Ar = F_A/F_T \tag{14.1}$$

das Verhältnis der **Auftriebskraft**

$$F_A = V\, g\, (\varrho_2 - \varrho_1) \tag{14.2}$$

zur **Trägheitskraft**

$$F_T = V\, \varrho\, b = V\, \varrho\, w^2/(2\, s) \tag{14.3}$$

aus.

Bei Luft verhalten sich die Dichtewerte proportional den Kelvin-Temperaturen. So ergeben sich folgende Schreibweisen:

$$Ar = \frac{\varrho_2 - \varrho_1}{\varrho} \frac{2\, g\, s}{w^2} = \frac{T_2 - T_1}{T} \frac{2\, g\, s}{w^2} =$$

$$= \frac{T_2 - T_1}{T} Fr \tag{14.4}$$

Hierin ist

ϱ_2 in kg/m³ (geringere) Dichte der wärmeren Luft,
ϱ_1 in kg/m³ (größere) Dichte der kühleren Luft,
ϱ in kg/m³ mittlere Dichte der Luft,
T in K Kelvin-Temperatur,
g in m/s² Erdbeschleunigung,
$2\,s$ in m Raumhöhe,
w in m/s Verdrängungsgeschwindigkeit,
b in m/s² Beschleunigung,
Fr — Froude-Zahl.

Bei einem Freistrahl mit einer Lufttemperatur, die von der Raumlufttemperatur abweicht, führt der Auftrieb nach *Katz-Wittekindt* zu einer Abweichung der Strahlachse von

$$y_x = 0{,}17\, Ar\, x^2\, d^{-3} \text{ in m} \tag{14.5}$$

wenn x in m und d in m.

14.6. Strömungsbilder

Die in den Abschnitten 14.2 bis 14.5 beschriebenen Strömungstypen verkörpern die wichtigsten, auslösenden Faktoren der komplexen Raumströmungen. Sie können den Strömungsverlauf erklären, indem sie

- als örtlich abgegrenzte, **primär** ausgelöste Strömungen,
- als treibende Kräfte für **sekundär** bewirkte Luftbewegungen

wiedererkannt werden.

Zur Vereinfachung und Verdeutlichung werden die Raumströmungen auf zweidimensionale **Bildschnitte** reduziert. Bild 14.3 liefert ein Beispiel, Bild 14.4 die Meßwerte hierzu. Es zeigte sich, daß keine Zugerscheinungen auftreten, wenn Düsentype und Düsendruck in Verbindung mit der Anordnung der Möbel (Bodenfreiheit) eine günstige Injektionsströmung gewährleisten.

Die Strömungsbilder verdeutlichen, daß eine genügend gleichmäßige Raumlufttemperatur im Sommer — selbst bei einer (aus wirtschaftlichen Gründen) gering bemessenen Zuluftmenge und demzufolge niedrigen Zulufttemperaturen — erreicht werden kann. Die notwendige schnelle Vermischung der kalten Zuluft mit der erwärmten Raumluft wird im wesentlichen erreicht durch

- genügend lange Vermischungszonen abseits der **Aufenthaltsbereiche** von Personen, z.B. im Bereich unter der Decke,

Bild 14.3 Lichtschnitt für einen Büroraum Abmessungen nach Bild 13.4 für eine Achse Kühlbetrieb einer Vier-Leiter-Hochdruckanlage mit klappengesteuerten Klima-Konvektoren (LTG, Stuttgart)
Kühllast:
Strahlung 510 W
Transmission durch Fenster 30 W
Personenwärme 40 W
Raumlufttemperatur +23 °C
Primärlufttemperatur +13,5 °C
Primärluftrate 70 m³/h
Düsendruck 250 Pa

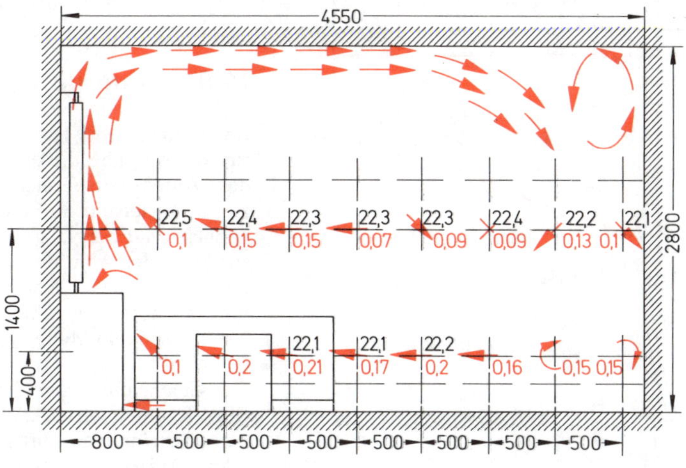

Bild 14.4 Meßdaten für den Büroraum nach Bild 13.3 obere Werte: Lufttemperaturen untere Werte: Strömungsgeschwindigkeiten

- □ Vermischungen im Bereich der hohen **Wärmebelastung,** z.B. in der Nähe der Fenster (Bild 14.3),
- □ genügend hohe **Strömungsgeschwindigkeiten** der Primärluft,
- □ Vermeidung einer **Kurzschlußströmung** zwischen Zu- und Abluft.

Die Strömungsbilder lassen die charakteristischen „Luftwalzen" und daneben, in den Raumekken z.B., die sekundären Wirbelformen erkennen.

14.7. Verdrängungsströmungen

Die gerichtete und möglichst schwach turbulente Verdrängungsströmung wird hauptsächlich für **reine** („staubfreie", „weiße") **Räume** (Bild 14.5) angestrebt. Man will die walzenförmige Luftbewegung verhindern, damit nicht Stäube von einem Raumteil zum anderen getragen werden. Die sorgfältig gefilterte Luft soll den reinen Raum oder Raumbereich (Werkplatz) nur einmal passieren, um dann sofort abgesaugt zu werden.

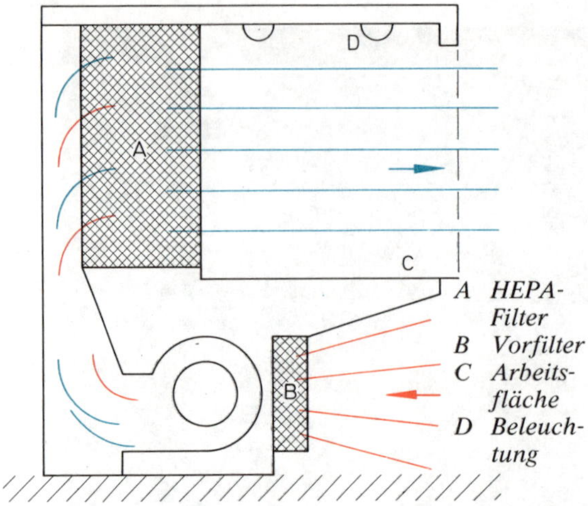

Bild 14.5 Weiße Arbeitskabine als Beispiel der Reinraumtechnik mit Verdrängungsströmung im Arbeitsbereich

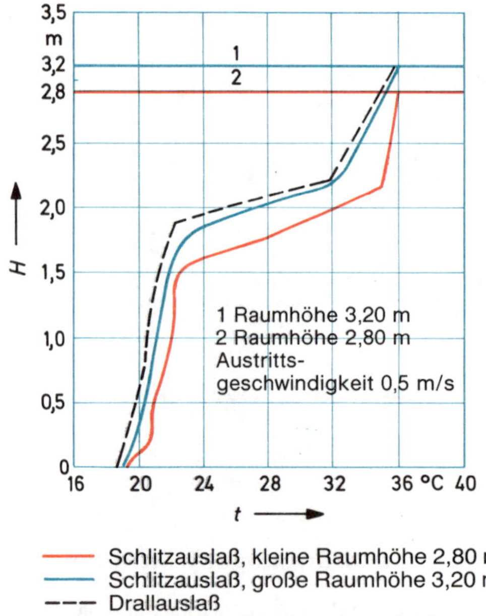

Bild 14.6 Temperaturverlauf t als Funktion der Raumhöhe H in einem EDV-Raum (1 Zentraleinheit, 4 Magnetbändereinheiten)
Grundfläche 24 m², Wärmelast 30 kW
Zuluftstrom 400 m³/(h m² Plattenfläche) = 230 m³/(h m² Grundfläche)
Spez. Wärmelast 1250 W/m² Grundfläche (nach Kostrz-Szeberényi)

Die Verdrängungsströmung (Kolbenströmung) verläuft

- □ vertikal von oben nach unten

  $w \sim 0{,}25$ m/s
  $Ar < 50$

  oder von unten nach oben, ungünstig hinsichtlich Staub,

  $Ar < 350$

- □ horizontal

  $w \sim 0{,}5$ m/s

14.8. „Lufttüren"

In Lagerhäusern und Kaufhäusern können oft aus betrieblichen Gründen die Außentore nicht geschlossen werden. Man sieht in solchen Fällen einen **Luftschleier** vor, meist mit Strömungsrichtung von oben nach unten;

$w =$ 10 bis 15 m/s
$\dot{V} =$ 2000 bis 5000 m³/h
je m² Torquerschnitt.

14.9. Energetische Beurteilung

Bei Räumen mit hoher Wärmebelastung stellt sich die Aufgabe, die thermische Behaglichkeit in dem Aufenthaltsbereich, nicht im ganzen Raum zu gewährleisten. Auf diese Weise kann u.U. erheblich an Energie gespart werden. Die Konstruktion der Abluftleuchten (Tabelle 9.5) ist ein erster Schritt. Die Wärme, die von den Beleuchtungskörpern abgegeben wird, belastet die Kühllast in geringem Maße, weil sie nicht in den Raum eindringt.
Der gleiche Gedanke wird bei der Luftführung in EDV-Räumen verwirklicht. Die von den Maschinen ausströmende Luft steigt durch den thermischen Auftrieb, unterstützt von der Raumluftströmung, nach oben; sie beeinträchtigt nicht das Wohlbefinden des Bedienungspersonals. Die Temperaturverteilung zwischen den Maschinen ist in dem Diagramm Bild 14.6 dargestellt; man sieht, daß die EDV-Räume nicht zu niedrig bemessen werden dürfen. Die Wärmeabgabe der Maschinen, 1250 W/m², ist nur mit einem Drittel anzusetzen (Strahlung). Die Zulufttemperatur liegt bei +19 °C, für die Maschinen bei +17 °C. Die örtliche Belüftung der Arbeitsplätze (Abschnitt 18.8.) ist bei hohen Räumen, z.B. in Technikumshallen, Hörsälen und Theatern, die einzige

wirtschaftlich vertretbare Lösung, die zulässige Temperatur und Reinheit der Luft im Aufenthaltsbereich sicherzustellen oder individuellen Wünschen Raum zu geben, z.B. hinsichtlich der bevorzugten Strahlrichtung.
An vierter Stelle sei auf die Verringerung der Kühllast hingewiesen, die durch Absaugen der Raumluft aus einem verglasten Zwischenraum hinter den Fenstern erzielt wird („Abluft-Fassade"), vgl. Abschnitt 12.8.
Um die Einsparung der Raumluftführung in Zahlen zu erfassen, hat man einen Nutzungsgrad ε definiert; er läßt sich auf Gl. (10.3) zurückführen:

$$\dot{V}_z = \frac{\dot{Q}}{c_{pl}\,\varrho_l\,(t_R - t_z)}$$

$$\dot{V}_{z\,red} = \frac{\dot{Q}}{c_{pl}\,\varrho_l\,(t_{R\,erh} - t_z)}$$

Hierin ist neu:

$t_{R\,erh} > t_R$ in °C die erhöhte Ablufttemperatur
$\dot{V}_{z\,red}$ in m³/s der verringerte Zuluftstrom

Aus den beiden Bilanzgleichungen folgt:

$$\varepsilon = \dot{V}_{z\,red}/\dot{V}_z = \frac{t_R - t_z}{t_{R\,erh} - t_z} \tag{14.6}$$

ε ist also ausschließlich von den Lufttemperaturen abhängig. Man muß indessen berücksichtigen, daß

- □ die Zulufttemperatur beim Einströmen vom Boden aus höher liegen muß als beim Einströmen von der Decke (vgl. Abschnitt 18.7.),
- □ bei einer Raumhöhe, wie sie in Büros üblich ist, die warme Luft von der Decke her in den Aufenthaltsbereich diffundiert,
- □ hohe Austrittsgeschwindigkeiten durch Induktion solche Luftbewegungen steigern

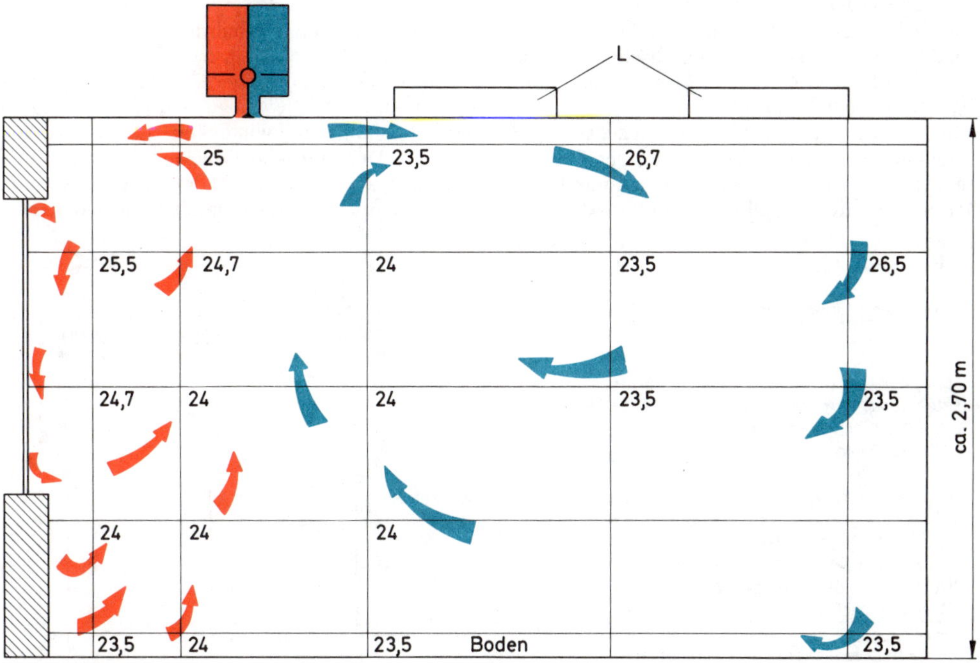

Bild 14.7 Temperaturverteilung in °C nach Messungen in einem Versuchsraum. Zweikanalsystem, Luftauslässe für variablen Volumstrom mit hoher Induktion nach Bild 18.16 (Carrier, Syracuse USA). Einfachverglasung, keine Vorhänge, Licht in den Abluftleuchten L eingeschaltet

Teillastbetrieb

Warme Zuluft (rot)	*210 m³/h bei + 41,5 °C*
Kalte Zuluft (blau)	*110 m³/h bei + 9,5 °C*
Außenluft-Temperatur	*+ 2 °C*

15. Ventilatoren

15.1. Optimale Entscheidungen

Bei der Auslegung einer Klimaanlage dürfen die einzelnen Komponenten nicht für sich betrachtet werden. Es kommt vielmehr darauf an, daß bei der Wahl der Bauweisen und ihrer Bemessung eine im Hinblick auf die Gesamtanlage günstige Lösung gefunden wird.
Nach den ersten Planungsrechnungen muß das Ganze gegebenenfalls nochmals überdacht werden. Wenn verschiedene Erfordernisse der Anwendung in ihrer Rangordnung miteinander konkurrieren, so muß über die dominierenden entschieden werden.
Die nachstehenden Entscheidungshilfen sollen von diesen Gesichtspunkten aus gesehen werden, sie sind isolierte, weitgehend formale und damit begrenzt gültige Anhaltswerte.
Man geht gewöhnlich von den zunächst angenommenen Strömungsverhältnissen, den Einbaumöglichkeiten und den als zulässig empfundenen Geräuschen aus und stellt sich bei der Wahl des Ventilators die Frage nach der günstigsten **Bauweise** und **Bemessung**. Beide Entscheidungen sind nicht unabhängig voneinander zu treffen.
Eine erste Orientierung vermittelt das Schema Bild 15.1. Es verdeutlicht die Folgerungen, die sich von den vier wichtigsten Forderungen der Anwendung her ergeben.
Um die Vielzahl der in Betracht kommenden Ausführungen einzuengen, wird man zudem auf Erfahrungen zurückgreifen, die in der Form der optimalen **Maßrelationen** in Beziehung zu den Beriebsbedingungen vorliegen (Cordier-Kurve u.ä.) (vgl. Bild 15.4).
Dominiert die Forderung nach geringstmöglichen **Geräuschen**, so muß man allgemein niedrige Druckdifferenzen anstreben, weil die erforderlichen Drücke nach der Eulerschen Turbinengleichung für die jeweilige Bauweise nur durch hohe Umfangsgeschwindigkeiten erzielt werden können. Der statische Druckanteil ist von den Strömungswiderständen in der Anlage bestimmt, der dynamische Anteil richtet sich nach der Luft-

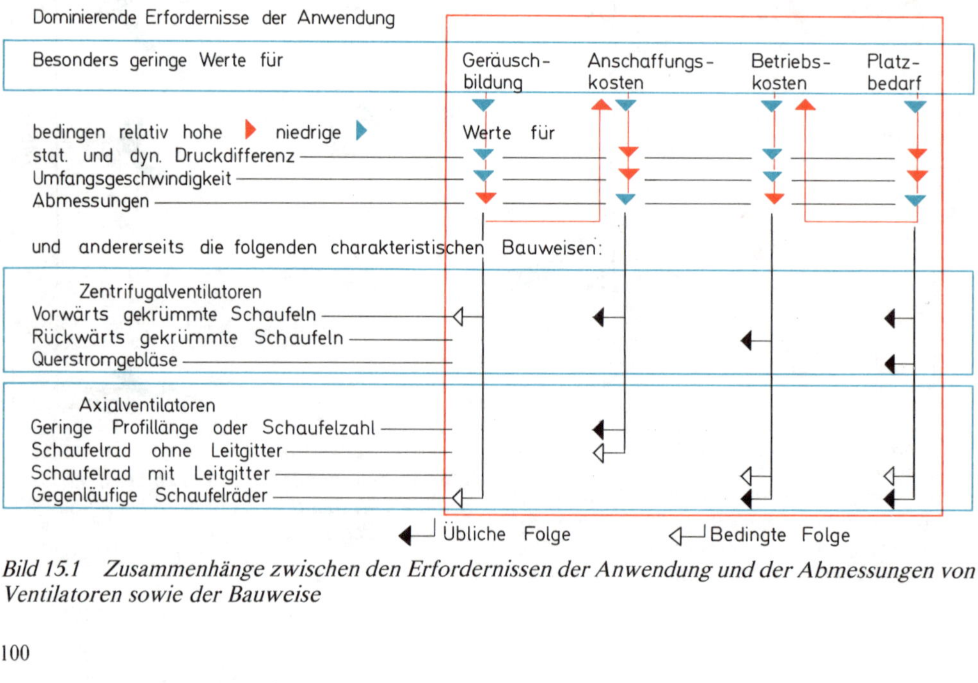

Bild 15.1 Zusammenhänge zwischen den Erfordernissen der Anwendung und der Abmessungen von Ventilatoren sowie der Bauweise

geschwindigkeit im Ventilator. Niedrige Werte bedingen große Abmessungen für Einströmdüse, Schaufelrad, Diffusor usw. Hieraus ergeben sich hohe Anschaffungskosten.
Andererseits kann die Umfangsgeschwindigkeit an den Schaufelspitzen durch die Wahl der Konstruktion beeinflußt werden. Bei den Zentrifugalventilatoren ist hier u.U. an vorwärts gekrümmte Schaufeln — sog. Trommelläufer — und bei den Axialventilatoren u.U. an gegenläufige Schaufelräder zu denken.
Niedrige **Anschaffungskosten** hingegen bedingen **hohe** Druckdifferenzen und Umfangsgeschwindigkeiten. Man meint, die Abmessungen reduzieren zu müssen, weil man von gegebenen Typenreihen und Preisstaffelungen ausgeht.
Bei der Wahl der Bauweise sind es wiederum die Trommelläufer, die die Forderungen erfüllen. Bei niedrigen statischen Drücken werden gewöhnliche Axialventilatoren ohne Leitgitter — z.B. die einfachen Wandringlüfter — herangezogen.
Wenn man in erster Linie auf niedrige **Betriebskosten** Wert legen muß, so wird man bestrebt sein, Strömungsenergie einzusparen. Reichlich bemessene Querschnitte bedeuten niedrige Luftgeschwindigkeiten und geringe dynamische Druckverluste.
Bei der Wahl der Bauweise wird man unter den Zentrifugalventilatoren rückwärts gekrümmte Schaufelprofile, und unter den Axialventilatoren die gegenläufigen vorziehen. Beide Konstruktionen haben die höchsten Wirkungsgrade. Auch die Axialventilatoren mit vor- oder nachgeschalteten Leitgittern weisen gute aerodynamische Leistungswerte auf, weil sie ebenfalls den Drall im Luftstrom aufheben.
Bei vielen Anwendungen — z.B. beim Einbau in Schrank- und Truhengeräten — kommt es in erster Linie auf einen geringen **Platzbedarf** an. Die geringen Abmessungen implizieren, wie erwähnt, hohe Strömungsgeschwindigkeiten und Druckdifferenzen. Der Leistungsbedarf ist daher relativ hoch.
Bei niedrigen Förderleistungen kommen hauptsächlich die Trommelläufer und die Querstromgebläse in Betracht. Bei großen Förderleistungen ist meist noch mehr als bei kleinen der Strömungsverlauf für den Platzbedarf wichtig. Zentrifugalventilatoren sind in dieser Hinsicht ungünstig, sie machen mehrfache Umlenkungen der Luft erforderlich. Dies bringt Energieverluste mit sich. Zudem ist die Geschwindigkeitsverteilung der austretenden Luft ungleichmäßig. An der Außenseite des Spiralgehäuses ist sie höher als an der Innenseite. Die Umlenkungen und die Geschwindigkeitsunterschiede im Strömungsquerschnitt bedingen vielfach zusätzliche Bauelemente zur gleichmäßigeren Verteilung (prismatische Kanalstücke, Pralldiffusoren, Krümmer, Aufnahmegehäuse usw.) — und damit, sekundär, einen erhöhten Platzbedarf. Auch in dieser Hinsicht sind die gegenläufigen Axialventilatoren oft überlegen, sie fördern die Luft linear in Achsrichtung.

15.2. Betriebspunkt

Die Leistung eines Ventilators bei verschiedenen Betriebsverhältnissen, d.h. seine Charakteristik, wird gewöhnlich in einem Diagramm mit Δp_t und $\dot{V}$ als Koordinaten dargestellt (Bild 15.2). Die Drehzahl n bildet als Parameter eine Kurvenschar von **Kennlinien.**
Die Widerstände im Kanalnetz, bei den Wärmeaustauschern, Klappen, Filtern usw., die der Ventilator zu überwinden hat, kann man im gleichen Diagramm abbilden. Δp_t steigt im Quadrat mit $\dot{V}$ und wird durch Parabeln K_1, K_2, K_3 dargestellt, die vom Koordinaten-Nullpunkt ausgehen.
Für eine vorgegebene Luftleistung $\dot{V}$ beispielsweise schneiden Parabeln die Kurvenschar n in den Betriebspunkten B_1, B_2 und B_3. Damit ist für

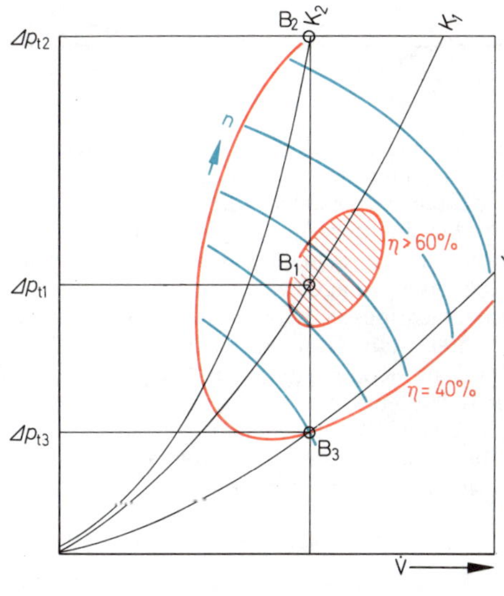

Bild 15.2 Betriebspunkte B_1, B_2 *und* B_3 *im Kennfeld eines Ventilators bei verschiedenen Anlagenkennlinien* K_1, K_2 *und* K_3

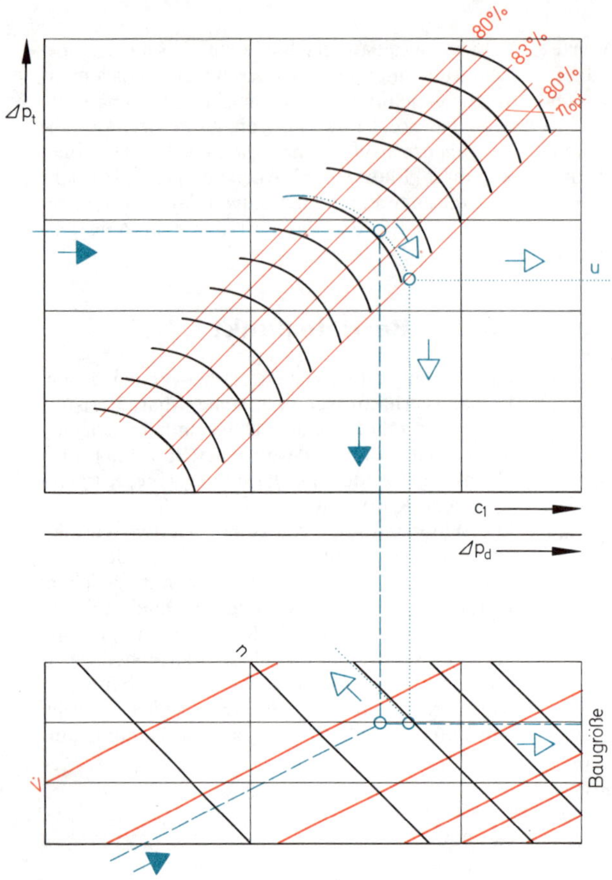

Bild 15.3 Kennfeld eines Ventilators im Diagramm mit logarithmischen Koordinaten (Schilde)

den betrachteten Fall eine Zuordnung der Gesamtdruckdifferenzen $\Delta p_{t\,1}$, $\Delta p_{t\,2}$, und $\Delta p_{t\,3}$ zu bestimmten Drehzahlen n_1, n_2, n_3 festgelegt. Weiterhin ist der Wirkungsgrad fixiert. Der Betriebspunkt B_1 liegt mit $\eta > 60\%$ recht günstig. Bei höheren Anlagenwiderständen, K_2, ebenso wie bei niedrigeren, K_3, sind die Wirkungsgrade schlechter. Man ist in solchen Fällen veranlaßt, eine bessere Kombination von Anlage — Ventilator zu suchen.

Die aus dem Kennliniendiagramm abgelesenen Werte gestatten, den (effektiven) **Leistungsbedarf** des Ventilators zu bestimmen:

$$\dot{E} = \Delta p_t \, \dot{V}/\eta_t \text{ in W} \qquad (15.1)$$

Bild 15.3 stellt ein Kennliniendiagramm mit logarithmischen Koordinaten dar. Ein Hilfsdiagramm ist hinzugefügt. Entsprechend den blauen Linienzügen kann man beispielsweise von den gegebenen Daten einer Anlagenauslegung aus — Δp_t und $\dot{V}$ — die wichtigsten Werte der Baugröße und der Betriebsweise einer Ventilatorkonstruktion schnell ermitteln:

- □ Wirkungsgrad η (und damit die Tauglichkeit der Bauweise),
- □ Baugröße,
- □ Drehzahl n,
- □ Ansauggeschwindigkeit c_1,
- □ Umfangsgeschwindigkeit u_a,
- □ dyn. Druckanteil p_d (zur Prüfung der Baugröße).

15.3. Affinitätsgesetze

Die Affinitäts- und Proportionalitätsgesetze für Ventilatoren sind aus den Grundgleichungen der Strömungstechnik abgeleitet.

Für Ventilatoren mit geometrisch ähnlichen Abmessungen gilt bei konstanter Drehzahl:

□ Der **Druck** steigt im Quadrat mit den linearen Größen.
□ Das **Fördervolumen** steigt mit der dritten Potenz der linearen Größen.
□ Der **Leistungsbedarf** steigt mit der fünften Potenz der linearen Größen

Für Ventilatoren mit konstanten Abmessungen gilt bei veränderten Drehzahlen:

□ Der **Druck** steigt mit dem Quadrat der Drehzahl.
□ Das **Fördervolumen** steigt proportional der Drehzahl.
□ Der **Leistungsbedarf** steigt mit der dritten Potenz der Drehzahl.

15.4. Kennzahlen

Die Strömungsvorgänge in Ventilatoren werden von zahlreichen Größen unterschiedlicher Einheit bestimmt, von geometrischen, aerodynamischen, schalltechnischen, von Stoffwerten usw. Die Übertragung von Konstruktionswerten und Betriebsbedingungen von einem Fall auf einen zweiten mit veränderten Daten ist daher nicht ohne weiteres möglich. Nach der Modelltheorie ist eine Übertragung zulässig, wenn gewisse **Ähnlichkeitsrelationen** zwischen den genannten Größen gewahrt bleiben. Diese Relationen drükken sich in Kennzahlen aus, die meist dimensionslos sind.
Übliche Kennzahlen in der Ventilatortechnik sind u.a.:

Lieferzahl ≙

$$\frac{\text{Volumstrom}}{\text{Querschnitt} \cdot \text{Umfangsgeschwindigkeit}}$$

$$\varphi = \frac{\dot{V}}{S \cdot u} = \frac{4\,\dot{V}}{\pi\,D^2\,u}$$

(Bei Axialventilatoren mit dem Nabenverhältnis $\nu = D_{\text{Nabe}}/D_{\text{Schaufelrad}}$ gilt auch $\varphi = (1 - \nu^2)\,c_m/u$)

Druckzahl ≙

$$\frac{\text{(Gesamt-)Förderdruck}}{\text{„Staudruck der Umfangsgeschwindigkeit"}}$$

$$\psi = \frac{2\,\Delta p_t}{\varrho\,u^2} = \frac{2\,c_{2\,u}}{u^2}$$

$$\text{Spezifische Drehzahl} \triangleq \frac{\text{Drehzahl} \cdot \text{Volumstrom}}{\text{(Gesamt-)Förderdruck}}$$

(dimensionslos nach Dettmering)

$$n_q = n\,\frac{\dot{V}^{1/2}}{(\Delta p_t/\varrho)^{3/4}} = n\,\frac{\dot{V}^{1/2}}{c_{2u}{}^{3/4}}$$

Bild 15.4 verdeutlicht die Zuordnung günstiger Bauweisen und Maßrelationen zur spezifischen Drehzahl.

15.5. Antriebe

Die Schaufelräder werden entweder **direkt** von einem Drehstrommotor oder über einen **Riementrieb** angetrieben. Der Riementrieb hat den Vorteil, daß man nach der Fertigstellung der Anlage noch Leistungsänderungen ohne größere Umbauten vornehmen kann. Meist genügt es, die Riemenscheibe auszutauschen.
Während des Betriebes kann die Leistung durch folgende Einrichtungen verändert, d.h. in Abhängigkeit vom Fördervolumen oder vom Druck geregelt werden:

□ Drehzahländerung (z.B. durch thyristorgesteuerte Gleichstrommaschinen — teuer),
□ Drallgitter (am Lufteintritt angeordnete, verstellbare Schaufeln),
□ Schaufelverstellung (hydraulisch oder mechanisch bewirkte Änderung des Anstellwinkels bei axialen Schaufelrädern),
□ Drosselung (durch zusätzliche Strömungswiderstände).

Die Leistungsumwandlung bewirkt eine **Temperaturerhöhung** der geförderten Luft, die man nach den Gasgesetzen in einer für die Klimatechnik vereinfachten Form wie folgt abschätzen kann (alle Größen in gesetzl. Einheiten):

$$\Delta t \approx \frac{\Delta p_t}{\varrho\,\eta\,c_{p\,l}} \approx 1{,}4 \cdot 10^{-3}\,\Delta p_t \text{ in } {}^\circ\text{C}$$

15.6. Förderdruck

Den theoretischen Förderdruck Δp_{th} (Gesamtdruck) liefert die Eulersche Turbinengleichung (6.6a).

$$\Delta p_{th} = \varrho\,(c_{2\,u}\,u_2 - c_{1\,u}\,u_1)$$

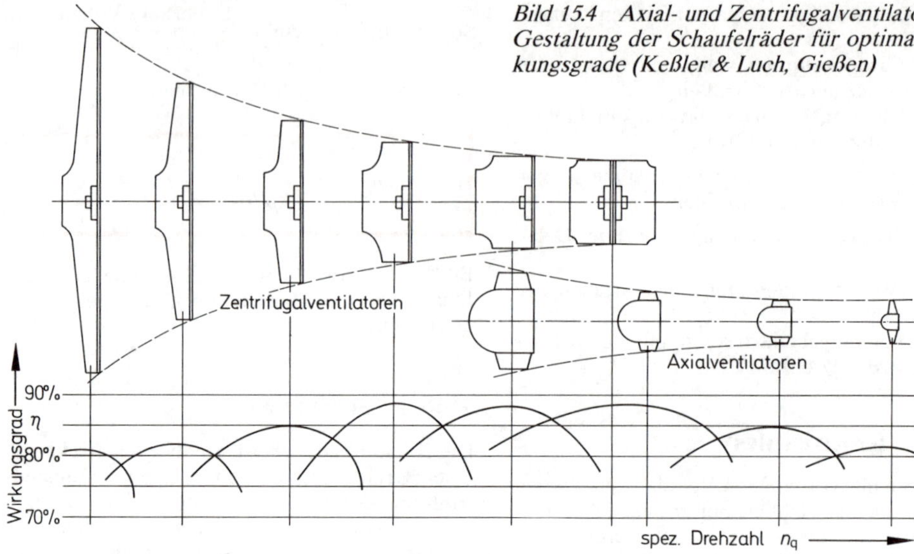

Bild 15.4 Axial- und Zentrifugalventilatoren. Gestaltung der Schaufelräder für optimale Wirkungsgrade (Keßler & Luch, Gießen)

Wenn keine Drallregelung am Lufteintritt vorgesehen ist, so hat man mit $c_{1\,u} = 0$ eine axiale Zuströmung (Bild 15.5 und 15.6). Die Gleichung vereinfacht sich zu

$$\Delta p_{th} = \varrho\, u_2\, c_{2\,u} \qquad (15.2)$$

Die obige Gleichung läßt sich überführen in

Gesamt- = dyn. + stat.
druck Druck Druck

$$\Delta p_{th} = \frac{\varrho}{2}\,(c_2^2 - c_1^2) + (u_2^2 - u_1^2) + (w_1^2 - w_2^2)$$

Bei Axialventilatoren entfällt die Zunahme der Umfangsgeschwindigkeit von u_1 (Innendurchmesser) nach u_2 (Außendurchmesser). Daher entfällt der erste Term der Gleichung.
Bei Axialventilatoren mit Leitgittern ist gemäß Bild 15.6 die Umfangsgeschwindigkeit am Austritt aus dem vorgeschalteten Leitgitter, c_{1su}, in die Eulersche Gleichung einzusetzen. Bei gegenläufigen Schaufelgittern sind die Umfangskomponenten der ersten Stufe am Austritt bzw. der zweiten Stufe am Eintritt der Einfachheit halber nicht gezeichnet.
Der Gegenüberstellung von Bild 15.5 kann man entnehmen, daß die Umfangskomponente der Austrittsgeschwindigkeit $c_{u\,2}$ und damit der **Gesamtdruck**

- □ bei vorwärts gekrümmten Schaufeln am größten,
- □ bei rückwärts gekrümmten Schaufeln am geringsten

(bei n, c_1, u = const.) ist.
Die Geschwindigkeitsdreiecke für den Luftaustritt lassen auch erkennen, daß bei rückwärts gekrümmten Schaufeln am ehesten auf ein Spiralgehäuse mit Diffusorwirkung zur Umwandlung der Geschwindigkeitskomponente am Umfang (dynamische Druckenergie) in statische Druckenergie verzichtet werden kann.
Bild 15.6 zeigt mit den vereinfachten Geschwindigkeitsdreiecken, daß eine Drallkomponente in der austretenden Luft nur bei einem Schaufelgitter ohne Leitgitter auftritt.

15.7. Einbau

Bei der Wahl eines Ventilators für eine Klimaanlage sind die Einbauverhältnisse zu berücksichtigen. Man wird nach Möglichkeit **Querschnittssprünge** in der Luftführung zu vermeiden suchen und den **dynamischen Druckanteil** niedrig halten.
Querschnittssprünge treten namentlich auf

- □ bei der Luftförderung in eine **Kammer** (Mischkammer, Kammer mit Kanalverzweigungen, analog: Ausblas ins Freie u.ä.);
- □ **bei Axialventilatoren** durch den Übergang

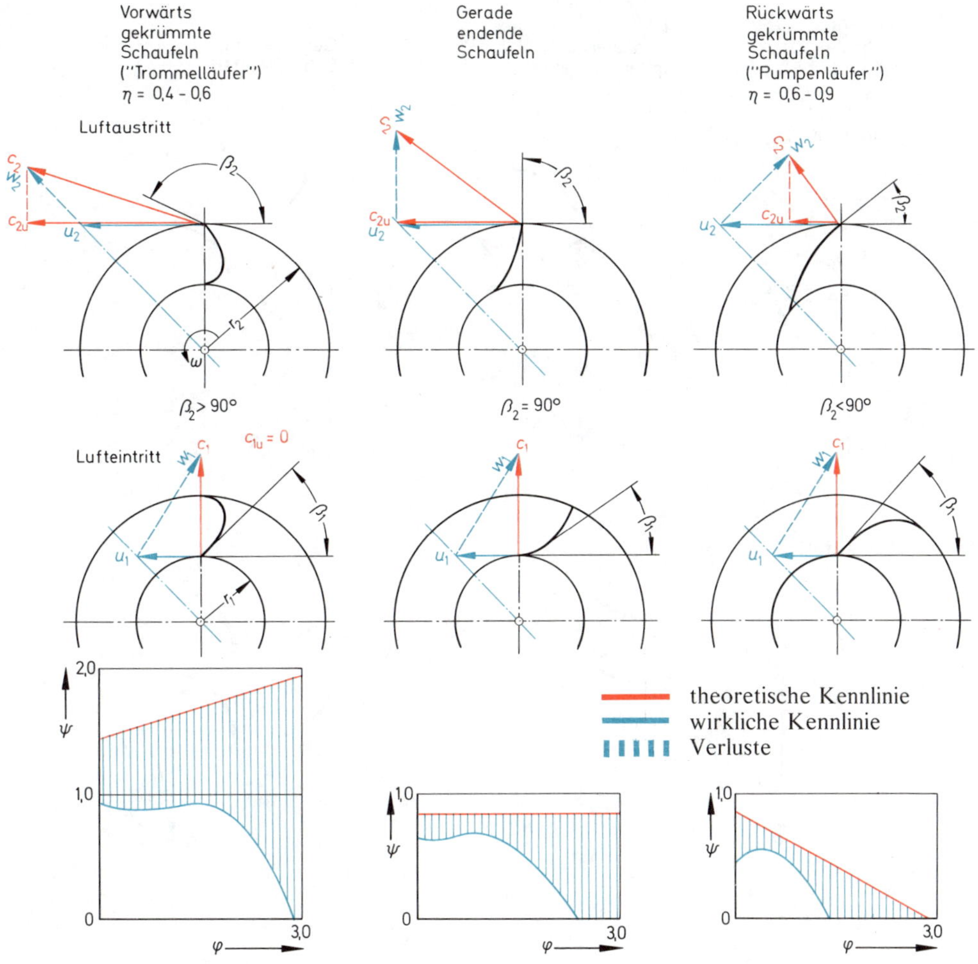

Bild 15.5 Zentrifugalventilatoren, Geschwindigkeitsplan

von dem kreisrunden Düsenring und der Nabe zu einem rechteckigen Anschluß;

- □ bei **Zentrifugalventilatoren** durch den Übergang vom Austrittsflansch des Spiralgehäuses zu einem Anschlußflansch. (Hierbei wird meist nicht berücksichtigt, daß die Luftströmung
  (a) infolge der Gehausezunge,
  (b) infolge der Beschleunigung nach außen erhöhte Widerstände erleidet.)
  Hinzu kommt der Querschnittssprung am Lufteintritt des Spiralgehäuses.
- □ allgemein bei **beengten** Einbauverhältnissen (Umlenkungen in Gehäusen, Krümmern u.ä.).

Die Katalogangaben der Hersteller tragen den Einbauverhältnissen nicht Rechnung. Die Kennlinien und Wirkungsgrade beziehen sich auf lange Meßstrecken ohne Querschnittssprünge und Umlenkungen, bei denen sich eine gleichförmige Strömung einstellt.

Wenn Katalogdaten unkritisch übernommen werden, so können folgende Auslegungsmängel eintreten:

- □ zu kleine Baugröße,
- □ zu geringe Förderleistung bzw. zu geringer Druck,

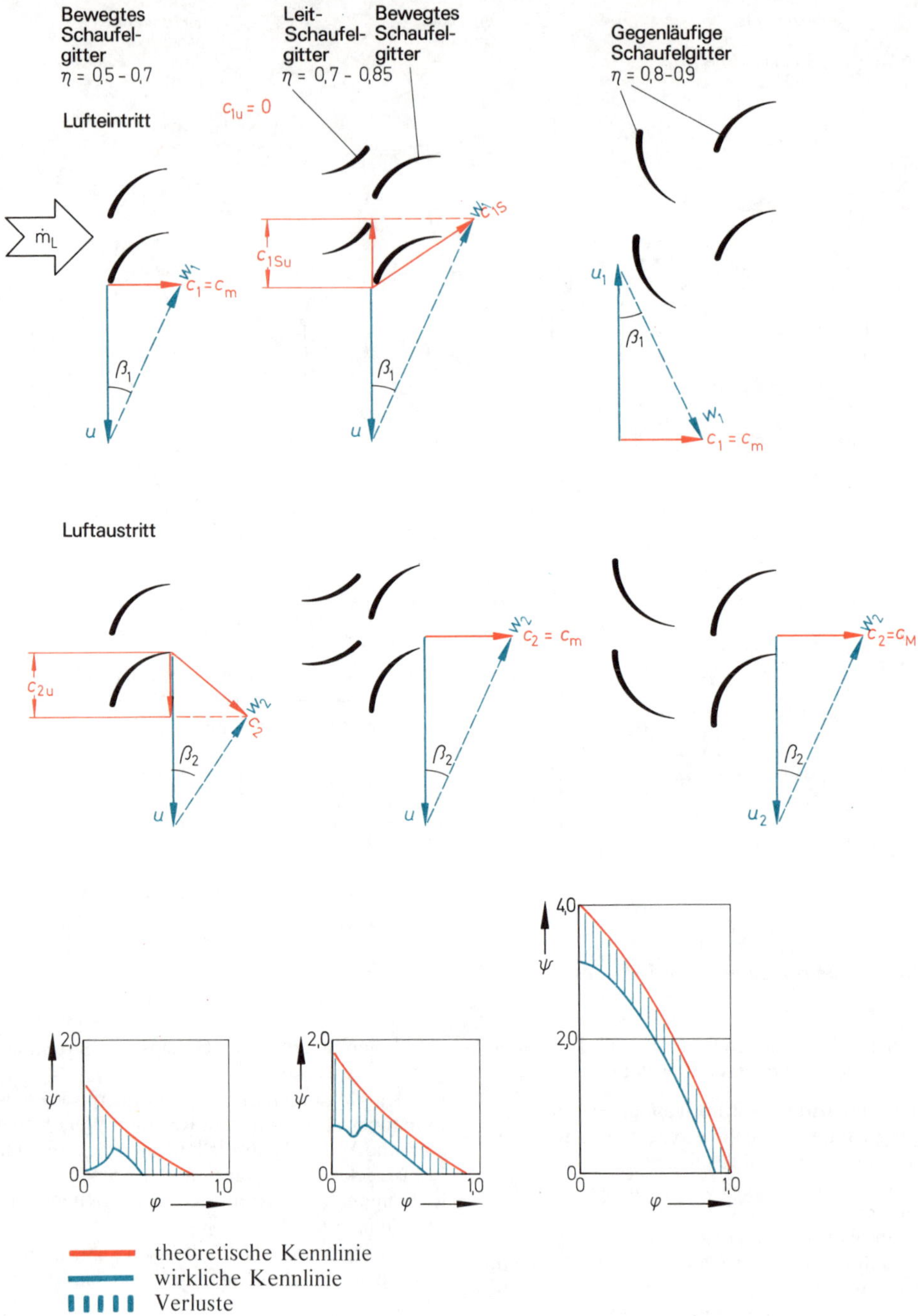

Bild 15.6 Axialventilatoren, Geschwindigkeitsplan

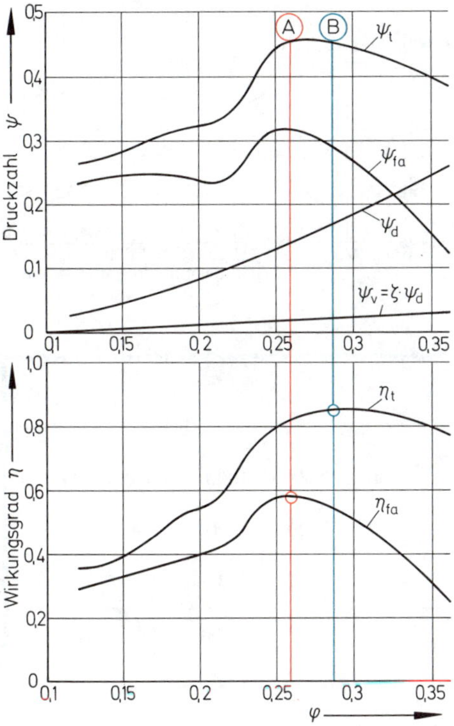

Bild 15.7 Axialventilator, Vergleich der wirklichen Einbauverhältnisse f_a, d.h. frei ausblasend in eine Kammer, mit den Daten, die sich auf den Gesamtdruck Δp_t, nach einer Messung gemäß Bild 6.5, beziehen (nach Hönmann)
A *Maximum von* ηf_a $\psi f_a > 0{,}3$ *(günstig)*
B *Maximum von* η_t $\psi_t \sim 0{,}45$
aber $\psi f_a < 0{,}3$ *(ungünstig)*

- □ Abweichung vom optimalen Betriebspunkt, schlechter Wirkungsgrad, erhöhter Leistungsbedarf,
- □ u.U. Überschreiten der Pumpgrenze,
- □ unnötig hohe Geräusche,
- □ unzweckmäßige Anwendung von Diffusoren.

Das Diagramm Bild 15.7 verdeutlicht die Zusammenhänge.

Durch eine sorgfältige und reichliche Bemessung der Strömungswege, durch den Verzicht auf ein Spiralgehäuse bei gleichzeitiger Anwendung rückwärts gekrümmter Schaufeln und durch weitere individuelle Konstruktionsmaßnahmen der gegenseitigen Abstimmung von Ventilator und Einbaugeometrie konnte man die Strömungsverluste herabsetzen.

15.8. Geräusche

Nahe den optimalen Betriebspunkten liegt der **Schalleistungspegel** vieler Ventilatoren, L_w, (VDI 2081) in einer Größenordnung, die durch die folgende Formel näherungsweise (±4 dB) ausgedrückt wird:

$$L_W = L_{Ws} + 10 \lg (\dot{V}/\dot{V}_0) + 20 \lg (\Delta p_t/\Delta p_{t0}) \quad \text{in dB} \qquad (15.3)$$

Hierin ist

L_{Ws} in dB spezifischer Schalleistungspegel; bei dB, bezogen auf eine Schalleistung von $N_0 = 10^{-12}$ W und $\dot{V}$ in m³/s sind es 40 dB, $\dot{V}$ in m³/h sind es 5 dB

$\dot{V}_0$ in m³/s bzw. m³/h Volumstromeinheit,

Δp_{t0} in Pa (1 Pa = 10 μbar) Druckeinheit.

Das Diagramm Bild 15.7. stellt Gl. (15.8) dar und ersetzt damit die Rechnung. Das Diagramm Bild 15.9 zeigt ergänzend die Differenzen zwischen Gesamt- und Oktavschallpegel.

Einen Überblick über die Zusammenhänge gewährt auch die folgende, abgeleitete Form. Sie zeigt, daß die Schalleistung mit der fünften (genauer 5,5) Potenz von u ansteigt.

$$L_W = L'_{Ws} + 50 \lg (u/u_0) + \lg (S/S_0) \text{ in dB} \qquad (15.4)$$

Hierin ist

L'_{Ws} bei Zentrifugalventilatoren mit rückwärts gekrümmten Schaufeln 22–25 dB, mit vorwärts gekrümmten Schaufeln 38–42 dB, bei Axialventilatoren 20–23 dB,

S_0 in m², Einheit der Querschnittsfläche

Bild 15.8 Gesamtschalleistungspegel L_w von Ventilatoren nach Gl. (15.3)

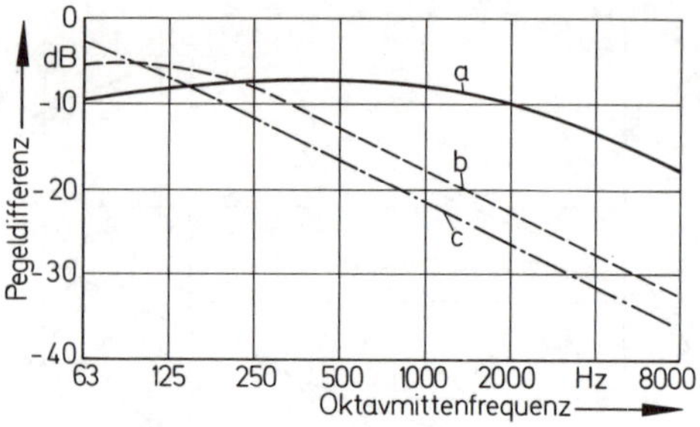

Bild 15.9 Differenz zwischen dem Gesamtschalleistungspegel und dem Oktavschalleistungspegel (relative Oktavspektren) bei verschiedenen Bauarten von Ventilatoren

a Axialventilatoren
b Zentrifugalventilatoren mit rückwärts gekrümmten Schaufeln
c Zentrifugalventilatoren mit vorwärts gekrümmten Schaufeln

Berechnungsbeispiel

Gegeben: $\dot{V} = 5500\ m^3/h$
$\Delta_{pt} = 250\ Pa = 2{,}5\ mbar$

Zuluftventilator mit vorwärts gekrümmten Schaufeln

Oktavband	63	125	250	500	1000	2000	4000	8000	Hz
Nach Diagramm 15.7: L_W =	90	90	90	90	90	90	90	90	dB
Nach Diagramm 15.8: für *c* Pegeldifferenz	−2	−7	−12	−17	−22	−27	−32	−37	dB
Schalleistungsspektrum	88	83	78	73	68	63	58	53	dB

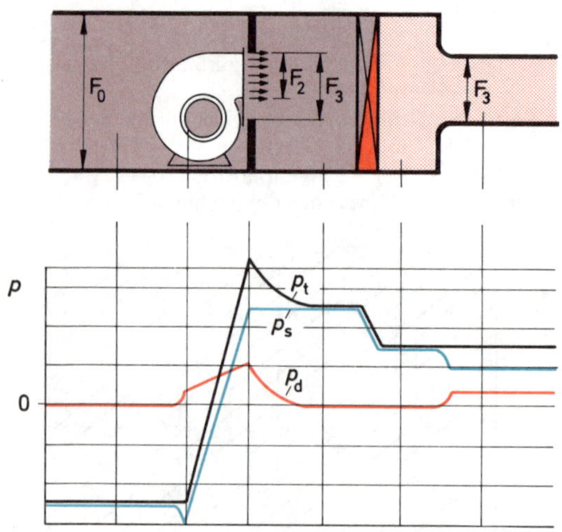

Bild 15.10 Einbausituation von Ventilatoren in raumlufttechnischen Anlagen, Einblasen in eine Kammer, Verlauf des statischen Drucks p_s, des dynamischen Drucks p_d und des Gesamtdrucks p_t (nach Hönmann)

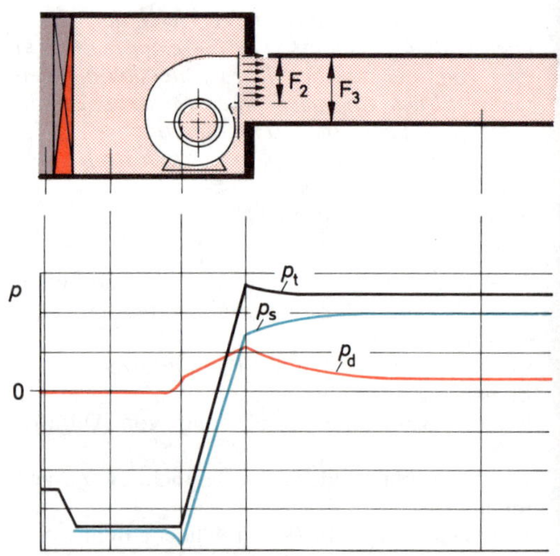

Bild 15.11 Einbausituation von Ventilatoren in raumlufttechnischen Anlagen, Einblasen in einen geraden Luftkanal
Verlauf des statischen Drucks p_s, des dynamischen Drucks p_d und des Gesamtdrucks p_t (nach Hönmann)

16. Luftkanäle

16.1. Druckverlust

Zur Förderung eines Luftstroms durch einen Luftkanal ist ein Druckgefälle erforderlich, das nach folgender Gleichung berechnet wird:

$$\Delta p_R = \lambda \frac{l}{d} \frac{\varrho}{2} w^2 \text{ in Pa} \qquad (16.1)$$

Hierin ist:

$\lambda = f\left(Re; \frac{\varepsilon}{d}\right)$ die dimensionslose Rohrreibungszahl, die von der Reynoldszahl und/oder der relativen Rauhigkeit abhängig ist. Sie kann für die verschiedenen Strömungsformen am besten aus dem **Diagramm von Colebrook** abgelesen werden.

l in m Rohrlänge,
d in m Rohrdurchmesser, bei rechteckigen Rohren mit den Seitenlängen a und b ist $d = \frac{2\,a\,b}{a + b}$

Für Einzelwiderstände (Bögen, Kniestücke, Erweiterungen, Verengungen, Abzweigungen usw.) gilt eine ähnliche Gleichung.

$$\Delta p_R = \zeta \frac{\varrho}{2} w^2 \text{ in Pa} \qquad (16.2)$$

Hierin ist
ζ der Widerstandsbeiwert.
Er ist eine empirisch ermittelte, dimensionslose Kennzahl, die den Tabellen für die Formstücke der Luftkanäle entnommen werden kann. Hierbei ist zu beachten, daß die Zahlenwerte für die spezifischen Strömungsbedingungen der Meßstrecke gelten und nicht ohne weiteres übertragbar sind.

16.2. Querschnittsberechnung

Zur Bemessung der Luftkanalquerschnitte wird das Kanalnetz in Teilabschnitte aufgegliedert. Jedes Gerät und jede Kanalstrecke gleichen Querschnitts sowie jedes Formstück bilden einen Teilabschnitt. Der Gesamtwiderstand vom Lufteintritt bis zum Luftaustritt setzt sich aus den Einzelwiderständen der Teilabschnitte zusammen.

Es kommt nun darauf an, daß sich an allen Austrittsöffnungen der gewünschte Volumenstrom einstellt. Unter Einhaltung der zulässigen Grenzen für die Geräuschpegel in den einzelnen klimatisierten Räumen müssen die Luftkanäle wirtschaftlich bemessen werden. Je höher die zulässigen Geräusche sein dürfen, um so höher kann die Luftgeschwindigkeit und um so geringer kann somit der Kanalquerschnitt ausgelegt werden. Die Anschaffungskosten werden auf diese Weise gesenkt, die Betriebskosten erhöht. Die Tabelle 16.1 gibt Anhaltswerte für die Luftgeschwindigkeiten.

Der Rechnungsgang vollzieht sich nach einem tabellarischen Schema. Um die mühsamen Rechnungen entbehrlich zu machen, ist der Rechnungsgang programmiert worden, so daß er für jeden Einzelfall in elektronische Rechner eingegeben werden kann.

Tabelle 16.1 Übliche Geschwindigkeiten im Luftkanalnetz in m/s
(nach Recknagel/Sprenger)

	Niederdruck		Hochdruck
	Komfortanlagen	Industrieanlagen	
Außenluftgitter	3 bis 4	4 bis 6	desgl.
Hauptleitung	4 bis 8	8 bis 12	15 bis 25
Zweigleitung	3 bis 5	5 bis 8	15 bis 20
Abluft- und Umluftgitter	2 bis 3	3 bis 4	—
Anschlußleitungen zu den Luftauslässen			bis 10

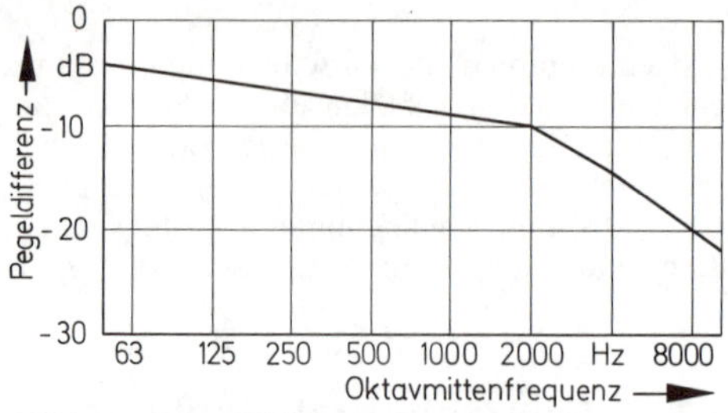

Bild 16.1 Pegeldifferenz für gerade Luftkanäle (nach VDI 2081)

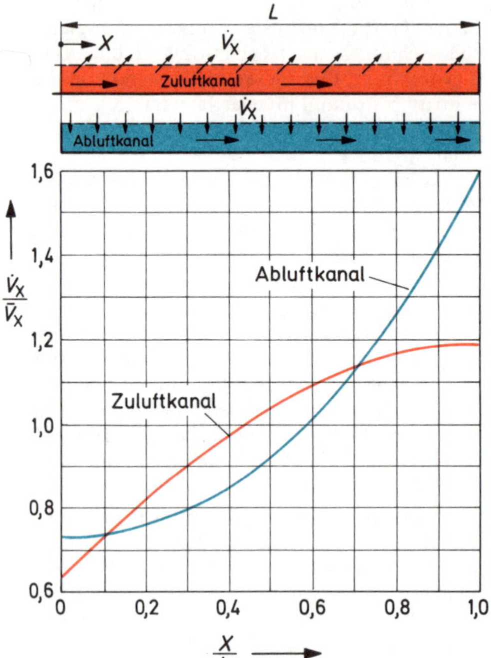

Bild 16.2 Relative Verteilung der ausströmenden und der abgesaugten Teilströme bei Luftkanälen (nach Haerter)

16.3. Ausführung

Die Luftkanäle haben einen rechteckigen oder kreisrunden Querschnitt (DIN 24151 – 24159). Sie sind meist aus sendzimirverzinktem Stahlblech hergestellt; daneben haben sich Verbundwerkstoffe und Sandwichkonstruktionen eingeführt (Platten aus Asbestzement, Gipskarton, Sperrholz, glasfaserverstärkten Duroplasten, PVC usw. mit Isolierungen aus Holzfaserplatten, Glasfasermatten u.ä.).

Die Längsnähte der rechteckigen Stahlblechkanäle sowie die spiralförmigen Nähte der runden sind gefalzt. Die Kanäle werden in vorgearbeiteten Stößen mit Übermaß angeliefert. Auf der Baustelle müssen sie vor der Montage angepaßt werden. Es gibt verschiedene Arten der Verbindung (Winkelprofile, Klemmschieber, Sickenschellen).

Um die Strömungsverluste zu verringern, ist es zweckmäßig, innerhalb der Bögen Umlenkschaufeln als Leitgitter einzubauen. Wichtig sind solche Leitgitter an der inneren Wandung. Ein äußerer Bogen mit großem Radius trägt hingegen wenig zur Herabsetzung der Strömungswiderstände bei.

16.4. Strömungsrauschen*

Nach Kerka ist der **Schalleistungspegel** im geraden Luftkanal

$$L_W = 10 + 50 \lg (w/w_0) + 10 \lg (S/S_0) \text{ in dB} \quad (16.3)$$

Hierin ist
w in m/s Strömungsgeschwindigkeit,
w_0 in m/s Bezugsgeschwindigkeit.

Das Diagramm Bild 16.1 veranschaulicht den Verlauf des relativen Frequenzspektrums. Wegen des hohen Anteils an tiefen Frequenzen erhält man bei der dB(A)-Filterung den um 4 dB(A) niedrigeren, **bewerteten** Schalleistungspegel

$$L_{WA} = 6 + 50 \lg (w/w_0) + 10 \lg (S/S_0) \text{ in dB(A)} \quad (16.4)$$

16.5. Volumenausgleich

In einem Kanalstück mit konstantem Querschnitt stellen sich bei mehreren Austritts- oder Eintrittsöffnungen unterschiedliche Luftgeschwindigkeiten ein (Bild 16.2). Im Zuluftkanal nimmt die Austrittsgeschwindigkeit zum Kanalende hin zu, im Abluftkanal dagegen nimmt sie ab, d.h., in beiden Fällen steigt sie in Strömungsrichtung an. Die Unterschiede zwischen den Teilströmen können ausgeglichen werden

- ☐ durch Drosselung (Abschnitt 18.1.),
- ☐ durch strömungstechnische Formgebung, die den jeweiligen Teilstrom in Strömungsrichtung leitet und damit die langsameren Ströme beschleunigt.

---

* Bezüglich der Strömungsgeräusche von Umlenkungen, Abzweigungen und sonstigen Formstücken sei verwiesen auf Brockmeyer, H.: Akustik für den Lüftungs- und Klimaingenieur. Karlsruhe 1971.

17. Absperrungen und Regelorgane

17.1. Anwendung

In den Luftkanälen werden hauptsächlich **Jalousieklappen,** daneben Schieber- und Ventilkonstruktionen (bei kleinen Querschnitten und für ein möglichst luftdichtes Schließen) angewendet:

- ☐ Außenluft- und Fortluftjalousien; oft nur mit „Auf"- und „Zu"-Stellung; entsprechende Ausführungen auch für die Absperrung einzelner Räume zur zeitweisen Senkung der Betriebskosten
- ☐ Überdruckjalousien; drallfreie Beaufschlagung zur Verhütung des Flatterns erforderlich.
- ☐ Feuerschutzklappen (DIN 18610).
- ☐ Mischklappen; zur Regelung von Umluft- und Außenluftanteil in Mischkammern und Kanalstrecken.
- ☐ Drosselklappen, allgemein; zur Regelung oder Einstellung der Luftströme.
- ☐ Bypassklappen; Drosselklappen zur Regelung von zwei Luftströmen, des einen, der durch einen Wärme-(und/oder Stoff-)Austauscher, und des zweiten, der durch eine Umgehungsleitung geführt wird.

17.2. Regelverhalten

Bild 17.1 veranschaulicht die relativ zur maximalen, durch eine Klappe hindurchströmende Luft $\dot{V}_0/\dot{V}_{max}$ in Abhängigkeit zum Stellwinkel α der Klappenflügel. Das Diagramm gilt für gegenläufige (rot) und gleichlaufende (blau) Jalousieklappen. Es stellt die **Durchflußkennlinien** für einige charakteristische Anteile des Klappenwiderstandes ζ_{Klappe} in Beziehung zum Gesamtwiderstand der Kanalstrecke ζ_{Anlage} dar. Man kann die Werte 1%, 5% und 20% für die beiden Konstruktionen dem Diagramm entnehmen. Ein günstiges Regelverhalten über einen großen Bereich von α haben gegenläufige Klappen bei etwa 5%, gleichlaufende bei etwa 10%.

17.3. Ausführung

Die Klappenflügel der Jalousieklappen sind doppelwandig aus verzinktem Stahlblech hergestellt und in Kugel-, Messing- oder Kunststofflagern drehbar aufgenommen. Sie werden gewöhnlich mit Hilfe eines pneumatischen Motors verstellt.

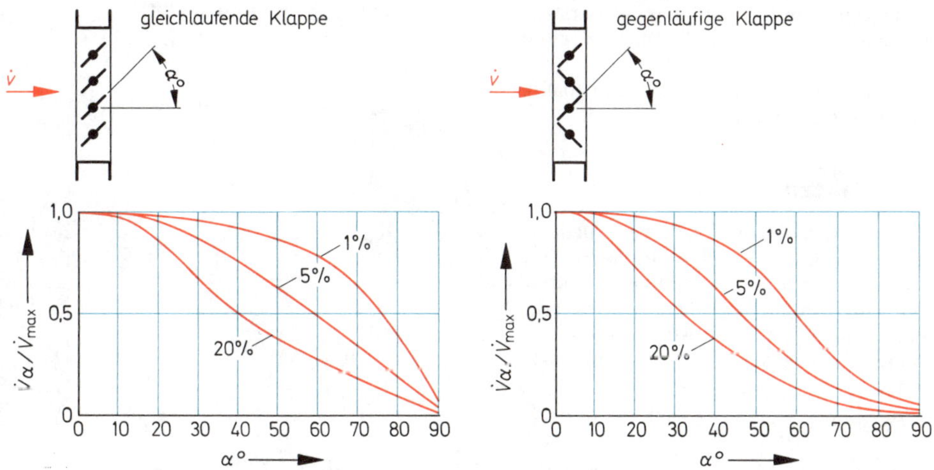

Bild 17.1 Durchflußkennlinie von gleichlaufenden und gegenläufigen Jalousieklappen in Abhängigkeit von $\zeta_{Klappe}/\zeta_{Anlage}$ = 1%, 5% u. 20% (LTG, Stuttgart)

18. Luftauslässe

18.1. Überblick

Die Luftauslässe (-durchlässe) sind als wichtige Komponenten der Klimatechnik sehr sorgfältig zu bemessen. Die einschlägige Zubehörindustrie bietet eine große Zahl von Konstruktionen an. Es werden je nach den Erfordernissen des Einzelfalles (vielfach nach dem Baukastensystem) verschiedene Funktionen wahlweise kombiniert:

- □ **Umlenkung** der Zuluft (aus der im Luftkanal herrschenden Strömungsrichtung),
- □ **Drosselung** des Luftstromes (zur individuellen Anpassung bei mehreren parallel wirkenden Einheiten u.ä.),
- □ **Erhöhung** des Luftstromes (durch Schöpfzungen u.ä.),
- □ Beeinflussung der **Strahlrichtungen** (durch verstellbare Lamellen u.ä.),
- □ Integration mit der **Beleuchtungstechnik**,
- □ **dekorative** Funktionen (durch Raumgliederung; mittels Sichtschutzgitter u.ä.);

vereinzelt:

- □ Absperrung des Luftstromes,
- □ Beschleunigung der Raumströmung (als sekundäres Gerät),
- □ Verhinderung von Lichteinfall (bei Überströmung von einem Raum in einen zweiten u.ä.),
- □ Geräuschverminderung (durch eingebaute Schalldämpfer, Filter u.ä.).

18.2. Schlitzauslässe

Bild 18.1 zeigt eine Konstruktion für verschiedene Kombinationen von Einbauteilen. Die drei dargestellten Einstellungen der **Strahllenklamellen** begrenzen einen kontinuierlichen Bereich von Zwischenstellungen. Charakteristisch für die Belüftung eines Raumes sind die folgenden Strömungsbilder:

- □ Ausblasrichtung: senkrecht nach unten (Bild 18.2),
- □ Ausblasrichtung: waagerecht; Ablenkung des Strahles an einer senkrechten Wand nach unten (Bild 18.3),

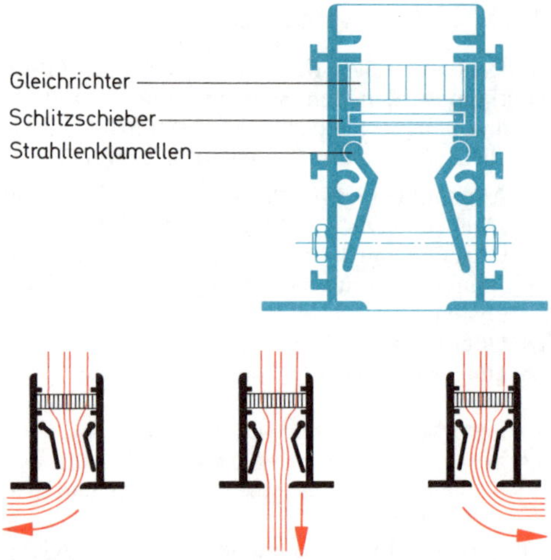

Bild 18.1 Schnittbild eines Schlitzauslasses (TROX, Neukirchen) mit einer Darstellung der Einstellung für drei Strahlrichtungen

- □ Ausblasrichtung: waagerecht; Ablenkung von zwei gegeneinander strömenden Strahlen senkrecht nach unten (Bild 18.4).

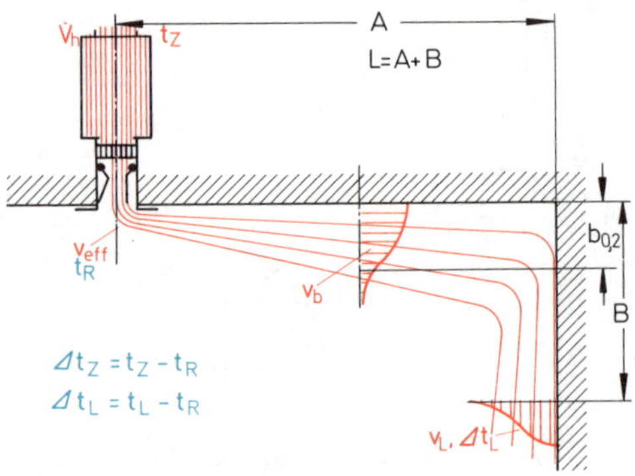

Bild 18.3 Schlitzauslaß
Strahlrichtung waagerecht, Ablenkung nach unten

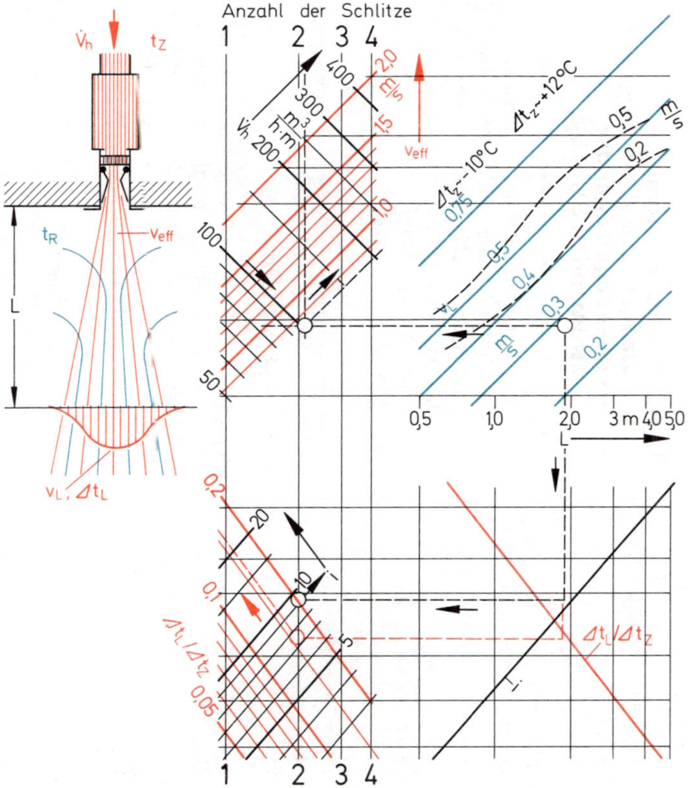

Bild 18.2 Schlitzauslaß
Strahlrichtung: senkrecht nach unten

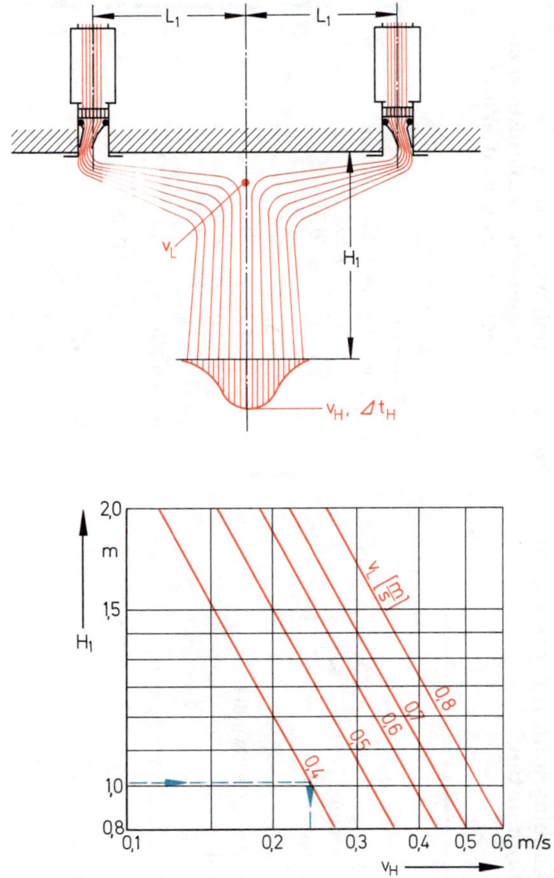

Bild 18.4 Schlitzauslaß
Zusammentreffen von zwei waagerechten Strahlen

18.2.1. Ausblasrichtung: senkrecht nach unten

Berechnungsbeispiel

Gegeben:

Eingeblasene Luftmenge je m
Schlitzlänge $\dot{V}_h = 100\ m^3/h$ je m
Zulufttemperatur $t_z = +26\ °C$
— Raumtemperatur $t_R = +22\ °C$

Heizbetrieb $\Delta t_z = +4\ °C$

maximale Strahlgeschwindigkeit
im Abstand $L = 2{,}00\ m$
von der Decke $v_L = 0{,}3\ m/s$

mittlere Strahlgeschwindigkeit

$$v_{L\,m} \sim 0{,}3 \cdot v_L \sim 0{,}1\ m/s$$

nach Tabelle 8.2 zulässig.

Aus dem Nomogramm Bild 18.2 entnimmt man

Ausblasgeschwindigkeit $v_{eff} = 0{,}9\ m/s$
Anzahl der Schlitze
Temperaturdifferenzen-Quotient

$$\Delta t_L / \Delta t_z = 0{,}15$$

Hieraus:
maximale Temperaturdifferenz zwischen der Raumtemperatur $t_R = +22\ °C$ und der Strahltemperatur nach dem Mischungsweg

$$L = 2{,}00\ m$$

$$\Delta t_L = 5 \cdot 0{,}15 = 0{,}6\ °C$$

Bei der Vermischung hat sich der Luftstrahl um das i = 9fache der eingeblasenen Menge vermehrt.

18.2.2. Ausblasrichtung: waagerecht, Ablenkung an einer senkrechten Wand

Berechnungsbeispiel

Gegeben: $\dot{V}_h = 200\ m^3/h$ je m
$t_z = +25\ °C$
$t_R = +20\ °C$

$\Delta t_z = +5\ °C$
$L = 7{,}50\ m$
$v_L = 0{,}4\ m/s$
$v_{L\,m} = 0{,}13\ m/s$

Aus dem Nomogramm Bild 18.3:

$$v_{eff} = 4{,}0\ m/s$$

Anzahl der Schlitze 2

$$\Delta t_L / \Delta t_z = 0{,}06$$

$$\Delta t_L = 5 \cdot 0{,}06 = 0{,}3\ °C$$

Induktion i = 20fach

Strahldicke (Abstand von der Decke bis zu der Stromlinie, bei der $v_b \sim 0{,}2\ m/s$) $b_{0,2} = 0{,}8\ m$

18.2.3. Ausblasrichtung: waagerecht, Ablenkung von zwei gegeneinander strömenden Strahlen

Wenn zwei Luftstrahlen mit beispielsweise v_L = je 0,4 m/s aufeinandertreffen (Bild 18.4), so stellt sich bei $H_1 = 1{,}00\ m$ eine resultierende vertikale Luftgeschwindigkeit von $v_H = 0{,}22\ m/s$ ein. Mit $L = L_1 + H_1 = 3{,}50\ m$ wird nach Diagramm 14.10

$$\Delta t_H / \Delta t_z = 0{,}15$$

18.2.4. Druckabfall

Der Schlitzauslaß kann auf verschiedene Drosselstellungen D zur Bemessung des austretenden Luftstromes $\dot{V}_h$ eingestellt werden. Je weiter die Schlitze geschlossen sind, um so höher ist der Druckabfall Δp_t (Bild 18.5).

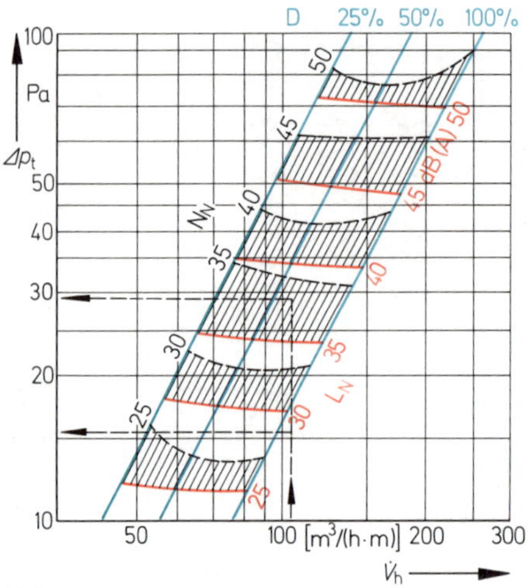

Bild 18.5 Schlitzauslaß
Druckabfall Δp_t
bewerteter Schalleistungspegel L_N

Berechnungsbeispiel

Gegeben:	$\dot{V}_h$	=	100 m³/h je m
Nach Diagramm 18.5			
a)	D	=	50 %
	Δp_t	=	30 Pa
b)	D	=	100 %
	Δp_t	=	15 Pa

18.2.5. Strömungsrauschen

Die Geräusche, die von einem Schlitzauslaß nach Bild 18.1 ausgehen, sind von der Drosselstellung D und vom Druckabfall Δp_t bzw. von der durchströmenden Luftmenge $\dot{V}_h$ abhängig. Das Diagramm Bild 18.5 gibt einen Anhalt für die bewerteten **Schalleistungspegel** L_N in dB(A). Zum Vergleich und zur Beurteilung der zulässigen Lästigkeit sind die **ISO-Grenzkurven NR** eingezeichnet. Der Übertragung der Daten auf mehrere Schlitze für verschiedene Anschlußkästen dient die folgende Tabelle:
Korrektur von L_N und NR

Anzahl der Schlitze	Länge des Anschlußkastens		
	1,00 m	1,50 m	2,00 m
1	−2	0	+2
2	+1	+3	+5
3	+2	+4	+6
4	+3	+5	+7

Die Strömungsgeräusche werden im Raum durch Schallabsorption gedämpft. Das Diagramm Bild 18.6 gibt hierüber Aufschluß. Die Dämpfungswerte sind

- □ bei schallharten Räumen mit 0,5,
- □ bei gedämpften Räumen mit 2

zu multiplizieren und dann von den Diagrammwerten für L_N und NR abzuziehen.

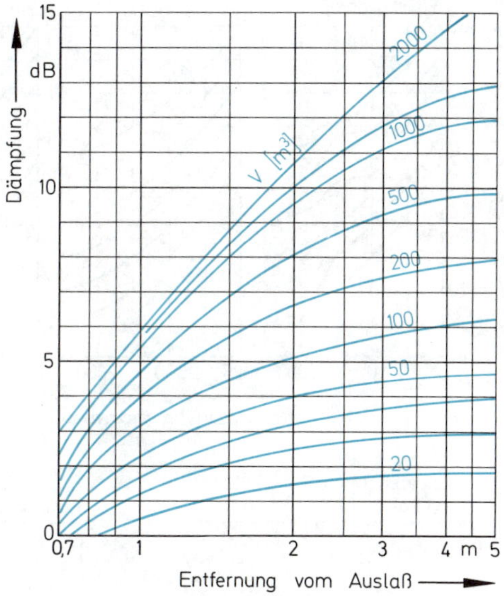

Bild 18.6 Raumdämpfung

Berechnungsbeispiel

Gegeben:	$\dot{V}_h$	=	100 m³/h je m
Anzahl der Schlitze			2
Kastenlänge			1,5 m
Raumvolumen	V	=	200 m³
Entfernung vom Auslaß			2,0 m
a)	D	=	50%
L_N = 38 + 3 − 7		=	34 dB(A)
NR = 34 + 3 − 7		=	30
b)	D	=	100%
L_N = 29 + 3 − 7		=	25 dB(A)
NR = 26 + 3 − 7		=	22

Einen Überblick über das **Frequenzspektrum** der Geräusche vermitteln die Diagramme Bild 18.7. Hier gelten folgende Korrekturwerte:

Anzahl der Schlitze	Länge des Anschlußkastens		
	1,00 m	1,50 m	2,00 m
1	−2	0	+2
2	+1	+3	+5
3	+2	+4	+6
4	+3	+5	+7

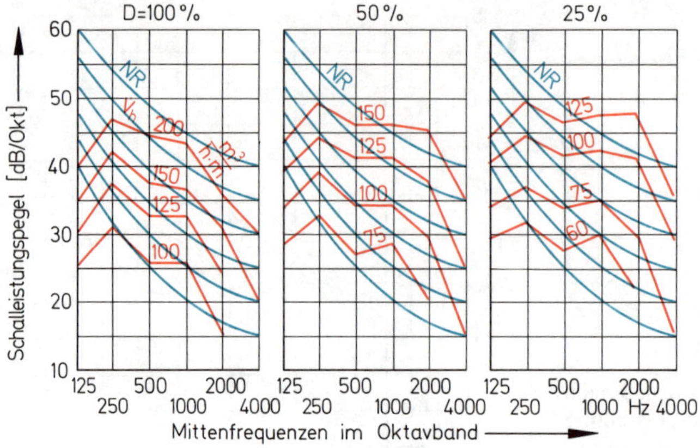

Bild 18.7 Schalleistungspegel in Abhängigkeit von der Frequenz für den Schlitzauslaß nach Bild 18.1

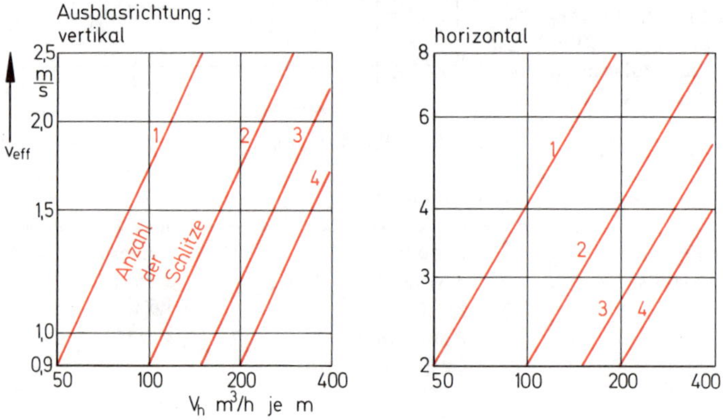

Bild 18.8 Schlitzauslaß nach Bild 18.1 Kontinuitätsgleichung

18.2.6. Einstellung

Nach der Montage wird die Strahlrichtung eingestellt,

- □ bei vertikalem Ausblas ist die Schlitzbreite $s = 0{,}016$ m,
- □ bei horizontalem Ausblas ist sie $s = 0{,}007$ m.

Das Diagramm Bild 18.8 repräsentiert die Luftleistung je m Schlitzlänge nach der Gleichung

$$V_h = v_{\mathrm{eff\,m}} \times s \times \text{Anzahl der Schlitze} \cdot 3600\ [s/h] \text{ in m}^3\text{/h je m}$$

für die beiden Grenzfälle. Die Bestimmung der Luftleistung nach der Messung der mittleren Ausblasgeschwindigkeit $v_{\mathrm{eff\,m}}$ ist ungenauer als diejenige nach der Messung der Luftgeschwindigkeit im Zuluftkanal

18.2.7. Mehrere Strahlrichtungen

Einen Schlitzauslaß mit eingebauten zylindrischen Durchlässen zeigt Bild 18.9. Die Besonderheit bei dieser Konstruktion liegt darin, daß die einzelnen Walzen (Durchmesser 20 mm) abwechselnd mit der Strahlrichtung nach rechts und nach links eingestellt werden können. Die Darstellung verdeutlicht ein typisches Ausführungsbeispiel für eine rasche Vermischung; Mitte schematisch, unten als Foto mit eingeblasenem Rauch.

Bild 18.10 enthält die Meßwerte für

$\dot V =$ 60 m³/h je m gleichmäßige Verteilung
$\dot V =$ 100 m³/h je m beginnende Rückströmung (Luftwalze)

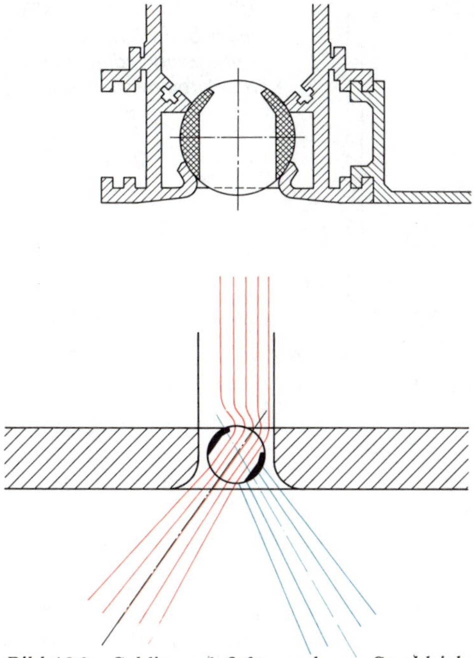

Bild 18.9 Schlitzauslaß für mehrere Strahlrichtungen (LTG, Stuttgart), Strahl im Schnitt (rot), Strahl dahinter (blau)

18.3. Luftauslässe für große Luftströme

Für die Belüftung von großen Werkhallen verwendet man Geräte in Kastenform, die in den Hallen aufgehängt werden können (Bild 18.11).

18.4. Gitter

18.4.1. Ausführung

Die Lüftungsgitter werden vorzugsweise aus lackiertem Stahlblech oder aus Aluminiumstrangprofilen hergestellt. Es gibt hinsichtlich Form und Funktion, Anordnung in Bändern usw. zahllose Ausführungen, so z.B. Rundstabgitter für hohe Induktion unmittelbar am Gitter.

18.4.2. Berechnung

Hinsichtlich der Wirkungsweise ähneln die Gitter mit aerodynamischen Lamellen weitgehend den Schlitzauslässen; sie stellen gewissermaßen eine Aneinanderreihung von Schlitzen dar. Die prinzipielle Berechnungsweise 18.2 braucht daher an dieser Stelle nicht wiederholt zu werden.

Gitter und Schlitzauslässe können sowohl für die Zuluft als auch für die Abluft verwendet werden. Während jedoch die Schlitze meist in der (abgehängten) **Decke** untergebracht sind, werden die Gitter vorzugsweise in die (inneren) **Wände** eingebaut (Bild 18.12). Der Einfluß des Coanda-

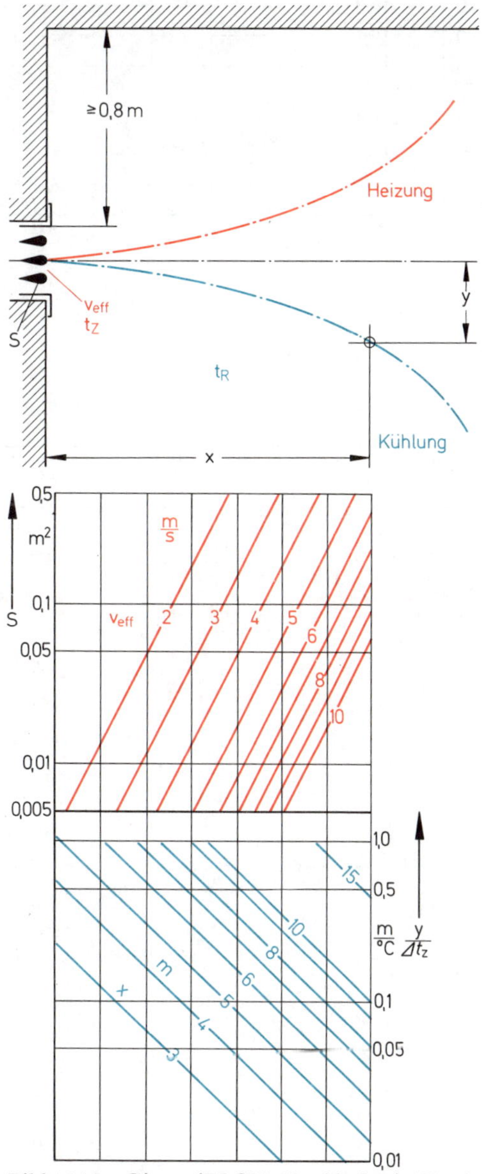

Bild 18.12 Gitter (TROX, Neukirchen) Wandeinbau Strahlablenkung Y durch Temperaturdifferenz Δt_z

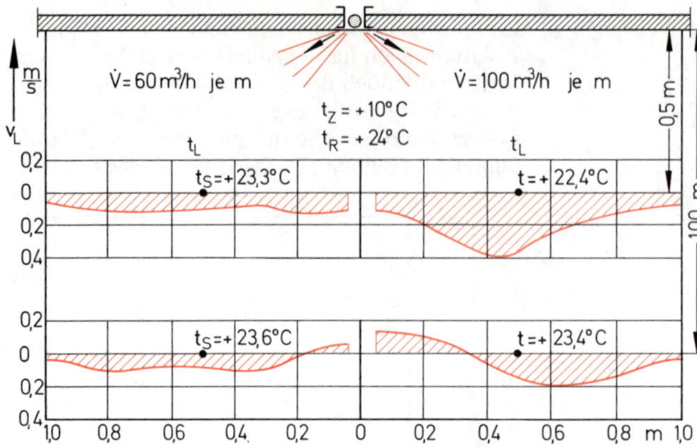

Bild 18.10 Schlitzauslaß nach Bild 14.6 Luftgeschwindigkeiten v_L Strahltemperaturen t_L

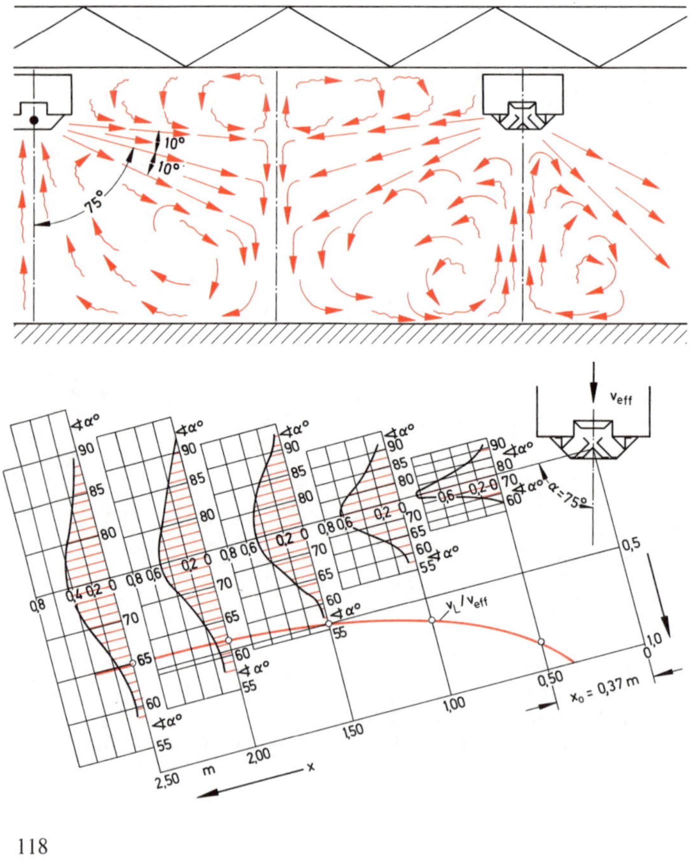

Bild 18.11 Luftauslaß für große Luftströme (LTG, Stuttgart) Verteilung der Luftgeschwindigkeit

Effekts ist meist erwünscht und muß bei der Berechnung für die verschiedenen Lamellenstellungen berücksichtigt werden.
Hinzu kommt die Ablenkung der austretenden Luft, die von ihrer zur Raumtemperatur abweichenden Temperatur hervorgerufen wird. Das Diagramm Bild 14.19 erleichtert die Rechnung.

Berechnungsbeispiel

Gegeben:	Δt_z	$= 3\,°C$
effektiver Ausblasquerschnitt	S	$= 0{,}072\ m^2$
Ausblasgeschwindigkeit	v_{eff}	$= 2{,}00\ m/s$
Abstand von der Mündung	x	$= 5{,}5\ m$
Nach Diagramm 18.12:		
rel. Strahlablenkung	$y/\Delta t_z$	$= 0{,}4\ m/°C$
Strahlablenkung	y	$= 0{,}4 \cdot 3 = 1{,}2\ m$

18.5. Perimetrische Luftauslässe (Kreisdiffusoren, Anemostate)

Die runden oder quadratischen Luftauslässe mit konzentrischen, meist verstellbaren Profilgittern sind sowohl für hohe als auch für niedrige Räume geeignet. Sie wirken als Diffusoren und verteilen die Luft von einzelnen, beliebig wählbaren Punkten der Decke aus. Gelegentlich ist die Zu- und Abluft in einem Gerät vereinigt. Die Abluft wird dann in der Mitte abgesaugt.

18.6. Lüftungsdecken

18.6.1. Ausführung

Ein Deckenraum hinter gelochten oder mit Schlitzen versehenen Kassetten dient der Luftzuführung. Die gleichmäßige Verteilung der Luft erfordert große Eintrittsquerschnitte und somit niedrigere Strömungsgeschwindigkeiten. Auch die Strahlrichtung wird von den Strömungen im Druckraum hinter den Kassetten bestimmt, namentlich wenn nur eine kurze zylindrische Führung vorhanden ist.
Für die aufgehängten Kassetten werden die verschiedensten Baustoffe verwendet. Zur Verbesserung der Raumakustik werden Lochplatten auf der Oberseite mit schallschluckendem Material belegt. Nur ein kleiner Anteil der Löcher dient dann der Luftzuführung.
Die Löcher oder Schlitze nehmen 0,5 bis 4% der Kassettenfläche ein (Perforationsgrad *i*), sie haben meist einen Durchmesser bzw. eine Breite von 4 bis 8 mm.

18.6.2. Vollbeaufschlagte Deckenlüftung

Wenn die gesamte Decke mit kleinen Luftauslässen versehen ist, so rufen die vielen winzigen Strahlen nicht etwa eine Verdrängungsströmung hervor. Der Impuls der Mischluft ist vielmehr so gering, daß sich ein **labiler** Strömungszustand einstellt. Es treten thermische und andere nicht vorhersehbare Rückströmungen auf. Die Luftgeschwindigkeit in Kopfhöhe erreicht das Vielfache der Werte, die man für eine gleichmäßige Sinkgeschwindigkeit errechnet.
Geht man von den zulässigen Werten der Tabelle 8.2 aus, so gelangt man nach Recknagel-Sprenger zu folgender Faustformel
Ausströmgeschwindigkeit in m/s = Raumhöhe in m − 1
Beim Kühlbetrieb im Sommer wird der schwache Impuls der Mischluft von unvorhersehbaren Abtriebskräften besonders stark überlagert. Die kalte Luft „kippt" periodisch von ihrer Ausgangslage unter der Decke an einer Seite herunter und ruft damit unangenehme Zugerscheinungen hervor. Vollbeaufschlagte Lüftungsdecken können daher nur in Einzelfällen (z.B. bei reinen Räumen) u.U. empfohlen werden.

18.6.3. Teilbeaufschlagte Deckenlüftung

Die aus den Kassetten strömenden Luftstrahlen verbinden sich und bilden einen geschlossenen **Sekundärstrahl,** dem die induzierte Luft von außen, also von dem Raumbereich außerhalb der Lochdecke, zuströmt. Diese Lüftung ist für große Luftraten in niedrigen Räumen geeignet. Die Abluftöffnungen können an der Wand, in Fußbodennähe, im Fußboden selbst oder auch in der verfügbaren Decke, z.B. als Abluftleuchten, angebracht werden.

Für die mittleren Geschwindigkeiten im inneren Bereich des Sekundärstrahles gelten folgende Faustformeln

Lochkassetten	Schlitzkassetten
$v_S = 2{,}4\ v_{L\,zul}\ i^{-0{,}5}$	$v_S = 1{,}5\ v_{L\,zul}\ i^{-0{,}5}$

$v_{L\,zul}$ wiederum nach Tabelle 8.2.

18.7. Bodenauslässe

Bei großem Wärmeanfall $\dot{Q}_N$, namentlich in EDV-Räumen, ist es zweckmäßig, die Zuluft vom Fußboden aus nach oben, also in Richtung des thermischen Auftriebs zu führen (vgl. Abschnitt 14.9.). Temperatur und Geschwindigkeit dürfen nicht zu niedrig sein, da die kalte Zuluft, die sich in Bodennähe staut, ein unangenehmes Kältegefühl hervorruft („Kaltluftsee"), Bild 18.13 und 18.14.

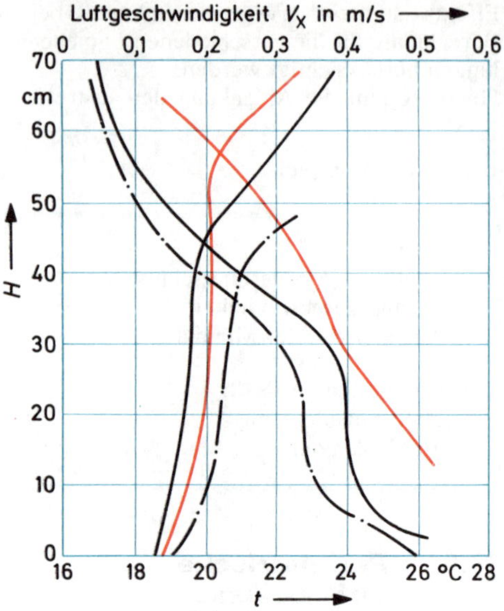

Bild 18.14 Temperatur- und Geschwindigkeitsverlauf in Bodennähe bei verschiedenen Austrittsgeschwindigkeiten.
Zuluftstrom 280 m³/(h m²)
Raumlufttemperatur +25 °C, gemessen in 1,60 m Höhe (nach Kostrz-Szeberényi)

18.8. Drallauslässe

Eine rasche Vermischung und Verteilung nach allen Richtungen wird mit Luftauslässen erzielt, die — ähnlich wie Sprühdüsen — Spiralkörper enthalten. Der Luftstrom wird in rotierende Bewegung versetzt.

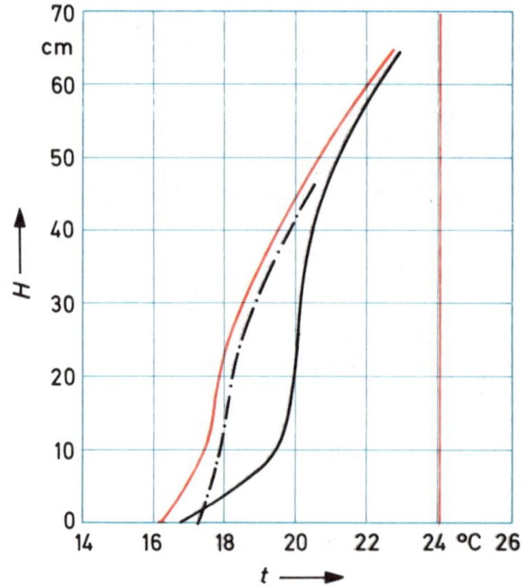

Bild 18.13 Temperaturverlauf in Bodennähe bei verschiedenen Luftauslässen im Fußboden
Zuluftstrom 250 m³/(h m²)
Raumlufttemperatur +26 °C, gemessen in 1,80 m Höhe (nach Kostrz-Szeberényi)

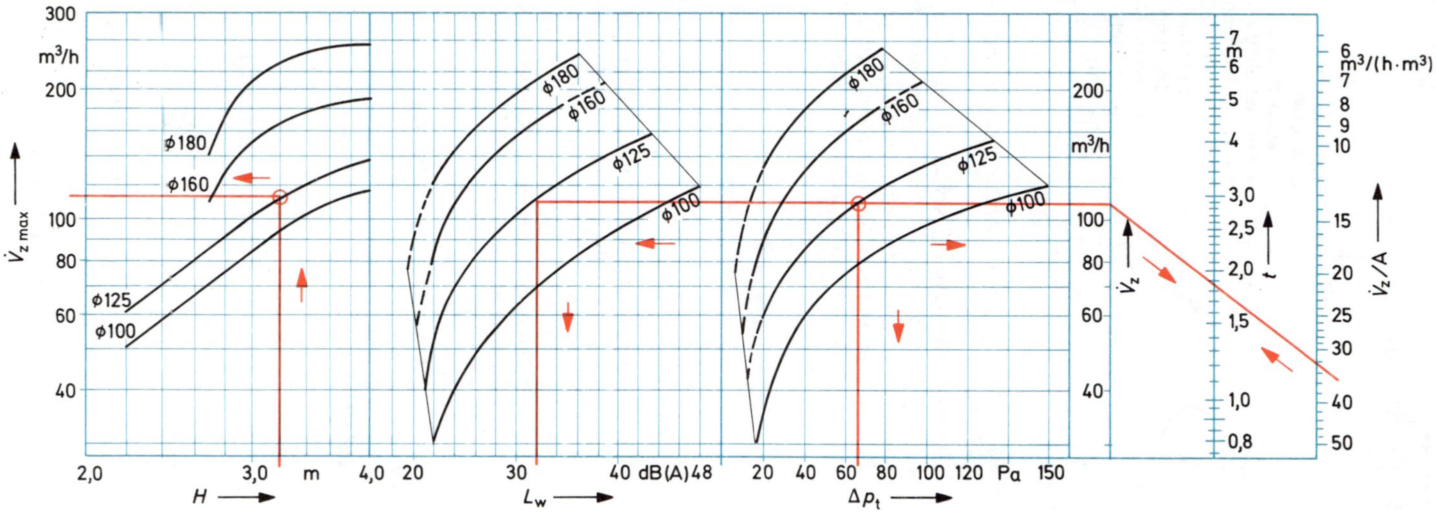

Bild 18.15 Luftauslaß mit Dralleinsatz
Druckverlust Δp_t und Schalleistungspegel L_w
(Krantz, Aachen)

Ablesebeispiel

Zuluft $\dot{V}_z = 20\,000$ m³/h
Höhe Auslaß $H = 3{,}2$ m
Grundfläche des Raumes $A = 625$ m²
$\dot{V}_z/A = 32$ m³/(h m²)

Gewählt:
Düsendurchmesser $D = 125$ mm
$\dot{V}_{zA} = 110$ m³/h
Anzahl $n = \dot{V}_z/\dot{V}_{zA} = 182$
$\dot{V}_{zA\,max} = 112$ m³/h
$\Delta p_t = 67$ Pa
$L_w = 32$ dB(A)
Mittenabstand $t = 1{,}9$ m

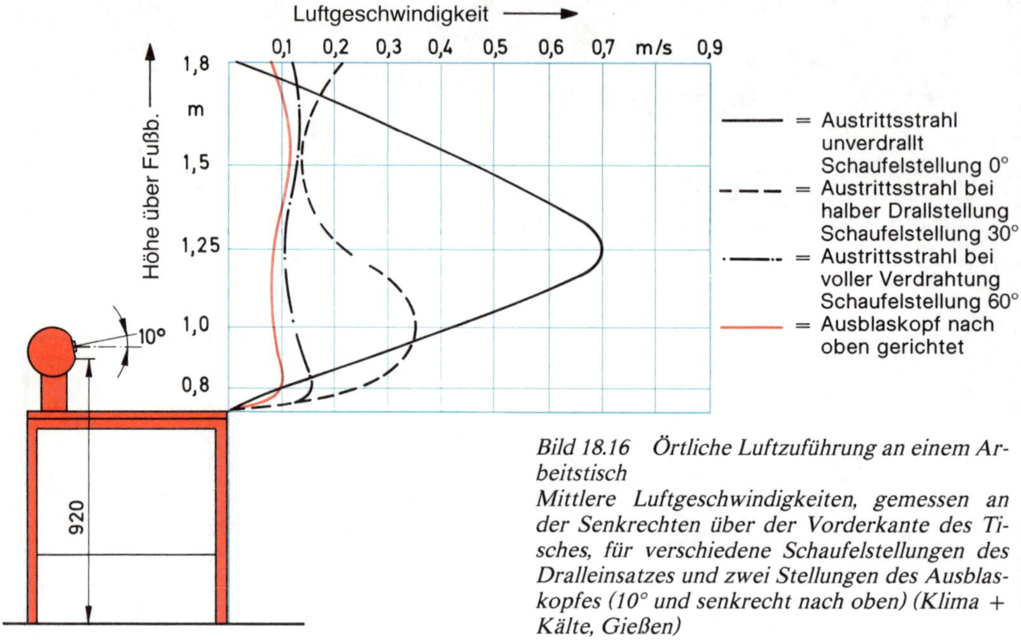

Bild 18.16 Örtliche Luftzuführung an einem Arbeitstisch
Mittlere Luftgeschwindigkeiten, gemessen an der Senkrechten über der Vorderkante des Tisches, für verschiedene Schaufelstellungen des Dralleinsatzes und zwei Stellungen des Ausblaskopfes (10° und senkrecht nach oben) (Klima + Kälte, Gießen)

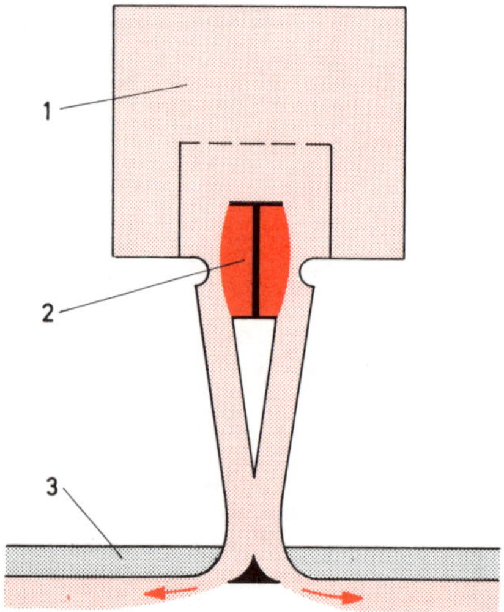

Bild 18.17 Luftauslaß mit hoher Induktion für variablen Volumstrom, vgl. Bild 14.7 und Abschnitt 23.7. Schematische Darstellung (Carrier, Syracuse USA)
1 Zuluft
2 pneumatisch betätigter Gummibalgen
3 Raumdecke

Die Auslässe können sowohl in der Decke als auch im Fußboden untergebracht sein. Wo das Zuluftvolumen den wechselnden Belastungen angepaßt wird (Variables Volumstromsystem, Abschnitt 23.7.), genügt eine starre Konstruktion den Anforderungen einer gleichmäßigen Verteilung bei allen Betriebszuständen nicht. Es wird eine Kombination von Drallauslaß und Tellerventil mit einem mittleren „Stützstrahl“ angewendet; in hohen Räumen wird dann auch bei geringem Zuluftvolumen die Aufenthaltszone erreicht. Maximal 25% der Zuluft bilden den Stützstrahl, der vertikal nach unten gerichtet ist.

18.9. Örtliche Luftzuführung

Wenn die Luft den einzelnen Personen im Raum unmittelbar zugeführt wird, so bietet sich an, die Auslässe nach der Raumfunktion zu gestalten (Theater- und Hörsaalbestuhlung, Beleuchtungskörper, Schreibtische, Telefone usw.). Auf diese Weise läßt sich ein Höchstmaß an individueller Anpassungs- und Änderungsmöglichkeit erreichen.

19. Schalldämpfer

19.1. Bauweisen

Man unterscheidet

Absorptionsdämpfer,
Drosseldämpfer,
Reflexionsdämpfer.

In der Klimatechnik werden hauptsächlich Absorptionsdämpfer angewendet.

19.2. Wirkungsweise

Der Absorptionsdämpfer besteht im Prinzip aus sogenannten Kulissen im Luftstrom, die mit schallschluckendem Material ausgekleidet sind (Bild 19.1). Der Schall dringt durch eine dünne Abdeckungsfolie in dieses Material ein; die Schallenergie wird in ungeordnete Energie (Wärme) umgewandelt.
Für die Dämpfungswirkung gilt

$$D = k\, U\, L/S_s \text{ in dB} \qquad (19.1)$$

Hierin ist
k [−] Absorptionsgrad,
U in m ($2\,s + 2\,H$) Umfang,
L in m ausgekleidete Länge,
S_s in m² Strömungsquerschnitt.

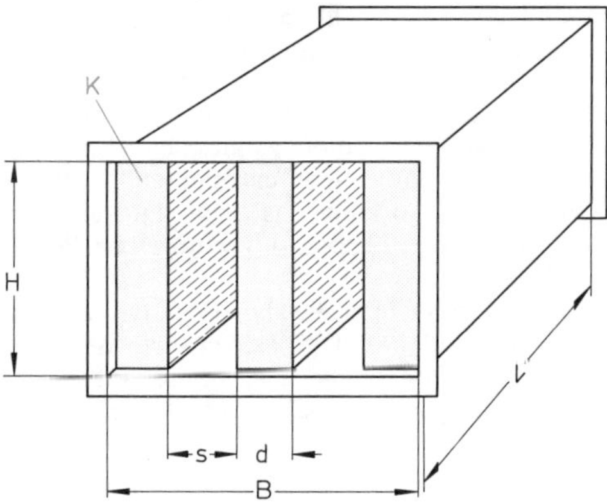

Bild 19.1 Absorptionsdämpfer
K Kulisse mit schallschluckendem Material

19.3. Einfügungsdämpfung

Das Einfügungsdämm-Maß ist nach VDI 2567 die durch Vergleichsmessung ermittelte **Pegelminderung** infolge Absorption und Reflexion:

$$D_e = L_o - L_m \text{ in dB} \qquad (19.2)$$

Hierin ist
L_o in dB Schallpegel ohne Schalldämpfer,
L_m in dB Schallpegel mit Schalldämpfer.

19.4. Durchgangsdämpfung

Das Durchgangsdämm-Maß ergibt sich nach VDI 2567 aus dem **Verhältnis** der auf den Schalldämpfer auftreffenden Schalleistung N_a zur durchgelassenen Schalleistung N_d: (19.3)

$$D_d = 10 \lg (N_a/N_d) = L_v - L_h + K \quad \text{in dB}$$

Hierin ist
L_v in dB Pegel vor dem Schalldämpfer,
L_h in dB Pegel hinter dem Schalldämpfer,
K in dB Korrekturwert zur Berücksichtigung der Pegelerhöhung durch Reflexionen.

D_d kennzeichnet den Schalldämpfer für die einzelnen Frequenzbänder unabhängig vom Gesamtsystem.

19.5. Ausführung

Die Schalldämpfer werden gewöhnlich aus rechteckigen, typisierten Kulissen zusammengesetzt, die in die vergrößerten Kanalstöße eingeschraubt sind. Die Profilrahmen bestehen aus verzinktem Stahlblech, das schallschluckende Material ist mit einer dünnen Folie und — zusätzlich zum Schutz vor Deformation durch den Luftstrom und mechanischer Beschädigung — mit Lochblechen abgedeckt.

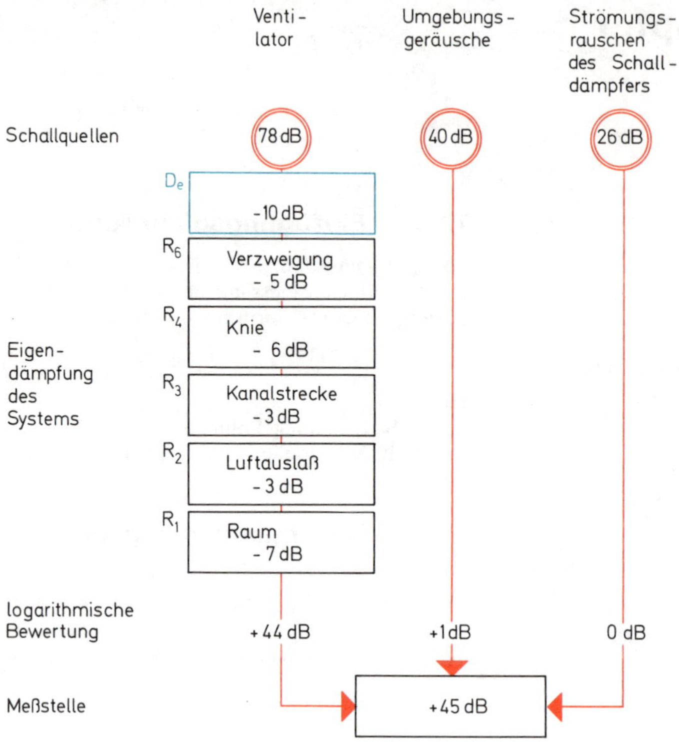

Bild 19.2 Prinzip der Geräuschbilanz für eine Klimaanlage
Pegelangaben für das Oktavband 250 Hz

19.6. Berechnung

Bei der Auswahl der Baugröße ist eine Berechnung durchzuführen, die gewährleistet, daß die wirtschaftlichste Ausführungsweise gefunden wird. Folgende Forderungen sind zu erfüllen:

- □ genügende **Dämpfung** im gesamten Frequenzbereich der überschrittenen Oktaven (Berechnungsgang 13.7: $G - R$), besonders im Bereich der tiefen Frequenzen;
- □ **Strömungsrauschen** genügend niedrig;
- □ **Druckabfall** wirtschaftlich tragbar.

Bei der Anwendung typisierter Kulissen wird man die Rechnung mehrmals probeweise für verschiedene Wertepaarungen von d, s, B und einer vorgesehenen (auf $S_s = B \cdot H$ bezogenen) Geschwindigkeit v_s durchführen. Der Vergleich des **Einfügungsdämm-Maßes** nach den Unterlagen der Hersteller (Bild 19.3) mit der Pegeldifferenz $G - R$ (Berechnungsgang 13.7) zeigt dann für die einzelnen Oktavbänder, ob mit der betreffenden Baugröße die geforderten Geräuschgrenzen, NR 35, eingehalten werden.

Sodann ist zu prüfen, ob bei der gewählten Luftgeschwindigkeit v nicht das **Strömungsrauschen** im Schalldämpfer zu einer Überschreitung führt. Dies kann man nach dem Verfahren von VDI 2567, 3.1, oder nach dem Diagramm Bild 19.4 feststellen. Liegt das Strömungsrauschen um mindestens 10 dB unter dem einzuhaltenden Pegel (Tabelle 19.1), so kann das Strömungsrauschen unberücksichtigt bleiben (logarithmische Pegeladdition).

Einen **Überblick** über die akustische Berechnung vermittelt Bild 19.2. Die Zahlenwerte beziehen sich auf das Oktavband 250 Hz und auf die im Berechnungsgang vorgegebenen Daten.

$L_{zul} - L_{rest}$ dB(A)	L_D dB(A)
0	$L_{zul} - 10$
1	$L_{zul} - 7$
2	$L_{zul} - 4$
3	$L_{zul} - 3$
4 und 5	$L_{zul} - 2$
6 bis 9	$L_{zul} - 1$
≧ 10	L_{zul}

Tabelle 19.1 Berücksichtigung des Restgeräusches L_{rest} beim Dämm-Maß L_D von Schalldämpfern
(nach VDI 2567)

Tabelle 19.2 Auswirkung der Schalldämpfer – Strömungsquerschnitt S_s – auf die Höhe des Strömungsrauschens
(nach TROX, Neukirchen)

S_s	0,5	0,75	1,0	1,25	1,5	2,0	m²
Additionswert	−3	−2	0	+1	+2	+3	dB

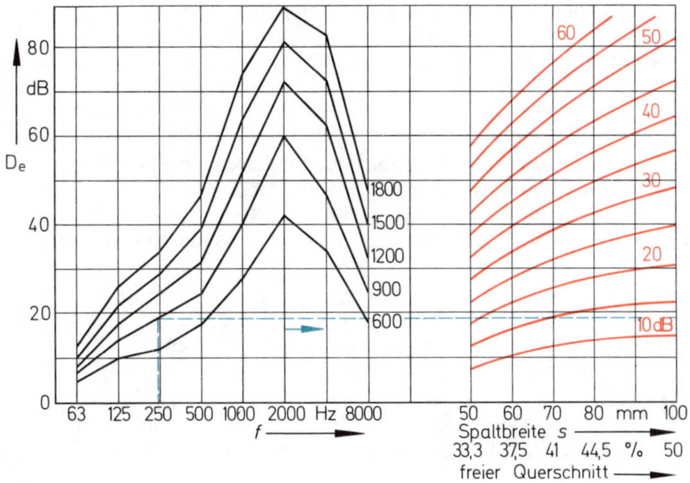

Bild 19.3 Einfügungsdämpfung eines Schalldämpfers D_e in Abhängigkeit von der Kulissenlänge L, der Mittenfrequenz f und der Spaltbreite s;
d = 100 mm – Ablesebeispiel für f = 250 Hz, L = 900 mm, s = 100 mm (nach TROX, Neukirchen)

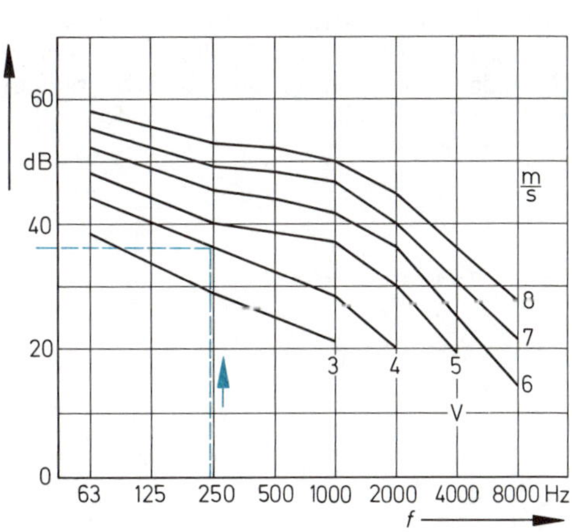

Bild 19.4 Strömungsrauschen eines Schalldämpfers E in Abhängigkeit von der Mittenfrequenz f und der auf den Querschnitt B · H bezogenen Luftgeschwindigkeit v;
d = 100 mm
Ablesebeispiel für f = 250 Hz, v = 4,0 m/s (nach TROX, Neukirchen)

Oktavband	63	125	250	500	1000	2000	4000	8000	Hz
Einfügungsdämpfung									

Nach der Berechnung 13.7:

$G - R$	–	7	10	12	15	14	11	8	dB

Nach Diagramm 19.2 Einfügungsdämpfung für $d = 100$ mm, $s = 100$ mm, $L = 600$ mm

D_e	4	8	11	14	24	25	28	15	dB

Diese Dämpfung erweist sich als ausreichend.

Strömungsrauschen

Nach Diagramm 19.4 korrigiertes Schalleistungsspektrum:

E	44	40	36	32	28	20	–	–	dB
Nach Tabelle 19.2 für $S_s = 0{,}36\ m^2$									
	−3	−3	−3	−3	−3	−3	–	–	dB
4	41	37	33	29	25	17	–	–	dB
Zulässiger und vom Dämpfer beeinflußbarer Schalldruckpegel									
– Anteil vor der Meßstelle nach Bild 19.2:									
	61	50	44	38	34	31	–	–	dB
+ Summe aller Eigendämpfungen vom Schalldämpfer zum Raum nach Bild 19.2:									
R	28	26	24	23	19	18	–	–	dB
=	89	39	35	32	28	32	–	–	dB
4	41	37	33	29	25	17	–	–	dB
Differenz	48	39	35	32	28	32	–	–	dB

Die Differenz liegt weit über 10 dB; also übt das Strömungsrauschen des Schalldämpfers keinen merklichen Einfluß auf das Geräusch der Lüftung im Raum aus.

Schließlich ist der **Druckabfall** Δp_D zu bestimmen. Er ist von dem für die Luftströmung verfügbaren Querschnitt, d.h. von der Spaltbreite s abhängig, wenn die übrigen Abmessungen des typisierten Schalldämpfers festgelegt sind. Das Diagramm Bild 19.5 zeigt links die Funktion $\Delta p_D = f(V; S_s)$ und, rechts, $\Delta p_D = f(s)$.

19.7. Berechnungsgang

Vorgegebene Daten nach Berechnung 13.7 und Bild 13.10
Die Berechnung bezieht sich auf typisierte Kulissen und wird probeweise für verschiedene Wertepaarungen von
d = 100 und 200 mm
s = 50 bis 100 mm
B = 300 bis 1800 mm
H = 300 bis 1800 mm
und der vorgesehenen, auf
$S_s = B \cdot H$
bezogenen Luftgeschwindigkeit
v = 2 bis 8 m/s
durchgeführt. Als Ergebnis erhält man jeweilig die Abmessungen des Schalldämpfers einschließlich der Kulissenlänge
L = 600 bis 1800 mm,
die eine ausreichende Dämpfung sicherstellen.

Ein Beispiel:

Gewählt $v = 4{,}0$ m/s

Nach Gl. (6.1): $S_s = \dfrac{5500}{3000 \cdot 4{,}0} = 0{,}38\ \text{m}^2$

Unter Berücksichtigung der typisierten Abmessungen und der Einbauverhältnisse

B = 600 mm
H = 600 mm
S_s = 0,36 m²

Druckabfall

Nach Diagramm 19.5 ist der Druckabfall des Luftstromes im Schalldämpfer Δp_D = 22 Pa = 220 µbar.

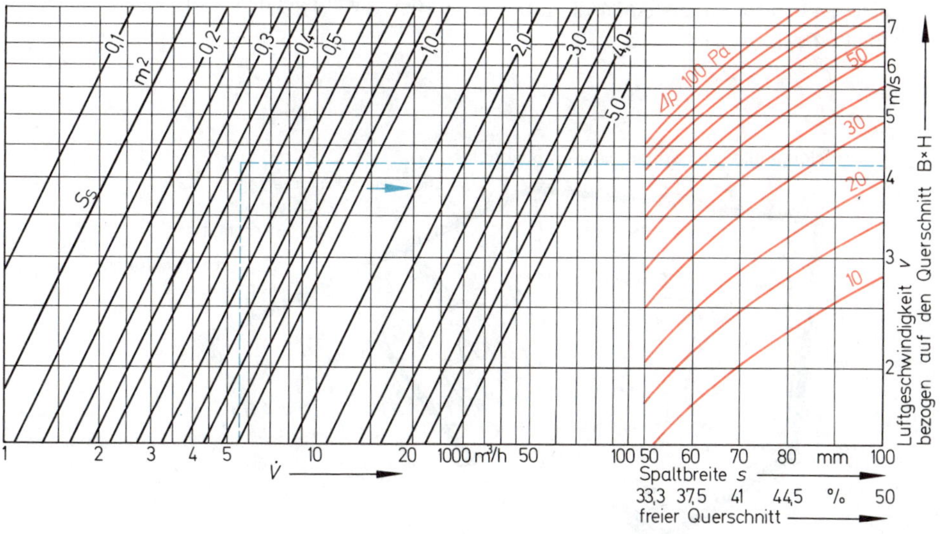

Bild 19.5 Druckabfall eines Schalldämpfers Δp_D in Abhängigkeit vom durchtretenden Luftstrom V,
vom Strömungsquerschnitt S_s und der Spaltbreite s; d = 100 mm
Ablesebeispiel für V = 5500 m³/h, S_s = 0,36 m², s = 100 mm (nach TROX, Neukirchen)

20. Mischgeräte

20.1. Aufgaben zentraler Mischkammern

In den zentralen Mischkammern der Klimaanlagen (Bild 1.1, Pos. 3) wird dem Umluftstrom ein Zuluftanteil beigemischt. Der Regelung des Zuluftanteils dienen die Jalousieklappen (Pos. 1, 2). Es muß durch die Konstruktion und Bemessung der an sich einfachen klimatechnischen Komponenten gewährleistet sein, daß

- □ **erhöhte** Außenluftraten, besonders während der winterlichen **Übergangszeit** zur Einsparung von Antriebsenergie für die Kältemaschine,
- □ **verminderte** Außenluftraten, besonders während der **Spitzenbelastungen** im Hochsommer und bei strengem Frost zur Einsparung sowohl von Antriebsenergie als auch von Investitionskosten für die Kältemaschine bzw. für die Heizung,
- □ mittlere Außenluftraten zum **Schutz** der Kältemaschine vor zu hoher **Schalthäufigkeit** sowie zu niedrigem Verdampfungs- und Kondensationsdruck, namentlich in den Perioden verminderten Bedarfs an Kälteleistung,

einstellbar sind.

20.2. Wirkungsweise

Die psychrometrische Theorie der Mischkammern (Bild 3.1) ist in den Abschnitten 4.1 bis 4.3 behandelt
Werden die Mischkammern strömungstechnisch unzweckmäßig (tote Ecken, Schichtbildung) oder zu klein bemessen, so kann eine unvollkommene Mischung oder eine ungleichmäßige Strömung in den nachfolgenden Wärmeaustauschern auftreten.

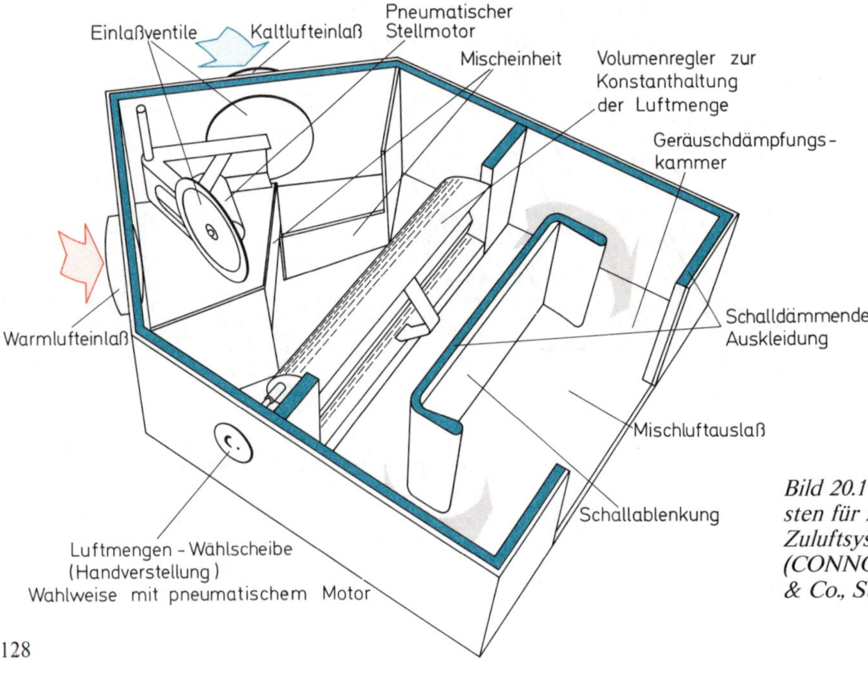

Bild 20.1 Mischkasten für Zweikanal-Zuluftsysteme (CONNOR, Werner & Co., Stuttgart)

Tabelle 20.1 Strömungsrauschen eines Mischkastens L_N auszugsweise für eine stat. Druckdifferenz im Gerät von p_s = 1000 Pa

$\dot{V}$	$p_{s\,min}$	Oktavband					L_p	NC
$\frac{m^3}{h}$	Pa	125	250	500	1000	2000 Hz	dB (A)	
300	15	44	44	40	32	21	32	27
450	16	46	46	42	35	25	33	29
600	17	48	49	44	38	30	37	31
700	18	51	51	46	40	33	39	33

L_N bezogen auf 10^{-12} W
Raumdämpfung 8 dB

Ist die Beimischung (bei kleineren Kompaktgeräten z.B.) auf einen unveränderlichen Außenluftanteil von 10 bis 30% eingestellt, so können die vorgenannten drei Aufgaben der Anpassung an die Betriebsbedingungen nicht erfüllt werden.

20.3. Mischkästen

Bei Zweikanalsystemen (Abschn. 23.5) wird für jeden klimatisierten Raum ein warmer und ein kalter Luftstrom in einem Mischkasten (Bild 20.1) zusammengeführt. Zwei — meist pneumatisch betätigte — Klappenventile steuern die jeweilig benötigten **Anteile** an warmer und kalter Zuluft. Dahinter ist im Inneren des Kastens ein Drosselmechanismus zur **Mengenregelung** der Luft eingebaut.
Die Luft tritt in der Regel mit hoher Geschwindigkeit und hohem Druck in den Mischkasten ein. Zur Reflektion und Dämpfung der Strömungsgeräusche sind daher schallschluckende Auskleidungen und Einbauten erforderlich.
Die hohe Geschwindigkeit der in den Raum eintretenden Zuluft begünstigt die Vermischung mit der Raumluft durch Injektion.

20.4. Berechnung

Die geeignete Baugröße der typisierten Mischkästen wird nach

- □ dem erforderlichen Zuluftstrom $\dot{V}$,
- □ dem minimalen statischen Betriebsdruck $\Delta p_{s\,min}$,
- □ der statischen Druckdifferenz im Gerät Δp_s,
- □ dem zulässigen Geräuschpegel, z.B. NR,

ermittelt. Tabelle 20.1 enthält auszugsweise die Daten für eine Baugröße und eine statische Druckdifferenz von einem Hochgeschwindigkeitssystem.

Berechnungsbeispiel

Vorgegebene Daten
$\dot{V}$ = 550 m³/h
Δp_s = 1000 Pa = 10 mbar
$\Delta p_{s\,min}$ = 200 Pa = 2 mbar
L_N = NR 35

Nach Tabelle 20.1 ist für
$\dot{V}$ = 600 m³/h
Δp_s = 1000 Pa = 10 mbar
$\Delta p_{s\,min}$ = 170 Pa = 1,7 mbar

und für das Oktavband
das Strömungsrauschen

125	250	500	1000	2000 Hz
48	49	44	38	30 dB

Es entspricht der Bewertungskurve NR 31.

20.5. Induktionsgeräte

Bei den Induktionsgeräten wird die Zuluft als **Primärluft** mit hoher Geschwindigkeit, d.h. hohem Vordruck, in einem Mischraum **innerhalb** des Gerätes entspannt. Bild 20.2 zeigt eine Ausführungsweise.
Ein Teil der Raumluft wird als **Sekundärluft** angesaugt und der Primärluft beigemischt.
Die Sekundärluft wird erwärmt oder gekühlt; bei einem Vierleitersystem mit Klappensteuerung (Abschnitt 23.6) durchströmt sie einen Lufterhitzer oder Luftkühler. Der Lufterhitzer ist an die zentrale Heizung, der Luftkühler an die zentrale Kältemaschine angeschlossen. Die Sekundärluft wird meist mit einfachen Mitteln gefiltert. Die Abluft tritt über Wanddurchlässe vom Raum zum Flurbereich über. Das Schwitzwasser muß mit

Hilfe eines fünften Rohrleitungsanschlusses abgeführt werden. Bei Zweileitersystemen (Abschnitt 23.6) hat man nur **einen** Wasserkreislauf; das zirkulierende Wasser wird vor dem Eintritt in das Gerät temperiert.

20.6. Berechnung

Bei der Berechnung geht man von der erforderlichen Zuluft-(Primärluft-)Leistung $\dot{V}_{Pr}$ für den betreffenden Raum aus. Der **Primärluftstrom** kann nach den im Kapitel 10 angegebenen Verfahren berechnet werden. Er verläßt die Injektordüse mit der Temperatur t_{Pr}, die von der Zuluftzentrale her bestimmt, also bei der Berechnung der Injektorgeräte ebenfalls vorgegeben ist.

Weiterhin sind die **Raumlufttemperaturen** für den Sommer- und Winterbetrieb nach Tabelle 8.2 gegeben. Mit der relativen Feuchte ist auch die Taupunkttemperatur t_{RT} für die Auslegung festgelegt.

Kühllast und **Wärmebedarf** ergeben sich aus den Berechnungen nach Kapitel 12 bzw. 11.

Die **Kühlleistung** setzt sich aus zwei fiktiven Anteilen zusammen, aus der Abkühlungsleistung von *Primärluft* und *Sekundärluft*

$$\dot{Q} = \dot{Q}_{SK} + \dot{Q}_{Pr} \quad (20.1)$$

In gleicher Weise setzt sich die **Heizleistung** aus den Wärmeanteilen der beiden Luftströme zusammen. Liegt die Temperatur der Primärluft t_{Pr} unter der Raumlufttemperatur t_R, so **vermindert** der Primärluftstrom die Heizleistung

$$\dot{Q} = \dot{Q}_{SH} - \dot{Q}_{Pr} \quad (20.2)$$

Nun hat jedes typisierte Gerät charakteristische Koeffizienten, Austauschflächen usw. Hieraus ergeben sich nach Gl. (5.3), (5.4) im einzelnen folgende Rechenwerte:

□ die spez. **Kühlleistung,** Anteil der **Primärluft**

$$\dot{Q}_{Pr}/(t_R - t_{Pr}) \quad (20.3)$$

□ die spez. **Kühlleistung,** Anteil der **Sekundärluft**

$$\dot{Q}_{SK}/(t_R - t_{W1}) \quad (20.4)$$

□ die spez. **Heizleistung,** Anteil der **Sekundärluft**

$$\dot{Q}_{SH}/(t_{W1} - t_R) \quad (20.5)$$

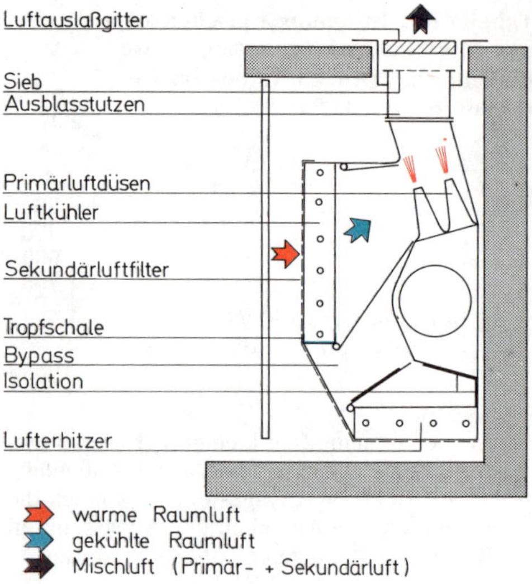

Bild 20.2 Induktionsgerät für Vierleitersysteme, mit Klappenregelung ausgerüstet, in Betriebsstellung „Kühlen" (LTG, Stuttgart)

□ die spez. **Heizleistung** bei **Eigenkonvektion**

$$\dot{Q}_{EK}/(t_{W1} - t_R) \quad (20.6)$$

Hierin sind für t_{W1} die jeweiligen (unterschiedlichen) **Vorlauftemperaturen** des Wasser einzusetzen. Die während des Betriebes zunehmende **Filterverschmutzung** bis zu einem Grenzwert, der die Erneuerung oder Reinigung erforderlich macht, wird durch einen Zuschlag berücksichtigt.

Die Sekundärluftleistung richtet sich nach der Wahl der **Düsen.** Höhere Leistungen bedingen höhere Strömungsgeräusche L_p. Die Tabelle 20.2 zeigt dies am Beispiel von zwei Düsentypen, D und B.

Wird die Primärluftzufuhr eingestellt, so heizt das Vierleiterinjektorgerät als **Konvektor.**

Der **Schalldruckpegel** L_p bezieht sich auf ein Nachhallfeld bei 18 m² Sabin Absorptionsfläche.

Wenn sich kein Schwitzwasser im Luftkühler bilden soll, darf die Vorlauftemperatur des Kaltwassers t_{W1} nur wenig die Taupunkttemperatur der Raumluft t_{RT} unterschreiten.

Der Grenzwert liegt bei

$$t_{W1} = t_{RT} - 0{,}1\,(t_R - t_{RT}) \quad (20.7)$$

Berechnungsgang

Vorgegebene Daten — Primärluftstrom $\dot{V}_{Pr}$ = 100 m³/h; Primärlufttemperatur t_{Pr} = +16 °C

	Kühlen	Heizen	
Raumlufttemperatur t_R	+26	+22	°C
Taupunkttemperatur t_{RT}	+15	—	°C
$t_R - t_{Pr}$	10	6	°C
Wärmeübertragung insges. $\dot{Q}$	1050	1200	W
Heizleistung (ohne Primärluft) bei Eigenkonvektion			
$\dot{Q}_{EK}$	—	1020	W

Nach Tabelle 20.2 für die dort angegebene Baugröße, Düse D			
spez. Kühlleistung, Anteil der Primärluft			
$\dot{Q}_{Pr}/(t_R - t_{Pr})$	34	34	W/°C
$\dot{Q}_{Pr}$	340	200	W
erforderliche sekundäre Kühlleistung			
$\dot{Q}_{SK} = \dot{Q} - \dot{Q}_{Pr}$	710	—	W
erforderliche sekundäre Heizleistung			
$\dot{Q}_{SH} = \dot{Q} + \dot{Q}_{Pr}$	—	1400	W
$t_{W\,1} = t_{RT} - 0{,}1\,(t_R - t_{RT})$	14	—	°C
$t_R - t_{W\,1}$	12	—	°C
$\dot{Q}_{SK}/(t_R - t_{W\,1})$	60	—	W/°C
Mit Rücksicht auf die Filterverschmutzung wird aus der Tabelle 20.2 der etwas höhere Wert			
	63		
gewählt. Er entspricht 90% der spezifischen Kühlleistung (60). Der Kaltwasserstrom $\dot{V}_W$ kann entsprechend nach Tabelle 20.2 herabgesetzt werden auf			
$\dot{V}_W$	245 m³/h,	hingegen bleiben	
$\dot{V}_W$		110	m³/h
Nach Tabelle 20.2: wasserseitiger Druckverlust			
Δp_W	0,076	0,022	bar
Nach Tabelle 20.2: spezifische sekundäre Heizleistung			
$\dot{Q}_{SH}/(t_{W\,1} - t_R)$	—	48	W/°C
erforderliche sekundäre Heizleistung mit Zuschlag für Filterverschmutzung			
$\dot{Q}_{SH}$	—	1400	W
Aus diesen beiden Zeilen ergibt sich die Temperaturdifferenz			
$t_{W\,1} - t_R$	—	31	°C
(Heizung) $t_{W\,1}$	—	+53	°C
Nach Tabelle 20.2, interpoliert für $\dot{Q}_{EK}$ = 875 kcal/h:			
$t_{W\,1} - t_R$	—	63	°C
(Eigenkonv.) $t_{W\,1}$	—	+85	°C
Induktionsverhältnis $\dot{V}_{Sk} : \dot{V}_{Pr}$	3,5	2,8	—
stat. Druckabfall am Primärluftstutzen			
Δp_l		220	Pa
Schalldruckpegel des Geräts			
L_p	28	25	dB(A)

Tabelle 20.2 Induktionsgerät nach Bild 20.2. Leistungsdaten auszugsweise für den Primärluftstrom $\dot{V}_{Pr}$ = 100 m³/h

Kühlen

$\dot{V}_w$	350	245	175	105	m³/h
Δp_w	0,155	0,076	0,039	0,014	bar
$\dot{Q}_{SH}/(t_{w1}-t_R)$					
Düse 'D'	60	54	48	42	$\frac{kcal}{h\ °C}$
Düse 'B'	74	67	59	52	

Heizen

$\dot{V}_w$	110	77	55	33	m³/h
Δp_w	0,022	0,011	0,006	0,002	bar
$\dot{Q}_{SK}/(t_R-t_{w1})$					
Düse 'D'	41	37	31	23	$\frac{kcal}{h\ °C}$
Düse 'B'	46	41	35	25	

Eigenkonvektion

$\dot{V}_w$					110		m³/h
$t_{w1}-t_R$	30	40	50	60	70	80	°C
$\dot{Q}_{EK}$	225	380	580	800	1070	1650	kcal/h

	Induktionsverhältnis $\dot{V}_{Sk} : \dot{V}_{Pr}$		
Düse 'D'	3,5	2,8	1,8
Düse 'B'	4,3	3,4	2,2

	Δp_1		Kühlen	Heizen
Düse 'D'	220 Pa	L_p	28	25 dB(A)
Düse 'B'	440 Pa		33	30 dB(A)

21. Wärmeaustauscher

Bild 21.1

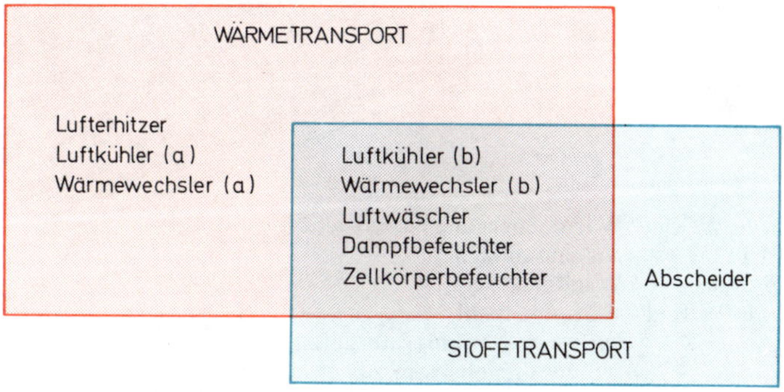

21.1. Überblick

Bild 21.1 veranschaulicht eine Gliederung der in diesem Kapitel behandelten Geräte für den Wärme- und Stoffaustausch in der Klimatechnik.

21.2. Lufterhitzer und Luftkühler

Die klimatechnischen Wärmeaustauscher (Bild 1.1, Pos. 6, 8, 9, und Bild 21.3) sind **Lamellenrohrsysteme,** bei denen gemäß Abschnitt 3.4 der Wärmestrom in einem **geschlossenen** Kreislauf von Wasser, Dampf oder Kältemitteln zu- bzw. abgeführt wird:

Heizung
Die Erwärmung der Luft stellt sich im *h,x*-Diagramm als eine senkrecht nach oben verlaufende Zustandsänderung bei x = const. dar (Bild 21.2). Vgl. Gl. (5.3).

Kühlung
Hier sind zwei Fälle zu unterscheiden:
(a) Grenzprozeß ⑥ (Bild 5.1), vgl. Gl. (5.3);
(b) Grundprozeß ⑦ (Bild 5.1), vgl. Gl. (5.11).
Mit der Schwitzwasser- oder Reifbildung auf den Lamellen- und Rohroberflächen findet ein Transport von latenter Wärme statt. Im Innern der Rohre zirkuliert Kaltwasser oder das dort verdampfende Kältemittel.

21.3. Wärmedurchgang

Für den Strom sensibler Wärme vom Rohrinnern bis zur Luft gilt die folgende allgemeine Definitionsgleichung:

$$\dot{Q}_{sens} = k_a \, \Delta t_m \, A_a \qquad (21.1)$$

Hierin ist:
$\dot{Q}_{sens}$ in W Strom sensibler Wärme,

$$k_a = \frac{1}{\frac{1}{\alpha_i}\frac{A_a}{A_i} + \frac{\delta}{\lambda}\frac{A_a}{A_i} + \frac{1}{\alpha_a}} \text{ in } \frac{W}{K\,m^2}\,. \qquad (21.2)$$

Wärmedurchgangszahl auf die äußere Oberfläche bezogen,

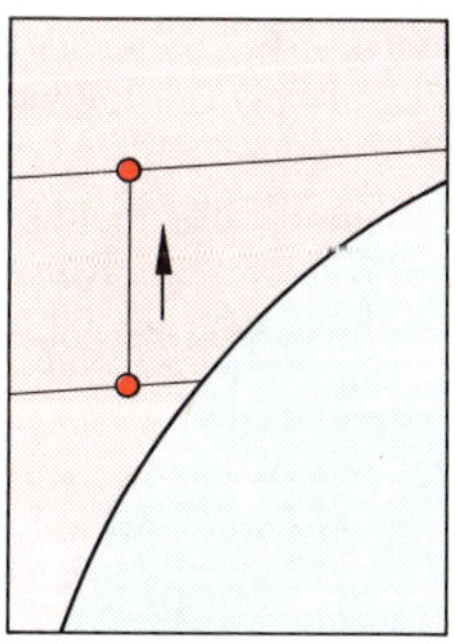

Bild 21.2 Zustandsänderung der Luft bei der Erwärmung in einem Lamellenrohrsystem

Bild 21.3 Luftkühler mit Kupferrohren und Aluminium-Lamellen (GEA, Bochum)

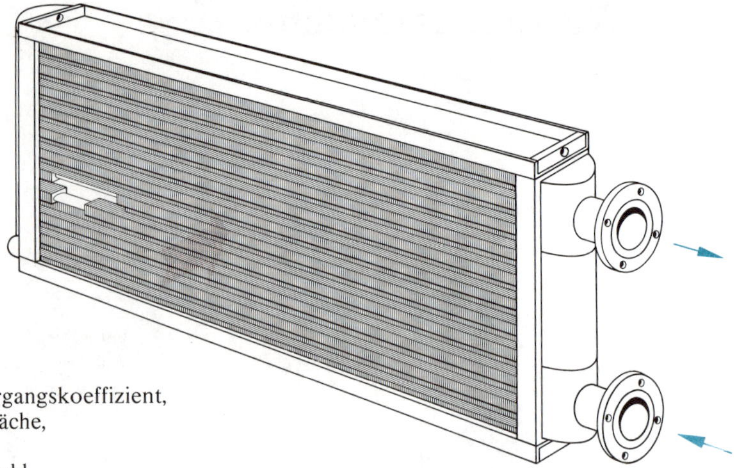

α in W/K m² Wärmeübergangskoeffizient,
A in m² Austauschfläche,
δ in m Wanddicke,
λ in W/K m Wärmeleitzahl,
Δt_m in K wirksames Temperaturgefälle, bei reinem Gegenstrom z.B.:

$$\Delta t_m = \frac{\Delta t_g - \Delta t_k}{\ln (\Delta t_g / \Delta t_k)}$$

Indizes:
i bezogen auf die Innenfläche,
a bezogen auf die Außenfläche,
g groß,
k klein.

Zusätzlich muß der Einfluß der Wärmeleitung in den Lamellen berücksichtigt werden. Um den verschiedenen Konstruktionen Rechnung zu tragen, wendet man u.a. einen **Rippenwirkungsgrad** an:

$$\eta_R = \frac{\text{mittlere Übertemperatur der Rippenfläche}}{\text{mittlere Übertemperatur der Rohraußenfläche}}$$

Δt_m hängt hauptsächlich vom Strömungsverlauf der beteiligten Medien ab und liegt meist dem Kreuzstrom näher als dem Gegenstrom.
Im Falle der Luftkühlung, Grundprozeß ⑦, ist der Wärmedurchgang verwickelter. Man hat

- □ innen, wasserseitig, einen Übergang sensibler Wärme vom Kaltwasser auf die Rohrwandung oder einen Übergang der Verdampfungswärme bei einer direkten Kühlung durch das Kältemittel,
- □ eine Wärmeleitung in den Rohrwandungen und Lamellen

$$Q_{sens} = \lambda\, (t_i - t_a)_m\, \delta^{-1}\, A \text{ in W} \qquad (21.3)$$

Soweit ist der Wärmedurchgang in beiden Fällen gleich. Beim Grundprozeß ⑦ wird jedoch nun ein Strom von sensibler **und** latenter Wärme aufgenommen:

- □ außen, luftseitig, Temperaturabsenkung der Luft, verbunden mit der Entfeuchtung durch Schwitzwasser oder Reifansatz.

21.4. Ausführung

Lufterhitzer und Luftkühler stimmen in der Konstruktion weitgehend überein (Bild 21.3). Typische Ausführungen:

- □ Rohre aus Stahl,
  in Sammelkammern aus Stahl eingeschweißt oder eingewalzt; Flanschrahmen aus starkem Blech zu U-Profilen abgekantet; Lamellen aus Stahlblech, Löcher für die Rohre aufgebördelt; das Ganze im Metallbad verzinkt.
- □ Rohre aus Kupfer,
  in Sammelrohren oder Umlenkbögen verlötet und/oder eingewalzt; Flanschrahmen aus sendzimirverzinktem Blech, zu U-Profilen abgekantet; Lamellen aus Aluminium, Löcher gebördelt; Rohre zur Erzielung eines satten Haftsitzes mechanisch oder hydraulisch aufgeweitet.

21.5. Berechnung

Zur Auslegung werden meist Nomogramme der Hersteller benutzt, bei denen die verwickelten strömungstechnischen Zusammenhänge vereinfacht erscheinen.

So wird näherungsweise für die **Wärmedurchgangszahl** gesetzt:

$$k = \text{const. } w^n \text{ in W/m}^2\text{ K} \qquad (21.4)$$

Hierin liegt der Exponent n der Luftgeschwindigkeit w (in m/s) meist zwischen 0,4 und 0,6.
In gleicher Weise kann für den **luftseitigen Strömungswiderstand** eine einfache Zahlenwertgleichung aufgestellt werden:

$$\Delta p_l = \text{const. } w^2 \text{ in Pa} \quad w \text{ in m/s} \qquad (21.5)$$

Zur Berechnung des **wasserseitigen Strömungswiderstandes** benutzt man die Gleichung:

$$\Delta p_W = m \text{ const. } L\, w^2 \text{ in Pa} \qquad (21.6)$$

Hierin ist:

m		– Anzahl der Umlenkungen,
const.	in kg/m⁴	= 1000 bis 1500 bei Warmwasser (ca. 80 °C), 1500 bis 2000 bei Kaltwasser,
L	in m	Länge der geraden Rohrstükke,
w	in m/s	Strömungsgeschwindigkeit des Wassers.

21.6. Sonderausführungen

Glattrohrsysteme werden anstelle der üblichen Lamellenrohrsysteme nur in Einzelfällen angewendet, namentlich bei

□ **Vereisungsgefahr**
Sie ist z.B. gegeben, wenn die folgenden zwei Betriebsbedingungen zusammentreffen:
a) reiner Außenluftbetrieb ohne Beimischung erwärmter Umluft,
b) Filterung der Außenluft vor den Vorerhitzern; weiterhin bei allen Tieftemperaturanlagen, wenn nur selten abgetaut werden kann.

□ **Entfeuchtung**
Bei Luftkühlern mit glatten Rohren erzielt man eine tiefere Oberflächentemperatur und demnach – relativ zur Temperaturabsenkung – eine stärkere Verminderung des Wassergehalts.

□ **Verschmutzung**
Glatte Rohre sind leichter zu reinigen.

Elektrolufterhitzer mit isolierten Heizstäben oder Widerstandsdrähten werden für kleinere Leistungen und bei schwierigen oder gefährlichen Wasser- bzw. Dampfzuführungen herangezogen.
Gaslufterhitzer sind selten.

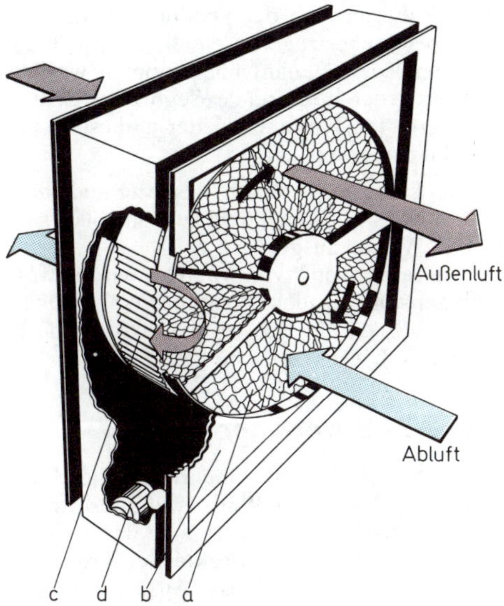

a rotierende Trommel mit hydroskopischen Austauschkörpern
b Rahmen
c Schleusenzone zur Verringerung des Luftübertritts von der Fortluftseite (rot) zur Außenluftseite (blau)
d Trommelantrieb

Bild 21.4 Regenerativ-Wärmewechsler „econovent“ (Kraftanlagen AG, Heidelberg)

21.7. Wärmerückgewinnung

Mit der Fortluft einer Klimaanlage geht im Sommer viel „Kälte“, im Winter viel „Wärme“ verloren. Angesichts der steigenden Energiepreise muß man bestrebt sein, diese Wärmeenergie wieder nutzbar zu machen. Dabei kann es sich immer nur um eine teilweise Nutzung handeln.
Eine einfache Methode ist der **Umluftbetrieb** (Bild 1.1). Wo diese Rückgewinnung nicht durchführbar ist, kann es von Fall zu Fall zweckmäßig sein, ein Gerät für den Wärmetransport zwischen Außen- und Abluft vorzusehen.
In einem **Plattenwärmeaustauscher** bleiben die beiden Luftströme voneinander getrennt. Es wird nur **sensible Wärme** übertragen. Die Platten sind aus Aluminium oder Glas.
Bei den **Regenerativwärmewechslern** (Bild 21.4), durchströmt die Außenluft und die Fortluft abwechselnd die Austauschkörper in einer rotierenden Trommel. Während der kalten Jahreszeit

wird die Wärme von der Fortluft auf die Austauschkörper übertragen. Sie kann dann von der zuströmenden Außenluft übernommen werden, sobald sich der betreffende Segmentausschnitt der rotierenden Trommel wieder in diesen Luftstrom hineinbewegt hat.

- □ Beim Ljungström-Wärmewechsler und ähnlichen Konstruktionen wird ausschließlich **sensible** Wärme ausgenutzt.
- □ Beim „econovent“ von Munters wird sowohl die **sensible** als auch die **latente** Wärme übertragen (Bild 21.5). Die Austauschkörper besitzen eine **hygroskopische** Oberfläche.

21.8. Luftwäscher

Luftwäscher ist ein Sammelbegriff für die klimatechnischen Geräte des Wärme- und Stofftransportes, bei denen im Gegensatz zu den Rohrsystemen der Luftstrom in **direkte** Berührung mit dem Wasser gebracht wird. Der Ausdruck aus den Anfängen der Klimatechnik wurde beibehalten, obwohl das „Waschen“ der Luft im Sinne einer Reinigung völlig unwesentlich ist.

Man unterscheidet

- □ **Sprühräume,** in denen das Wasser mit **Düsen** oder mit **Schleuderscheiben** u.ä. zu einem Spektrum von Tropfen unterschiedlicher Größe zerstäubt wird,
- □ Räume mit **Austauschkörpern**, in denen das Wasser als Rieselfilm herabfließt.

Die **Wirkungsweise** ist im wesentlichen die gleiche. Je nach der **Wassertemperatur** in Beziehung zum Luftzustand können gemäß Bild 5.1 alle Austauschprozesse, ① bis ⑦, durchgeführt werden:

Erwärmen,
Kühlen,
Befeuchten,
Entfeuchten.

Der Grenzprozeß ④ stellt die häufigste Anwendung dar.

21.9. Düsenkammern

Das zirkulierende Wasser wird mit **Sprühdüsen** zu einem dichten Nebel zerstäubt (Bild 21.6).
Die Düsen sind mit einem **Dralleinsatz** ausgerüstet, oder sie haben zur gleichmäßigen Tropfenverteilung eine **exzentrische** Wasserzuführung. Sie benötigen einen Vordruck zwischen 1,5 und 3,0 bar; bei einigen Konstruktionen ist eine Regelung der Sprühleistung mit dem Vordruck zwischen etwa 1,5 und 3,0 l/min möglich; ein Mindestdruck von etwa 0,6 bar darf nicht unterschritten werden, da der Sprühkegel andernfalls zusammenfallen würde.

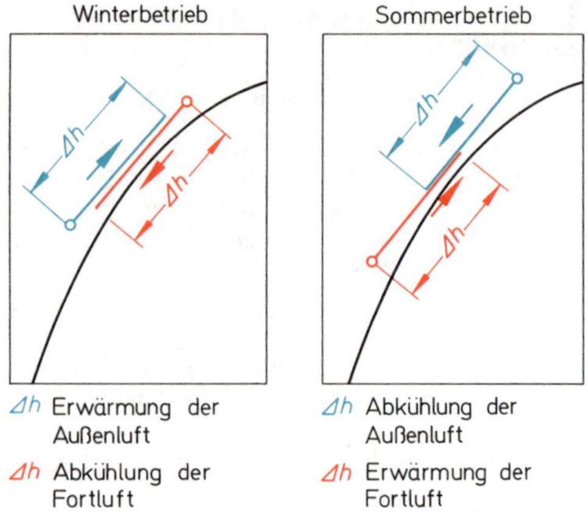

Bild 21.5 Regenerativ-Wärmewechsler (b) für den Übergang von sensibler und latenter Wärme Zustandsverlauf der Luftströme im h,x-Diagramm

Die Übertragungsleistung (Bild 21.7) wird gewöhnlich mit einem **Wirkungsgrad der Befeuchtung** angegeben. Er ist, wie folgt, definiert:

$$\eta = \frac{t_1 - t_2}{t_1 - t_{f\,1}} \qquad (21.7)$$

Hierin ist:

t_1 Trockenkugeltemperatur der eintretenden Luft,
t_2 Trockenkugeltemperatur der austretenden Luft,

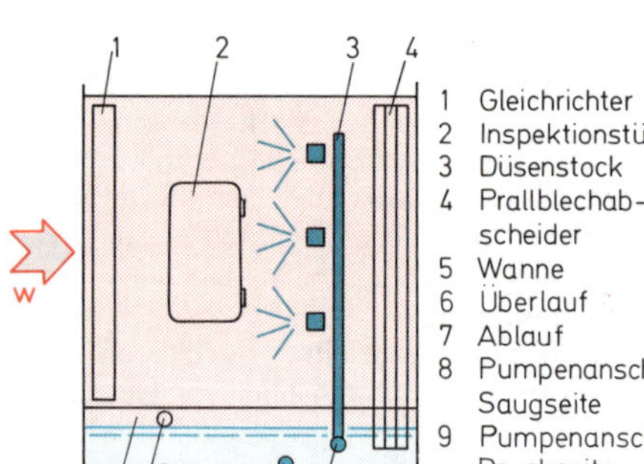

Bild 21.6 Düsenkammer

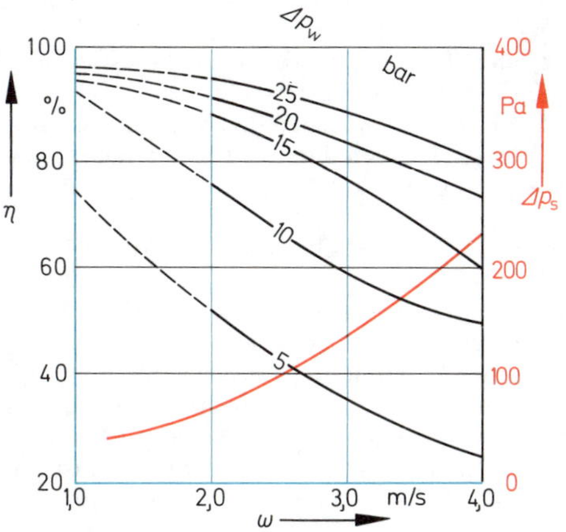

Bild 21.7 Düsenkammer
Wirkungsgrad der Befeuchtung η und stat. Druckabfall Δp_s in Abhängigkeit von der Luftgeschwindigkeit w, bezogen auf den Eintrittsquerschnitt
Zerstäubung in Richtung gegen den Luftstrom Länge der Düsenkammer 2,00 m (LTG, Stuttgart)

$t_{f\,1}$ Feuchtkugeltemperatur der eintretenden Luft.

Die Düsenkammern einschließlich der Auffangwannen werden heute aus glasfaserverstärkten Duroplasten, daneben aus feuerverzinktem Stahlblech hergestellt. Die Düsen sprühen das Wasser meist **gegen** den Luftstrom. Die Luftgeschwindigkeit liegt zwischen $w = 2{,}0$ und 4,0 m/s. **Verweilzeit** und **Abkühlung** der Tropfen sind unterschiedlich, Tropfen mit einem Durchmesser > ~ 0,8 mm fallen schnell in die Auffangwanne. Die kleineren Tropfen bewegen sich nur für eine kurze Zeitspanne in Richtung gegen den Luftstrom; sie werden dann bald mit der Luft mitgerissen.

Die Düsen sind mit Montageschellen an den Verteilrohren befestigt. Das Ganze bildet einen Düsenstock. Der Abstand der Düsen voneinander in einer Reihe liegt zwischen 0,15 und 0, 25 m.

Die **Funktion** der Düsen wird leicht durch Fremdstoffe (Härtebildner, Algen, Schmutz, größere Partikel u.ä.) beeinträchtigt. Eine kontinuierliche **Filterung** des umgewälzten Wassers durch Siebe oder Drehfilter ist daher zu empfehlen. Weiterhin muß ständig Frischwasser zur **Begrenzung** der **Anreicherung** zugegeben werden. Die Menge wird über ein Schwimmerventil oder einen Schwimmerschalter mit Magnetventil geregelt.

21.10. Schleuderscheiben

Die **mechanische Zerstäubung** des Wassers — ebenso wie die **Druckluftzerstäubung** durch Düsen — wird hauptsächlich dort angewendet, wo eine **Übersättigung** der Raumluft (Zustandsbereich LDF) angestrebt wird. Bei solchen Anwendungen der Luftbefeuchtung ist es vorteilhaft, wenn sehr kleine Tropfen entstehen, die im Luftstrom weitgehend in **schwebendem** Zustand verdunsten. Bei Düsenkammern ist der hohe Anteil an kleinen Tropfen wegen der Schwierigkeit, sie abzuscheiden, nachteilig.

Das Wasser wird meist einer schnell **rotierenden Scheibe** zugeführt und dann durch die Zentrifugalkraft nach außen gegen einen feststehenden Prallkranz geschleudert. Bei anderen Konstruktionen ist auf der Motorwelle ein rotierendes Gitter angebracht, so daß der Wasserstrahl bereits dort zu kleinen Tropfen zerschlagen wird.

Die Wasser-Luft-Zahl liegt bei 0,05. Wenn höhere Betriebskosten tragbar erscheinen, kann daher bei großer Härte oder aus hygienischen Gründen auf eine Zirkulation des Wassers verzichtet werden.

Eingeführte Konstruktionen sind bei $w \approx 2$ m/s und $\eta \approx 0{,}75$ auf einen Luftstrom bis etwa $\dot{V} =$ 5000 m³/h beschränkt.

Die mangelhafte Abscheidung der kleinen Tropfen ist in jedem Fall ein Nachteil:

wenn die Aerosole in der Luft verdunsten, so wird der **Staubgehalt** der Zuluft nach der Filterung erheblich gesteigert;

wenn sich die kleinen Tropfen auf den nachfolgenden Anlageteilen oder in den klimatisierten Räumen absetzen, so führen sie zu Schäden, besonders wenn die Rückstände infolge ihrer **hygroskopischen** Beschaffenheit feucht bleiben oder erneut feucht werden. Man nimmt daher oft einen Gleichrichter, der zusätzlich in der Düsenkammer untergebracht wird, in Kauf, damit der Zuluftventilator im Luftstrom vor dem Sprühraum liegt und somit vor Nässe geschützt ist (Bild 21.6, Pos. 1).

21.11. Abscheider

Der Abscheideeffekt auf den Flächen beruht auf der unterschiedlichen **Trägheit** von Luft und Wasser und auf der **Turbulenz** im Luftstrom.

Es handelt sich danach um einen makroskopischen Stofftransport vom Innern des Luftstromes zur Wandung (Bild 21.8):

An den Umlenkungen prallen zuerst die größe-

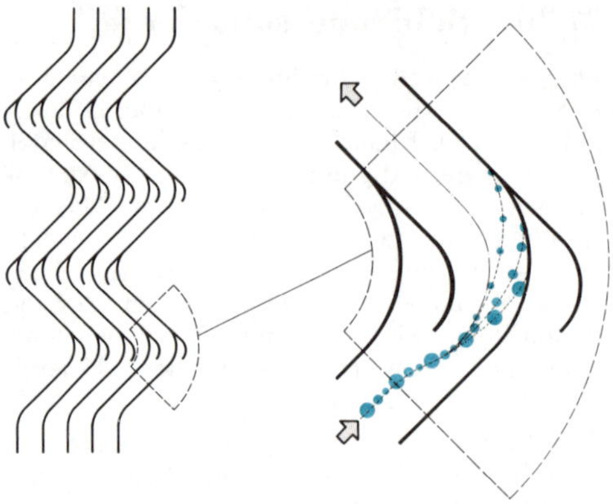

Bild 21.8 Prallflächen-Abscheider mit Phasentrennkammern zur Zurückhaltung des abgeschiedenen Wassers
Der Ausschnitt rechts zeigt schematisch die leichte und schnelle Abscheidung der größeren Tropfen bereits am Anfang einer Umlenkung (Kunststofftechnik, Troisdorf)

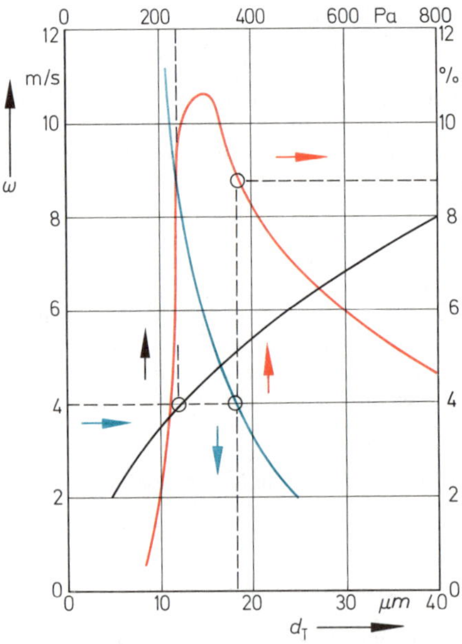

Bild 21.9 Prallflächen-Abscheider Grenztropfen-Durchmesser d_T (blau), Häufigkeitsverteilung der Tropfengröße ΔR (rot) und Druckverlust Δp_s (schwarz) in Abhängigkeit von der Luftgeschwindigkeit w (Kunststofftechnik, Troisdorf)

ren, dann die kleineren Tropfen auf die angewinkelten Flächen (Bild 21.8, rechts).

In den Passagen zwischen den Wandungen wird ein Teil der Tropfen durch die turbulenten Querbewegungen der Luft zu den nassen Oberflächen hin transportiert.

Der erstgenannte Effekt steigert die Abscheidung der großen Tropfen; dem zweiten Effekt unterliegen alle Tropfen in der Nähe der Wandungen, unabhängig von ihrer Größe.

Eine **gute Abscheideleistung**, wie sie demnach durch enge Spalte und vielfache Umlenkungen erzielt werden kann, bedingt daher mit Notwendigkeit einen relativ **hohen Druckverlust**. In welchem Maße die **kleinen** Tropfen abgeschieden werden, ist entscheidend. Das Diagramm 21.9 verdeutlicht im Anschluß an die Darstellung Bild 21.8, rechts, diesen Sachverhalt quantitativ.

Jede Angabe der Abscheideleistung muß sich somit auf eine **Häufigkeitsverteilung** der Tropfen beziehen. Die einzelnen Klassen sind nach ihren fiktiven Durchmessern d_T in μm, d.h. nach ihren Gewichten, oder nach ihrer Anzahl geordnet. Die Anteile ΔR werden in Hundertteilen angegeben (rot).

Die Abscheideleistung drückt sich dann aus:

- □ in einer **Grenztropfengröße**, die bei der betreffenden Luftgeschwindigkeit gerade noch zurückgehalten wird (blau),

oder:

- □ in einem **Abscheidegrad**, dem Verhältnis der abgeschiedenen zur gesamten Tropfenmasse.

Das erstgenannte Maß ist in seiner Definition meßtechnisch schwer zu erfassen, gibt aber für die Praxis einen brauchbaren Anhalt.

Im Diagramm Bild 21.9 ist zusätzlich der Druckverlust Δp_s in Abhängigkeit von der Luftgeschwindigkeit eingetragen (schwarz).

Die Prallflächenabscheider müssen in ihrer Wirkungsweise somit den Forderungen genügen, die man, wie folgt, zusammenfassen kann:

- □ Keine vermeidbaren **Druckverluste**, beispielsweise durch Verengungen im Luftstrom, die nicht oder nicht genügend zu einer Verbesserung der Abscheideleistung beitragen.
- □ Kein **Zerplatzen** von größeren Tropfen beim Auftreffen auf die Stirnseite in kleinere, die sich dann nicht so leicht abscheiden lassen.
- □ Kein **Ablösen** der bereits am Abscheider befindlichen Tropfen oder Rieselfilme (praktisch unvermeidlich bei neuen Thermoplasten).

Als **Werkstoff** verwendet man:
- □ verzinkten Stahl,
- □ extrudierte Thermoplaste,
- □ Asbestzement.

Taschenfilter als Tropfenabscheider können nur eine geringe Wassermenge aufnehmen und zum Verdunsten bringen. Bei größerer Feuchtigkeitsaufnahme steigt ihr Strömungswiderstand stark an.

Rotierende Prallflächenabscheider in zylindrischen Düsenkammern und/oder **Zyklonabscheider** werden bei hohen Wasser-Luft-Zahlen (~ 0,8 bis 1,0) und hohen Luftgeschwindigkeiten (~ 8 m/s) angewendet, hauptsächlich in der Textil-, Tabak- und Holzindustrie.

Ablesebeispiel

> Vorgegebener Wert:
> Luftgeschwindigkeit im Wäscher
> $w = 4{,}0$ m/s
> Nach Diagramm 21.9
> Grenztropfendurchmesser (blau)
> $d_T = 19$ µm
> alle Tropfen < 19 µm werden nicht abgeschieden
> Häufigkeitsklasse (rot) $\Delta R = 8{,}8\%$
> Strömungswiderstand (schwarz)
> $\Delta p_S = 240$ Pa

21.12. Austauschkörper

Die Schwierigkeiten mit der Tropfenabscheidung entfallen bei den Austauschern, bei denen das Wasser als **Rieselfilm** verdunstet. Es können Luftgeschwindigkeiten zwischen 3 und 6 m/s erzielt werden. Erst im Bereich zwischen 6 und 10 m/s wird bei herkömmlichen Konstruktionen ein Abscheider empfohlen.

Um eine vollständige **Benetzung** der Austauschkörper auch bei geringen Wasser-Luft-Zahlen zu gewährleisten, wird eine **periodische** Berieselung nach dem Heberprinzip angewendet. Eine andere Lösung zeigt Bild 21.10. Mehrere Bänder werden über Umlenkrollen periodisch durch ein **Wasserbecken** geführt. Die Luft strömt längsseitig an den befeuchteten Bandreihen vorbei. Das Wasser tritt an der einen Seite des Beckens ein; an der anderen befindet sich der Ablauf für das mit Fremdstoffen angereicherte Abschlämmwasser. Es erübrigt sich ein Abscheider, ebenso eine Umwälzpumpe des Wassers. Der Antrieb der Bänder liegt außerhalb des Gehäuses.

Die Geräte mit Austauschkörpern haben im Vergleich zu den Düsenkammern eine geringe **Bautiefe**. Sie gestatten, die Zuluftanlagen wesentlich kürzer zu bauen. Ein Einstieg zur Inspektion von Düsen o.ä. ist entbehrlich. Die Austauschkörper lassen sich leicht herausnehmen. Alle Geräte zeichnen sich durch einen niedrigen **Energiebedarf** aus.

21.13. Dampfbefeuchter

Die **Thermodynamik** der Dampfbefeuchtung ist im Abschnitt 4.4 beschrieben. Gegenüber der adiabatischen Verdunstung, Grenzprozeß④, die bei der Zirkulation von Wasser auftritt (LD + F), steigt die Lufttemperatur bei der Zuführung von Dampf etwas an (LD + D) (vgl. Diagramm, Bild 4.5).

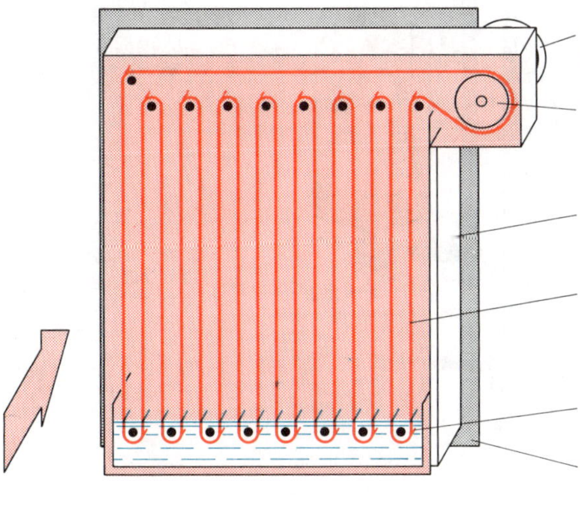

Bild 21.10 Luftwäscherkammer mit eintauchendem Bandgitter, periodische Befeuchtung Funktionsschema

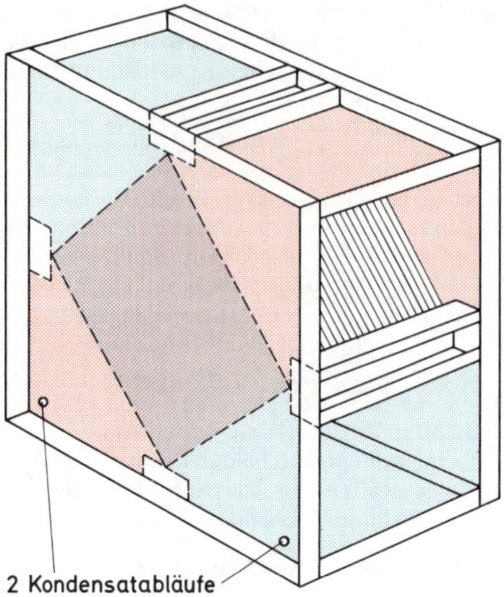

Bild 21.11 Plattenwärmeaustauscher Kreuzstrom, Durchströmung diagonal (Hoval, Vaduz)

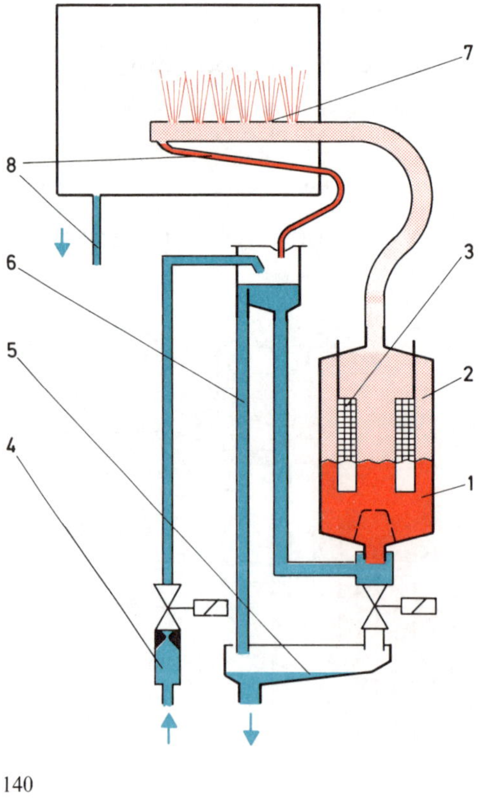

Mit der Dampfbefeuchtung wird der **Nacherhitzer** entlastet. Nimmt man an, daß die Nacherhitzung über die Heizungsanlage von der Energiequelle „Öl" herrührt, während für die Dampferzeugung „elektrischer Strom" als wertvollere Energiequelle herangezogen wird, so liegt darin eine unwirtschaftliche Energieausbeute.
Es kann nicht ausbleiben, daß der Dampf direkt oder die gesättigte Luft an den kühleren Wandungen der Luftkanäle **Schwitzwasser** bildet.
Werden hohe **hygienische Ansprüche** gestellt, ist die Dampfbefeuchtung dem Luftwäscher mit Umwälzbetrieb des Wassers überlegen.

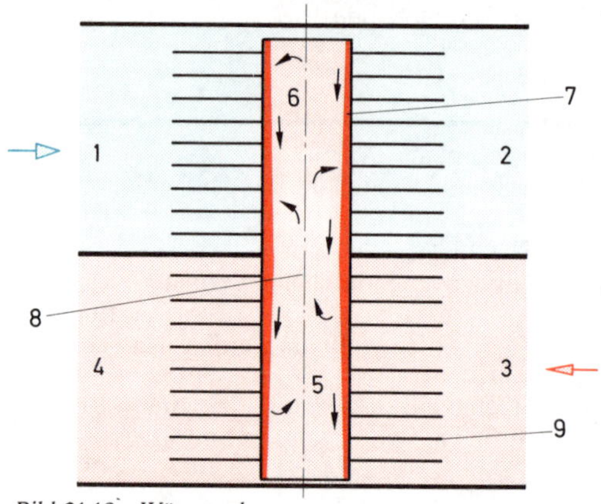

Bild 21.13 Wärmerohr
Winterbetrieb in einer Klimaanlage (GEA, Bochum)
Vertikale Anordnung mit schwerkraft-unterstützem Kältemittelkreislauf – Verdampfer unten – für Winterbetrieb, Rohrlänge bis 4 m (nur bei Umschlaten der Luftströme auch für Sommerbetrieb)
Wärmebelastung 10 bis 50 kW/m²
Horizontale Anordnung mit Kältemittelumlauf durch Kapillarwirkung für Winter- und Sommerbetrieb
Wärmebelastung 1 bis 3 kW/m²
1 kalte Außenluft, 2 erwärmte Außenluft, 3 warme Fortluft, 4 abgekühlte Fortluft, 5 Verdampferteil, 6 Verflüssigerteil, 7 Rieselfilm des verflüssigten Kältemittels, 8 aufsteigender Kältemitteldampf, 9 Rippen

◂ *Bild 21.12 Befeuchtung der Luft durch Dampf (Condair, Münchenstein/Schweiz)*
In einem Wasserbad 1 erhitzt ein zylindrischer Behälter 2 mit zwei oder mehr Gitterelektroden 3 das zufließende Leitungswasser 4, Abschlämmwasser 5, Bypass zur Spülung und Abkühlung 6, Dampfverteiler 7, Kondensatleitung 8.
Dampfleistung und Wasserstand werden elektronisch geregelt. Die zylindrischen Behälter werden ausgetauscht, wenn sie von den härtebildenden Mineralien, die sich an den Wandflächen ablagern, nahezu verstopft sind.

22. Luftfilter

22.1. Abscheidemechanismus

Zur Reinigung eines Luftstromes von den festen, flüssigen oder gasförmigen Schadstoffen, die er mitführt, sind unter den möglichen **Trenneffekten** (Absetzen, Sieben Diffusion, Sperren, Trägheit, elektrostatische Ladung, Absorption usw.) die wirksamsten zu vereinigen. Dabei sollen folgende **Forderungen** erfüllt werden:

hoher Entstaubungsgrad,
niedriger Druckverlust,
hohe Staubspeicherfähigkeit,
leichte Wartung,
niedrige Gesamtkosten.

22.2. Planfilter

Die faserigen Füllstoffe sind mit Öl **getränkt** und in Zellenrahmen eingebettet. Der Luftstrom wird in dem Gespinst aufgeteilt, so daß die Staubpartikel an den klebrigen Fasern hängenbleiben. Ruß wird nur in geringem Maße zurückgehalten. Der **Platzbedarf** ist gering, die Speicherfähigkeit relativ groß. Eine **Reinigung** wäre umständlich; von den Herstellern wird daher eine Rahmenkonstruktion vorgesehen, die gestattet, das Filtermaterial mit dem darin eingelagerten Staub schnell und mühelos zu entfernen und neues Material einzuspannen.

22.3. Ölbenetzte Drehluftfilter

Bei hohem Staubgehalt der Luft und geringen Ansprüchen hinsichtlich der Abscheidung von kleinsten Partikeln wendet man Filterelemente an, die zur Reinigung und Erneuerung der Ölschicht **periodisch** in eine **Ölwanne** getaucht werden. Die Elemente sind in ein umlaufendes Transportsystem eingehängt, das langsam von einem Motor über ein Getriebe bewegt wird.

22.4. Trocken betriebene Rollbandfilter

Das Filtermaterial, meist ein getränktes Glasfaservlies, wird, ähnlich wie der Rollfilm einer Kamera, automatisch, entsprechend der Speicherfähigkeit, von einer Rolle auf eine zweite gewickelt. Der Vorschub wird dabei von einem **Druckdifferenzmanometer** gesteuert. So kann die Wartung ohne ständige Überwachung auf ein Auswechseln der verbrauchten Rollen beschränkt werden. **Charakteristische Daten** sind:

Durchmesser der Glasfäden	14 μm
Fadenlänge	740 km
Oberfläche je Anströmfläche	32 m^2/m^2
Fadenvolumen je Schichtvolumen	0,002 m^3/m^3
Anströmgeschwindigkeit	3,0 m/s
Druckdifferenz am Anfang	80 Pa
Druckdifferenz in Betrieb	180 Pa
max. Staubspeicherfähigkeit*	1,2—3,0 kg/m^2
Bandlänge	20 m

22.5. Taschenfilter

Um den Strömungswiderstand des Filtermaterials gegenüber der eindringenden Luft herabzusetzen, verringert man die **Anströmgeschwindigkeit**, bezogen auf das Material, bis auf ~ 0,1 m/s. Dies wird einfach durch eine Vergrößerung des **Anströmquerschnittes** in der Tiefe erreicht. Planfilter werden in V-Form angeordnet, Rollbandfilter werden über zylindrische Walzen geführt. Wo man überdies eine hohe **Staubspeicherung** erzielen will, wendet man Taschenfilter an. Das eigentliche Filtermaterial ist mit einer Schaumstoffkaschierung versteift und vor mechanischer Verletzung beim Einbau usw. durch Drahtgestelle (Stützbügel) geschützt. Am Eintritt der Luft befindet sich ein Greifschutz. Bei Anwendung als Schwebstoffilter sind die Taschenfilterrahmen in der Konstruktion mit Planfilterzellen oder Rollbandfiltern kombiniert. Letztere dienen als **Vorfilter** zur Verlängerung der Standzeit.

Charakteristische Daten der Taschenfilter sind:

* Hängt in hohem Maße von der Beschaffenheit des Staubes ab.

Rahmenabmessungen einer Zelle	615 mm × 615 mm
Gesamttiefe des Zelleneinsatzes	500 mm
Gewicht einer Zelle	7,0 kg
Luftstrom für eine Zelle	3400 m³/h
≙ Anströmgeschwindigkeit	2,6 m/s
Entstaubungsgrad AFI**	42% 66% 92%
Druckdifferenz am Anfang	80 100 140 Pa
Druckdifferenz vor dem Austausch	500 600 700 Pa
Staubspeicherfähigkeit bei 300 Pa je Zelle*	1,3 kg

22.6. Schwebstoffilter

Der Ausdruck kennzeichnet eine hohe **Güteklasse.** Das hochwertige Faserstoffmaterial ist in einzelnen Zellenkästen zickzackförmig untergebracht (Bild 22.2). Hiermit wird die erforderliche Steigerung des **Anströmquerschnittes** im Verhältnis von etwa 1 : 60 erreicht. Vorfilter zur Erhöhung der Standzeit sind unbedingt erforderlich.

Charakteristische Daten sind:

Rahmenabmessungen der Zellenkästen	610 mm × 610 mm
Gesamttiefe	292 mm

Werkstoffe:
- Filtermaterial: Glasfaser
- Abstandhalter: Aluminiumfolie
- Rahmen: Sperrholz (bei kerntechn. Anlagen), leg. Stahl
- Vergußmasse: Elastomer

Gewicht	18 kg
Luftstrom für eine Zelle	2000 m³/h
≙ Anströmgeschwindigkeit	1,6 m/s
Druckdifferenz am Anfang	250 Pa
Druckdifferenz vor dem Austausch max.	1100 Pa
Austausch normal	900 Pa
Staubspeicherfähigkeit je Zelle*	1 bis 10 kg

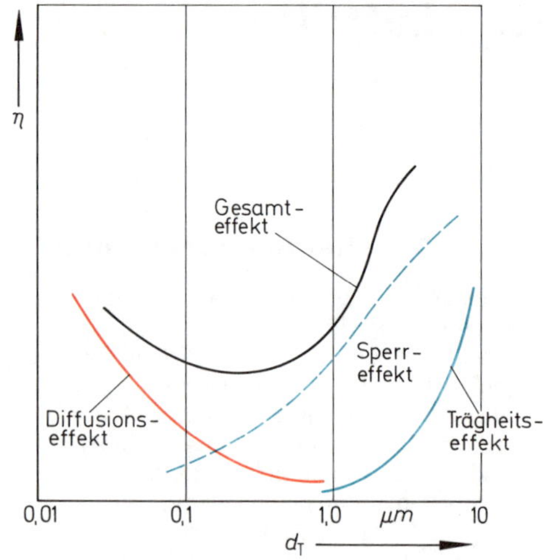

Bild 22.1 Abscheidemechanismus
Zusammenwirken verschiedener Trenneffekte in Abhängigkeit von der Partikelgröße (LUWA, Zürich)

22.7. Filtergehäuse

Zur Aufnahme der Vorfilter und Schwebstoffilter wurden Filtergehäuse (Bild 22.2) entwickelt, die folgende Bedingungen erfüllen:

- □ luftdichte und betriebssichere **Abtrennung** der Filter gegenüber der kontaminierten **Lufteintritts-** und der reinen **Luftaustrittsseite**;
- □ vollkommen ebene **Andrückflächen** für den Schwebstoffilter;
- □ vollkommene luftdichte **Ausschleusung** kontaminierter und **Einschleusung** sauberer Filterzellen;
- □ **Leckprüfung** während des Betriebes durch **Ölfadentest**;
- □ gleichmäßiges und genügend kräftiges **Andrücken** der Filterzellen auf die Sitzflächen auch bei später nachgebenden Dichtungen;
- □ Schutz der **Reinluftseite** vor absinkendem Staub während des Filterwechsels;
- □ räumlich zweckmäßig angeordnete **Flanschanschlüsse** zu den Lufteintritts- und den Luftaustrittskanälen;
- □ druckfestes und **dichtbleibendes** Gehäuse bei allen Betriebszuständen und allen denkbaren Unfalleinwirkungen;
- □ Kennzeichnung gemäß DIN 28050;

* Hängt in hohem Maße von der Beschaffenheit des Staubes ab.
** Vgl. Abschnitt 22.10

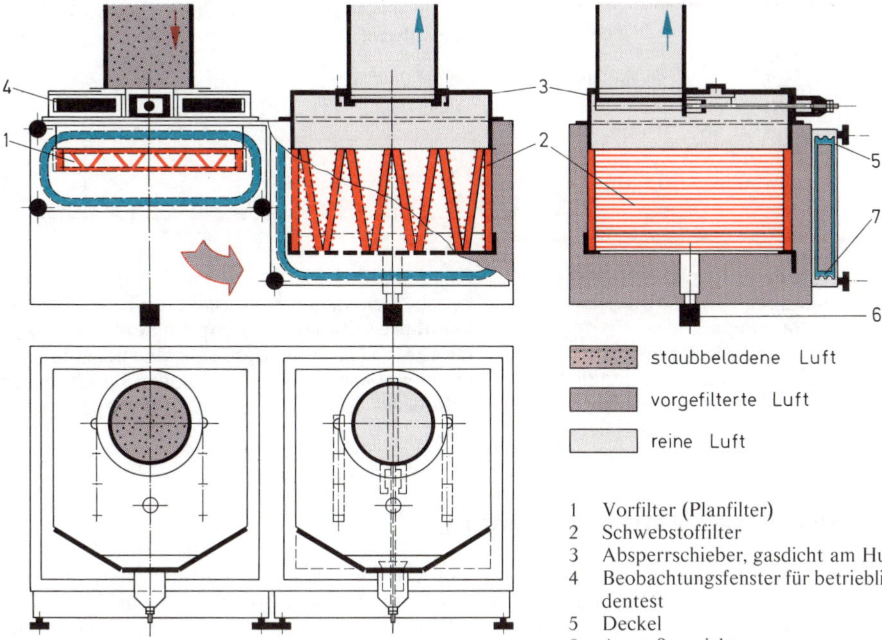

1 Vorfilter (Planfilter)
2 Schwebstoffilter
3 Absperrschieber, gasdicht am Hubende
4 Beobachtungsfenster für betrieblichen Ölfadentest
5 Deckel
6 Anpreßvorrichtung
7 Kragen für Filterwechsel

Bild 22.2 Filtergehäuse mit Schwebstoffilter

- □ Korrosionsschutz und Dekontaminierbarkeit für alle funktionswichtigen Bauteile;
- □ nur ein zusätzlicher Schwebstoffilter zur Gewährleistung eines ununterbrochenen Betriebes während des **Filterwechsels** und der Dichtheitsprüfung.

22.8. Elektronische Filter

Die Luft passiert zunächst die positiv geladenen Wolframdrähte, wobei die flüssigen und festen Fremdstoffe **ionisiert** werden (Corona-Effekt). In dem nachfolgenden Plattenkondensator werden die kleinsten Partikel zurückgehalten. **Reinigung** der Platten durch Bürsten oder Bespritzen mit einer Waschvorrichtung von Hand oder automatisch.

Charakteristische Daten sind:

Spannung	8000 bis 15 000 V
Leistungsaufnahme je Zelle	25 W
Anströmgeschwindigkeit	1,7 m/s
Druckdifferenz	40 Pa
Gewicht je Zelle	50 kg

22.9. Aktivkohlefilter

Zur **Adsorption** von Gasen (Küchengerüche, radioaktives Jod usw.), jedoch nicht von permanenten Gasen (O_2, N_2, CO_2 usw.), wendet man präparierte Holzkohle an (DIN 25429). 1 g Aktivkohle $\triangleq$ 2 cm³ $\triangleq$ 1200 m² Oberfläche.

22.10. Bewertung

Zur Kennzeichnung der Tauglichkeit eines Filters für eine spezifische lufttechnische Aufgabe ist es unumgänglich, die Daten auf genau festgelegte **Prüfmethoden** und **Teststäube** zu beziehen:

Wägemethode (weight test),
Verfärbungsmethode (dust spot test),
Streulichtmethode (DOP test),
visueller Ölfadentest
u.a.

Man spricht, indem man die sog. Frank-Karte vereinfacht, mit Vorbehalt von

		Korngröße d_T
Grobstaub	sinkt rasch ab	50 bis 500 µm
Feinstaub	sinkt langsam ab	0,5 bis 50 µm
Kolloidstaub = Schwebstoffe	dauernd schwebend	0,5 µm

Die Durchlässigkeit eines Feinfaserfilters hat bei einer Luftgeschwindigkeit von 0,01 m/s zwischen 0,2 und 0,3 µm ihr Maximum.

Ein **Durchlaßgrad** D ist als Relation zwischen der roh- und reinluftseitigen Konzentration des Prüfaerosols (Intensität des gestreuten Lichtes oder als Aktivität von Teilluftströmen) definiert. Nach DIN 24184 ist der mittlere Grenzwert für **Schwebstoffilter**

Filterklasse		Prüfaerosol „1"	„2"	„3"	
Q	$\bar{D}_g$ =	15	30	5	%
R	$\bar{D}_g$ =	2	2	1	%
S	$\bar{D}_g$ =	0,03	0,03	–	%

Der Nachweis der Leckfreiheit für die Filterklasse S ist dadurch erbracht, daß **visuelle erkennbare Ölfäden** von dem Prüfaerosol „1" nach DIN 24184 (Paraffinöl, größter Teilchenanteil mit Durchmessern zwischen 0,3 und 0,5 µm!) in der gefilterten Luft nicht festgestellt werden können.

22.11. Regelung der Ventilatorleistung

Der Widerstand der Filter nimmt mit wachsender Staubaufnahme zu. Die rote Widerstandsparabel (Bild 22.3) wandert im Diagramm von einer Anfangslage A nach oben bis zur Endlage E, die den Zeitpunkt für den Austausch markiert. Entsprechend wächst bei konstantem Fördervolumen $\dot{V}$ der Druckverlust von Δp_A bis auf Δp_E.
Der Ventilator wird für die maximale Leistung $\Delta p_E \cdot \dot{V}$ ausgelegt. In der Zeitspanne bis zu diesem Maximum muß die Leistung geregelt werden. Das kann nach Abschnitt 15.5 im betrieblich zulässigen Druckbereich geschehen durch: Drehzahlreduktion, Drallgitterverstellung, Schaufelverstellung, Drosselung. Es stellt sich die Frage: Lohnt sich der Mehraufwand für eine stufenlose Drehzahlregelung, z.B. gegenüber einer billigeren Dralldrosselregelung?

Berechnungsbeispiel

Druckverlust der Anlage ohne Filter Δp = 800 Pa
Druckverlust der Filter Δp_A = 250 Pa
Δp_E = 900 Pa

Auslegungspunkt η_E = 0,75
Drehzahlregelung η_A = 0,7
Dralldrosselregelung η_A = 0,5

Differenzen im Leistungsbedarf des Antriebes nach Gl. (15.1) ΔE

Mittelwerte des Leistungsbedarfs für die Standzeit $\Delta E = \Delta E_A/2 + \Delta E_E/2$
a) Drehzahlregelung $\Delta E = 2080\ \dot{V}$ in W
b) Dralldrosselregelung $\Delta E = 2380\ \dot{V}$ in W

Der Mehraufwand für (b), bezogen auf 1 m³/s, beträgt 300 W.

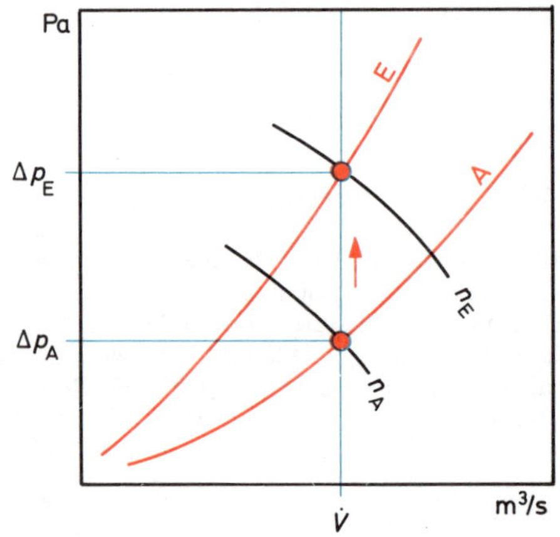

Bild 22.3 Zunahme des Strömungswiderstandes von Luftfiltern im Verlauf der Standzeit von A bis E.
Anpassung der Ventilatorenleistung durch Zunahme der Drehzahl von n_A bis n_E

23. Anlagensysteme

23.1. Überblick

Bei der Entwicklung der verschiedenen Systeme von Klimaanlagen standen zwei Überlegungen im Vordergrund:

Individuelle **Anpassung** der Leistung an die wechselnden Erfordernisse in den einzelnen klimatisierten Räumen.
Verminderung des **Aufwandes** für den Transport der Medien hinsichtlich
Energiebedarf,
Raumbedarf,
und damit allgemein:
Senkung der primär ursächlichen Kosten sowie weiterer, sekundärer Aufwendungen. Es kam im Grunde darauf an, möglichst hohe Energieströme mit volumenmäßig geringen Stoffströmen zu verbinden; die spezifische **volumetrische Wärmekapazität** mußte erhöht (oder durch die spezifische volumetrische Verdampfungswärme eines Kälteprozesses ersetzt) werden.

Bild 23.1 gibt einen einstweiligen Überblick über die Konstruktionsprinzipien der einzelnen Systeme, die nachstehend beschrieben werden.

23.2. Einkanalsysteme

Der Ausdruck bezieht sich auf den **einen** gemeinsamen **Zuluftkanal**, von dem aus Verzweigungen alle klimatisierten Räume mit Luft vom gleichen Zustand versorgen. Das System, dessen prinzipieller Aufbau im Bild 23.0 veranschaulicht ist, kann als das **Grundsystem** klimatechnischer Anlagen angesehen werden. Alle Funktionen der Luftkonditionierung sind in einer **Zentrale** zusammengefaßt und mit je einem Gerät vertreten. Der Aufbau ist einfach. Die Anlage kann wahlweise mit verschiedenen Mischungsverhältnissen betrieben werden; vom reinen Außenluftbetrieb bis zum maximalen Umluftbetrieb sind alle Zwischenstellungen möglich; der Außenluftanteil kann vermindert werden, wenn dies aus Gründen der Wirtschaftlichkeit vorübergehend erforderlich wird.

Die hohe Wärmelast der Zuluft bei Winterbetrieb wird durch örtliche Heizkörper (Pos. 20) herabgesetzt.
In den Abschnitten 24.1 und 24.2 sind die Zustandsänderungen der Luft in dem System für den Winter- und den Sommerbetrieb beschrieben.
Da eine individuelle Regelung von Temperatur und Feuchte für einzelne klimatisierte Räume fehlt, ist das Einkanalsystem vorzugsweise bei klimatechnisch gleichartigen Räumen angebracht.

23.3. Mehrzonensysteme

Der Mangel der ungenügenden Anpassung behindert die Regelung des individuellen Raumluftzustandes und führt zu einer Auslegung, die nicht auf die unterschiedliche Kühl- und Wärmelast der Räume, z.B. der Nord- und Südseite, Rücksicht nehmen kann. Die Aufgliederung des Kanalnetzes in **Zonen** ermöglicht hier eine bessere Anpassung und Ersparnisse durch die Ausnutzung des Gleichzeitigkeitseffekts. Die Zuluft wird für jede Zone individuell nach den wechselnden Erfordernissen temperiert (Bild 23.2). Dabei können Luftkühler (Pos. 8) und Nachwärmer (Pos. 9) nebeneinander- oder hintereinandergeschaltet sein. Die Wärmeaustauscher können einen Bestandteil der Zuluftzentrale bilden (Bild 23.3) oder, wie im Schema (Bild 23.2), in der Nähe der klimatisierten Räume untergebracht sein. Ja, es können ganze **Stockwerkszentralen** mitUmluftführung von der Außenluftkonditionierung getrennt aufgestellt werden.
Wenn Vorwärmer (Bild 23.3) i, und Kühler l im Zuluftstrom nebeneinander angeordnet sind, sorgen die Mischklappen g und h — als Wechselklappen konstruiert — für die individuelle Aufbereitung der einzelnen Zuluftströme c zu den Zonen.
Eine Befeuchtung wird bei diesem Gerät dezentral in den Zuluftkanälen in der Form eines Dampfbefeuchters (Bild 21.12) vorgesehen.

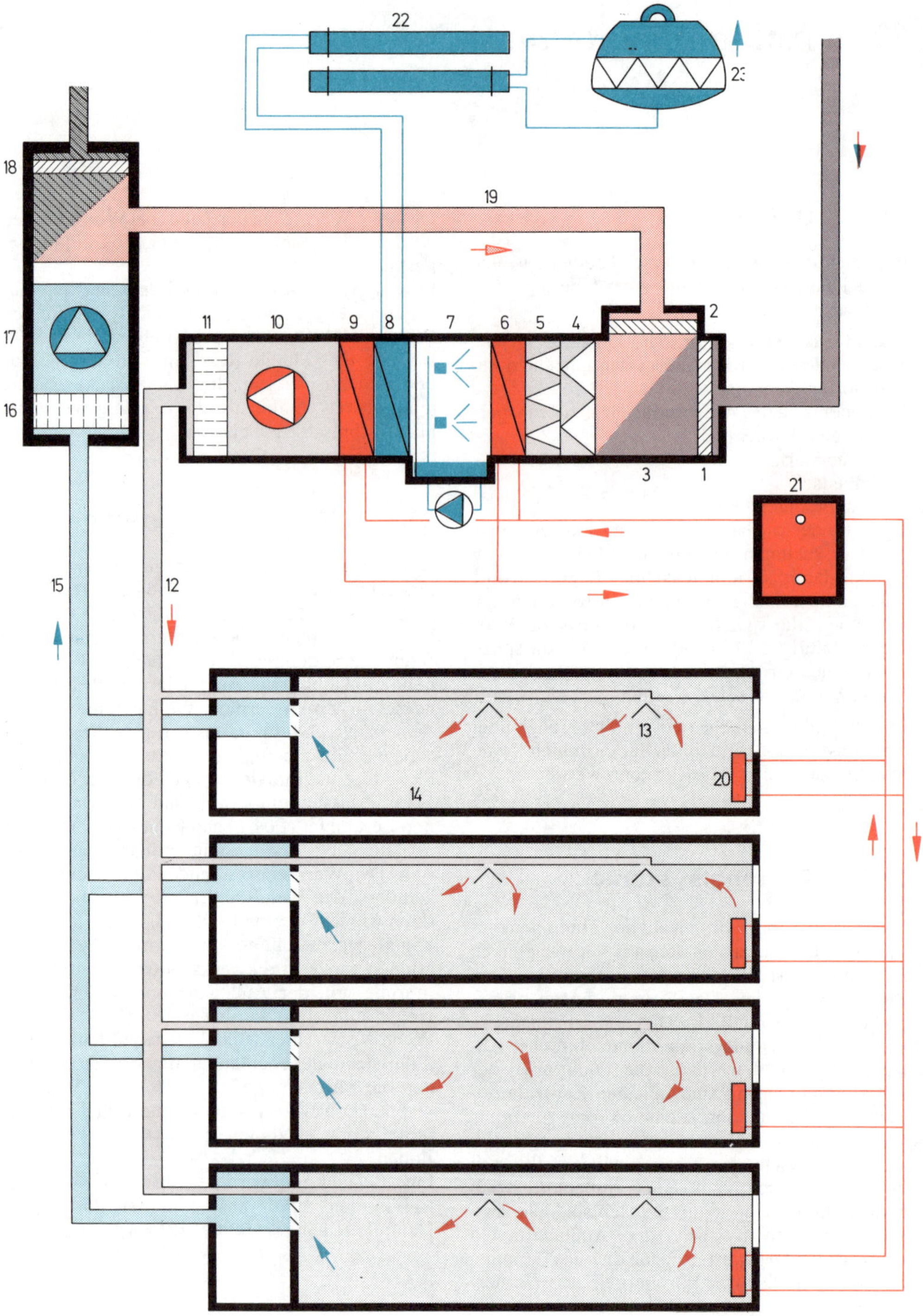
22
23
18
19
17
16
11
10
9
8
7
6
5
4
2
3
1
21
15
12
13
20
14

◀ *Bild 23.0 Einkanalsystem*
1 Außenluftklappe
2 Umluftklappe
3 Mischkammer
4 Vorfilter
5 Nachfilter
6 Vorwärmer
7 Befeuchter
8 Kühler
9 Nachwärmer
10 Zuluftventilator
11 Schalldämpfer
12 Zuluftkanäle
13 Luftauslässe
14 klimatisierter Raumkomplex
15 Abluftkanäle
16 Schalldämpfer
17 Abluftventilator
18 Abluftklappe
19 Umluftkanal
20 örtliche Heizkörper
21 Heizkessel
22 Kältemaschine
23 Kühlturm

	23.2		Abschnitt
Trägermedium des Energietransports (Wärme oder Kälte)	Zuluft	Primärluft in der Klimazentrale aufbereitet + Wasser im Kreislauf	23.5 bis .9
Regelung des Volumstroms der Zuluft	konstant	variabel	23.7
Anzahl der Zuluftkanäle zu jedem der klimatisierten Räume	1	2	23.7
Anzahl der zu klimatisierten Zonen zusammengefaßten Räume	1	≥2	23.3
Höhe der Strömungsgeschwindigkeit, ausgedrückt durch den Druck in den Zuluftkanälen	"ND"	"HD"	23.5
Örtliche Versorgung mit Energie (El., Wärme oder Kälte) außerhalb der Klimazentrale	Heizkörper	Nachwärmer Ventilatoren	23.6
Verringerte Ansprüche:	Freie Kühlung Wärmepumpen, dezentral Split-System		23.8 23.9 23.10

Man erkennt deutlich, daß das Einkanalsystem (Abschnitt 23.2) das Grundsystem für mannigfache Variationen ist.

Bild 23.1 Charakteristik der Anlagesysteme. Grafischer Überblick zum Kapitel 23

23.4. Zweikanalsysteme

Wenn es sich um eine größere Zahl von **Einzelräumen unterschiedlicher Belastung** handelt, stellt die Zusammenfassung in Zonen mit entsprechend vielen Zuluftkanälen nicht die optimale Lösung dar. Man reduziert vielmehr die Zuluftkanäle auf zwei, einen für die erwärmte und einen zweiten für die gekühlte Luft (Bild 23.4). Vor Ort tritt dann eine Mischung und Entspannung der beiden Luftströme in einem Mischkasten (Pos. 11 und Bild 20.1) ein. In dem Diagramm Bild 23.5 sind die Betriebsperioden der Erwärmung (links, rötlich) und Kühlung (rechts, hellblau) gefärbte Flächen. Jeweilig ein Punkt auf der Diagonalen der Außenlufttemperatur t_a repräsentiert einen Luftzustand, dem ein Punkt für den Zuluftzustand t_z auf den gestrichelten Linien zugeordnet ist. Die mittlere Raumlufttemperatur t_R stellt sich nach einer Mischung von Primär- und Sekundärluft ein.

Während der **Übergangszeit**, bei t_a zwischen etwa +14 und +22 °C, wird im Mischkasten zugleich kalte und warme Zuluft entspannt, weil die Temperatur der kalten Zuluft t_z nicht für alle Räume auf den Gleichgewichtswert $t_R = +22$ °C bei gleichzeitiger kontinuierlicher Verminderung der Kälteleistung und bei konstanter Zuluftleistung gesenkt werden kann. Zu diesen thermodynamischen kommen vielfach vermeidbare **Verluste** durch Undichtigkeiten.

Auch bei Zweikanalsystemen gibt es zahlreiche Varianten hinsichtlich der **dezentralen** Anordnung von Wärmeaustauschern.

Zweikanalsysteme werden meist als Hochdruckanlagen ausgeführt.

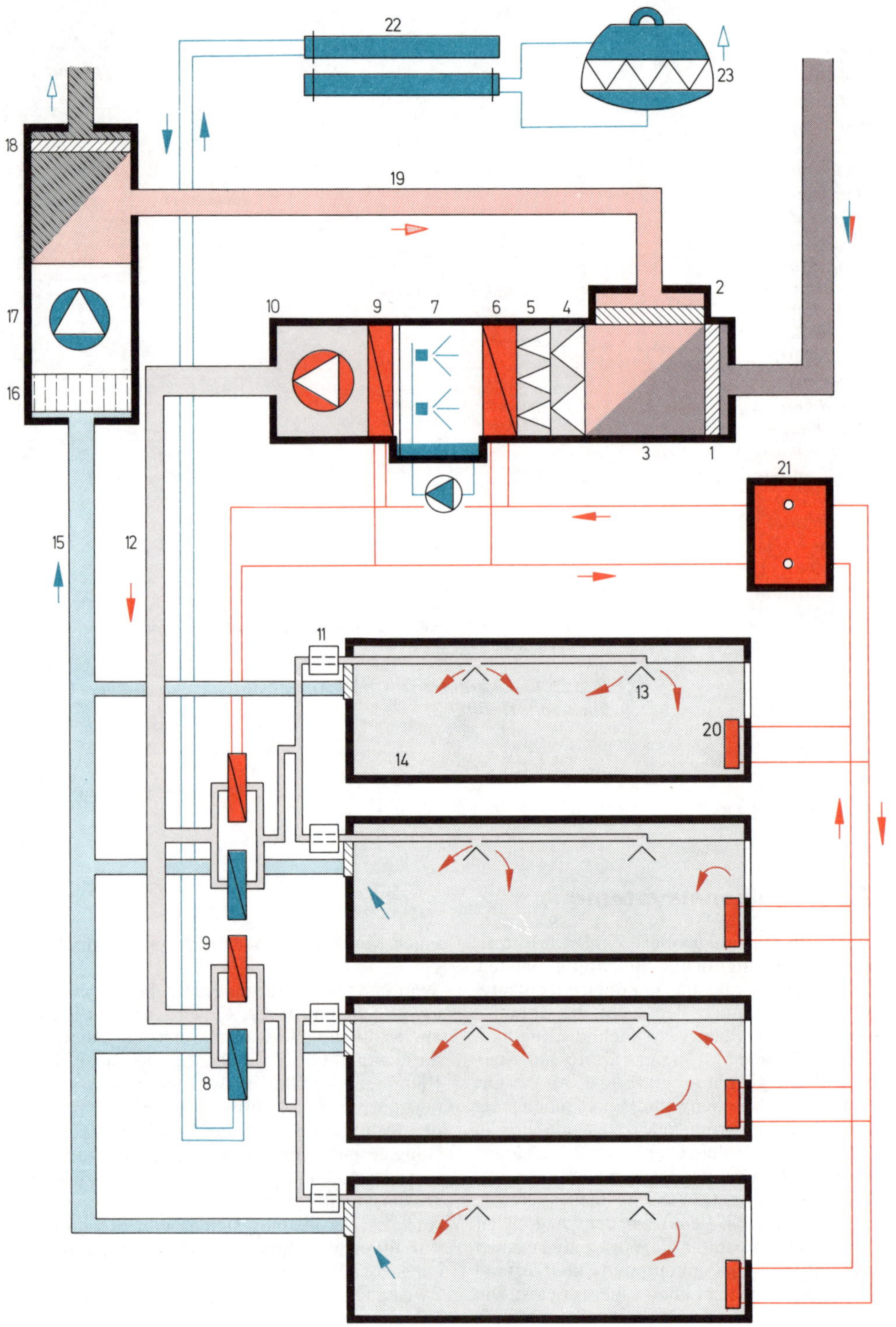
22
23
18
19
17
16
10
9
7
6
5
4
2
3
1
21
15
12
11
13
20
14
9
8

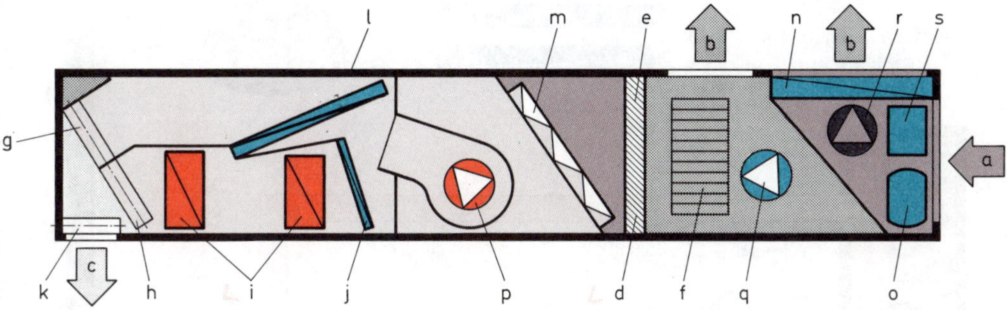

a Außenlufteintritt
b Fortluftaustritt
c Zuluftaustritt (mehrere hintereinander für die verschiedenen Zonen)
d Außenluftklappen dahinter:
e Umluftklappen
f Fortluftklappen vorn (auf der Gegenseite: Außenlufteintritt)
g Kaltluft-Mischklappen
h Warmluft-Mischklappen
i Lufterhitzer
j Verflüssiger der Kältemaschine als Lufterhitzer
k Drosselklappen für jede Zone
l Verdampfer der Kältemaschine als Luftkühler
m Planfilter oder Rollbandfilter
n Verflüssiger der Kältemaschine
o Verdichter der Kältemaschine
p Zuluftventilator
q Abluftventilator
r Verflüssigerventilator
s Steuertafel der Kältemaschine

Bild 23.3 Multizonen-Klimagerät vorzugsweise für die Installation auf Flachdächern (LENNOX, Egelsbach)

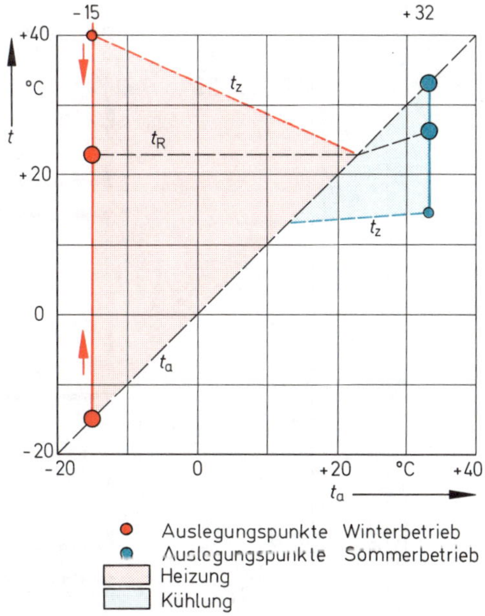

Bild 23.2 Mehrzonen-System Bezeichnung wie Bild 23.0 Zustandsverlauf im h,x-Diagramm: Bild 24.1 und 24.2

Bild 23.5 Temperaturverlauf für ein Zweikanalsystem in Abhängigkeit von den Außenluft-Temperaturen

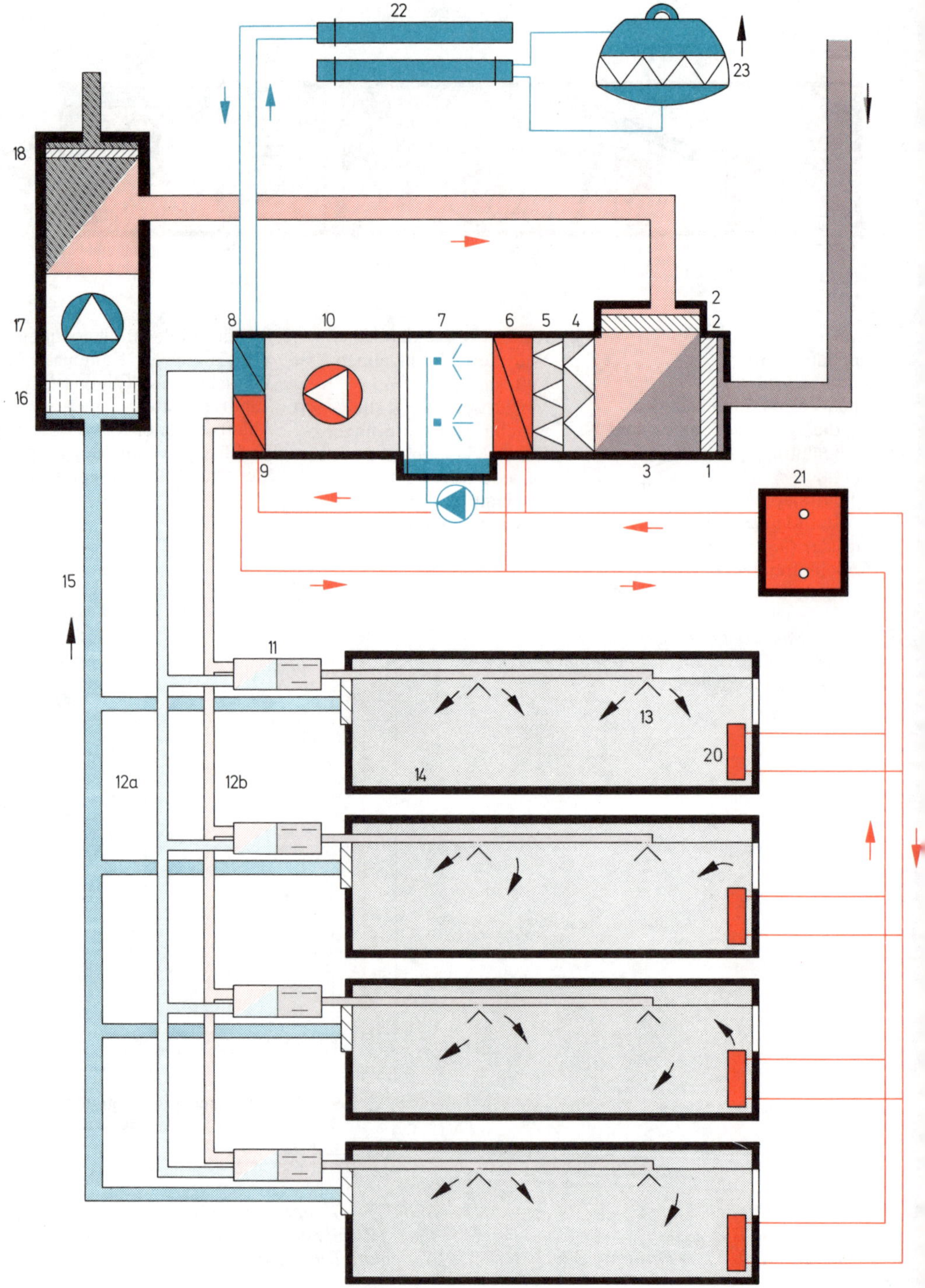
22
23
18
17
16
8
10
7
6
5
4
2
2
9
3
1
21
15
11
13
20
12a
12b
14

Charakteristische Daten

Gehäuse:	Stahl, verzinkt, wetterfest lackiert
Kälteverdichter:	3, vollhermetisch gekapselt
Verdampfer:	3 Kreisläufe, Kupferrohre mit Alu-Lamellen
Verflüssiger:	luftgekühlt, Kupferrohre mit Alu-Lamellen, 1 Kreislauf mit Wärmepumpenschaltung
Kältemittel:	R 22
Filter:	Rollband, Plan, Taschen, wahlweise 2,65, 3,12, 79 m² freie Fläche
Tauwasser:	Auffangwanne mit Rohrleitungsanschluß
Kälteleistung: $\dot{Q}_0$:	Direktverdampfung Nennleistung 100 000 kcal/h
Entfeuchtung $\dot{m}_D$:	60 l/h
Leistungsbedarf (Verdichter):	3 × 10,5 kW
Luftleistung $\dot{m}_L$:	max. 26 000 m³/h
Außenluftanteil:	mit Mischluftregelung einstellbar
Leistungsbedarf (Ventilatoren):	Verflüssiger 3 × 0,75 kW Zuluft 7,5 5,5 4,0 kW Abluft 4,0 2,2 1,1 kW
Heizung	
Wärmepumpe:	ca. 36 kW
Gas:	max. 210 kW
W.W.:	max. 300 kW
ND-Dampf:	max. 320 kW
el.:	max. 85 kW
Befeuchtung:	nur außerhalb des Geräts möglich
Anzahl der Zonen:	max. 18
Zonenmischklappen:	je eine für Kaltluft und Warmluft
Drosselklappen:	zur Einstellung der Zonenluftleistungen
Regelklappen:	Außenluft, Umluft, Fortluft
Höhe:	1600 mm Breite: 2400 mm Länge: 8030 mm
Gewicht:	ca. 3300 kg

◀ *Bild 23.4 Zweikanalsystem*
Bezeichnungen wie Bild 23.0, jedoch
11 Mischkasten
12a Kaltluftkanal
12b Warmluftkanal
Zustandsverlauf im h,x-Diagramm: Bild 24.5

23.5. Hochdrucksysteme

Die Größe der Zuluftkanäle und damit ihr Platzbedarf im Gebäude kann auf verschiedene Weise gesenkt werden:

- Erhöhung der **Strömungsgeschwindigkeit** in den Kanälen (Tabelle 16.1).
- Erhöhung der **Ausblasgeschwindigkeit** in den klimatisierten Räumen (Bild 18.2 ff.). Hiermit kann durch die Injektorwirkung des eintretenden Luftstromes die Differenz zwischen der Raumlufttemperatur t_R und der Zulufttemperatur t_z von etwa 6 bis 8 °C auf 12 bis 16 °C erhöht werden.
- In die klimatisierten Räume wird nur **Außenluft** eingeblasen.
- Die Außenluft wird **örtlich** durch kurze Luftkanäle den Geräten zugeführt.

Die beiden erstgenannten Maßnahmen bedeuten, daß der Kanalquerschnitt auf etwa ein Viertel vermindert werden kann. Sie bringen indessen eine erhebliche Steigerung der Geräusche und des Druckverlustes mit sich.
Im Hinblick auf die hohen Differenzdrücke für Kanäle, Mischgeräte, Schalldämpfer usw. hat sich die Bezeichnung **Hochdrucksysteme** eingebürgert.
Bei Induktionssystemen wird in der Zentrale nur der Außenluftanteil der Zuluft behandelt (Bild 23.6). Die Umluft zirkuliert innerhalb der Räume durch die **Injektionswirkung** der Außenluft, die, als **Primärluft** in Düsen entspannt, die Umluft als Sekundärluft mit sich führt (Bild 20.2). Die **Fortluft** ist auf den Volumstrom der Außenluft plus/minus Leckagen beschränkt.
Der Wärmestrom der Beheizung oder Kühlung der einzelnen Räume wird den Induktionsgeräten mit Wasserkreisläufen zugeführt. Man unterscheidet
Vierleitersysteme (Bild 23.6)
Dreileitersysteme (gemeinsamer Rücklauf des Kalt- und Warmwassers);
Zweileitersysteme (Den Induktionsgeräten, die mit **einem** Lamellensystem ausgerüstet sind, wird **entweder** kaltes **oder** warmes Wasser zugeführt. Die Umschaltung [changeover] wird individuell automatisch oder von Hand bewirkt.).
Beim Kühlen entsteht meist **Schwitzwasser** auf den Lamellen und Rohren des Wärmeaustauschers; es muß aufgefangen und abgeleitet werden.
Wenn die Räume im Winter, z.B. nach Geschäftsschluß, nicht benutzt werden, kann man die Belüftung einstellen. Das Induktionsgerät arbeitet dann als **Heizungskonvektor**. Voraussetzung ist eine genügend hohe Wassertemperatur.
Man steuert die kalorische Leistung bei den Vierleitersystemen entweder durch **Klappen** (luftseitig) oder durch **Dreiwegeventile** (wasserseitig).
Nachteilig ist bei allen Induktionssystemen, daß der geringe Unterdruck nur eine begrenzte **Filterung** der Umluft zuläßt.

23.6. Systeme mit Ventilator-Konvektioren

Diese Systeme arbeiten ähnlich den Induktionssystemen (Bild 23.6). Sie können in gleicher Weise mit den Wasserkreisläufen über Vierleiter, Dreileiter- oder Zweileiter-Rohranschlüsse verbunden werden. Auch eine Klappensteuerung ist ebenso wie eine Ventilsteuerung möglich. Die truhenförmigen Geräte bestehen im wesentlichen aus einem oder zwei Austauschern für kaltes und warmes Kreislaufwasser, einem Ventilator in Zentrifugal- oder Querstrombauweise, dem Luftfilter, der Außenluftklappe, dem Ausblasgitter, der Schwitzwasserwanne, dem Schalter- und Klemmenkasten sowie dem Stahlblechgehäuse mit innerer schalldämmender Auskleidung.
Die Außenluft kann aufbereitet den einzelnen Geräten zugeführt, aber auch unabhängig von den Geräten in die Räume eingeführt werden. Eine Außenluftklappe entfällt dann; die Geräte arbeiten ausschließlich mit Umluft. Von einem Außenluftanschluß durch die Wand des betreffenden Raumes ist abzuraten (Einfrieren, Winddruck, Säuberung). Gegenüber den Induktionsgeräten ist die Möglichkeit vorteilhaft, einzelne Geräte stillzusetzen, wenn der Raum nicht benutzt wird, und die schnelle Erwärmung oder Kühlung des Raumes, indem die hohe Drehzahl des Ventilators eingeschaltet wird. Als nachteilig muß dafür in Kauf genommen werden, daß Ventilator und Motor mehr Wartung und Stromkosten bedingen.

Bild 23.6 Induktions-System
Bezeichnungen wie Bild 23.0 jedoch 2 und 3 entfällt
13 Kaltwasser-Vor- und Rücklauf
14 Warmwasser-Vor- und Rücklauf
20 Induktionsgerät

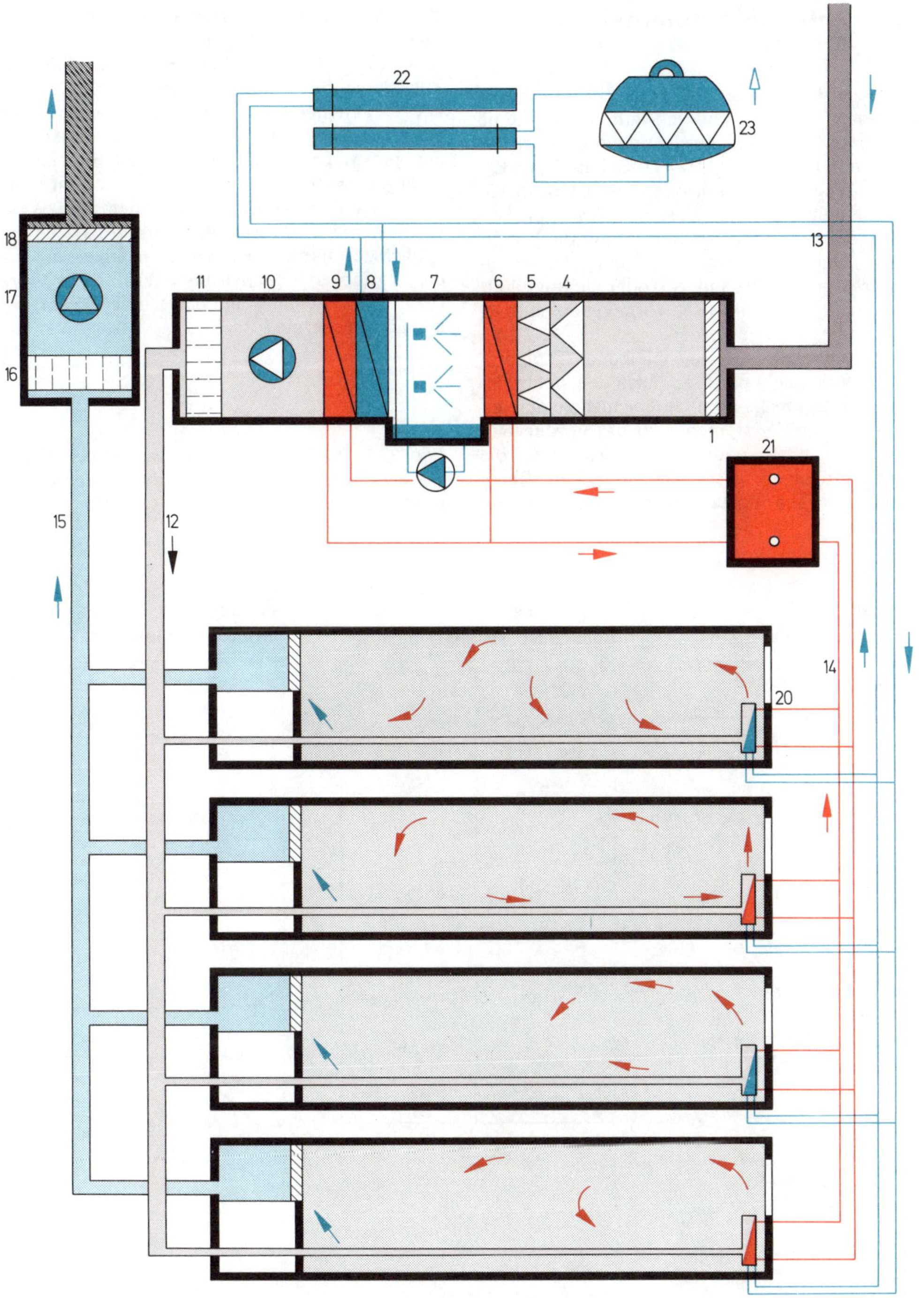
22
23
13
18
17
16
11
10
9
8
7
6
5
4
1
21
15
12
14
20

23.7. Variable Volumstrom-systeme

Das Bestreben, Energie zu sparen, führte zur Entwicklung der Hochdruck-Induktionssysteme (Abschnitt 23.5) und der verwandten Systeme mit Ventilator-Konvektoren (Abschnitt 23.6). Ein dritter Weg ist die Anpassung der Zuluftmenge an die Kühllast bzw. Heizlast. Der Transport von Kälte- oder Wärmeenergie bestimmt die Zuluftmenge. Eine untere Grenze, die durch die Frischluftversorgung (Abschnitt 8.3) oder die Raumluftbewegung (Abschnitt 18.8) vorgegeben ist, darf nicht unterschritten werden.
Die Zuluft behält eine gleichbleibende Temperatur, ihr Volumen ändert sich nach den wechselnden Erfordernissen. Zum Unterschied zu den anderen Nur-Luft-Systemen sinkt das Fördervolumen mit abnehmender Last. Dabei ist die Volumenregelung gesondert für jeden Raum durch einen Thermostaten vorzusehen. Wird auf diese Weise der Zuluftstrom insgesamt herabgesetzt, läßt sich die Ventilatorleistung ebenfalls senken (vgl. Abschnitt 15.5). Ein Druckfühler im Zuluftkanal bewirkt die Anpassung.
Die Gegenüberstellung (Bild 23.7) verdeutlicht die Einsparungen an Energie, die im Verlauf eines Jahres erzielt werden können. Bei einem Übergang von einem Nur-Luft-System mit konstantem Volumstrom (links) zu einem Luft-Wasser-System (Mitte) kann die Antriebsenergie erheblich gesenkt werden. Bei einem Übergang auf ein Variables Volumstromsystem (rechts) erreicht man ebenfalls eine beträchtliche Senkung der Förderenergie.

Bild 23.7 Repräsentative Werte für den Energieverbrauch von klimatechnischen Systemen, im Jahresverlauf dargestellt (nach Daniels)

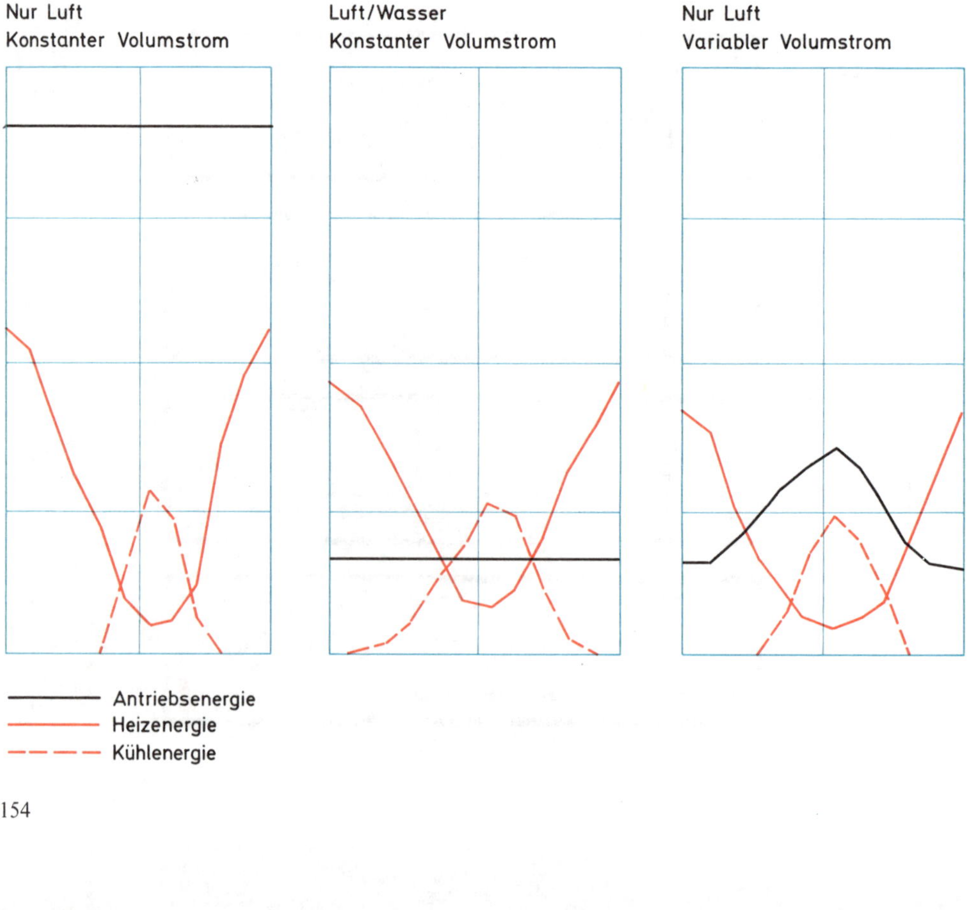

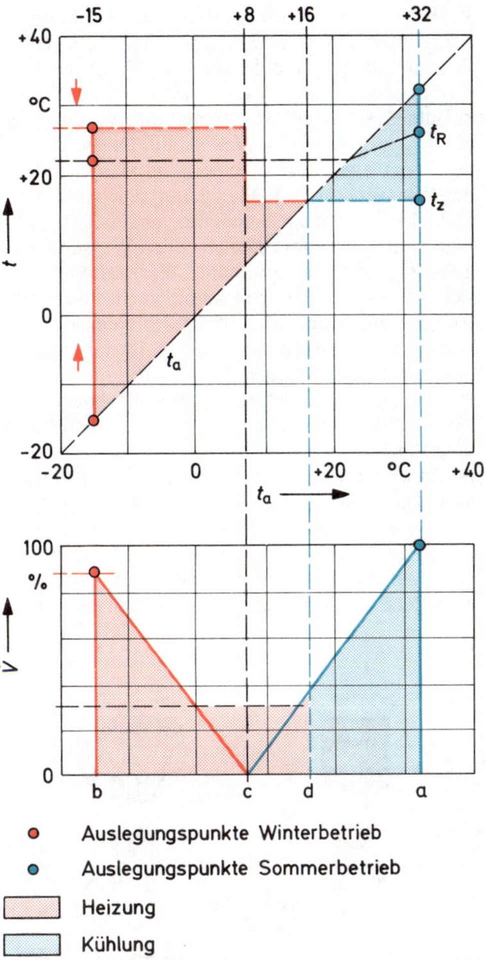

Bild 23.8 Temperaturverlauf von Zuluft und Raumluft für ein variables Volumstromsystem in Abhängigkeit von den Außenlufttemperaturen, darunter die entsprechenden Volumströme der Zuluft

Zum Vergleich mit dem Diagramm Bild 23.5 zeigt das Diagramm Bild 23.8 den Temperaturverlauf für den variablen Volumstrom. Man hat vier charakteristische Betriebspunkte:

(a) Auslegungspunkt max. Luftabkühlung (blau)

$$t_a = +32\ °C, \quad t_R = +26\ °C, \quad t_z = +16\ °C,$$

$$\dot{V}_{max} = 100\%$$

(b) Auslegungspunkt max. Lufterwärmung (rot)

$$t_a = -15\ °C, \quad t_R = +22\ °C, \quad t_z = +27\ °C,$$

$$\dot{V}_{max} = 90\%$$

Zwischen diesen beiden Grenzen:

(c) Gleichgewichtspunkt. Für den betreffenden Raum ist weder eine Kühlung noch eine Beheizung erforderlich.

$$t_a = +8\ °C, \quad t_R = +22\ °C, \quad t_z = +16\ °C,$$

$$\dot{V}_{min} = 30\%$$

(d) Grenzpunkt. Für die Außenluft ist weder eine Kühlung noch eine Beheizung erforderlich.

$$t_a = +16\ °C, \quad t_R = +22\ °C, \quad t_z = +16\ °C,$$

$$\dot{V} = \text{ca. } 35\%$$

In der Betriebsspanne zwischen (c) und (d) muß die Außenluft erwärmt werden, damit sie nicht mit einer Temperatur unter +16 °C in die Räume gelangt.

23.8. Freie Kühlung

Räume mit hoher innerer Wärmelast oder starker Sonneneinstrahlung müssen auch während der kalten Jahreszeit gekühlt werden. Da liegt es nahe, die Außenluft zur Kühlung heranzuziehen. Es ist dann möglich, die Kältemaschine abzuschalten. Der Mangel der Luft-Wasser-Systeme, nur einen verminderten Außenluftstrom in dem kleineren Kanalnetz bewältigen zu können, läßt sich auf diesem Wege ausgleichen. Ausführungsmöglichkeiten:

1. Nutzung des vorhandenen Luftkühlers

In der Zuluftzentrale für die Primärluft, die im Schema mit der Darstellung Bild 23.0 übereinstimmt, dient der Wärmeaustauscher 8 nicht mehr als Zuluftkühler, sondern als Zulufterhitzer. Das Kreislaufwasser wird abgekühlt und gelangt zu den Induktionsgeräten (bzw. zu den Ventilator-Konvektoren).

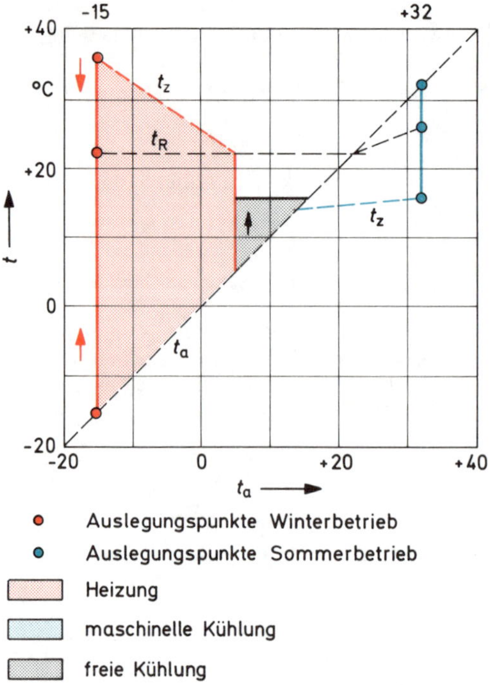

Bild 23.9 Temperaturverlauf von Zuluft und Raumluft, sowie Betriebsweisen für ein Induktionssystem mit freier Kühlung, in Abhängigkeit von den Außenlufttemperaturen

2. Nutzung des vorhandenen Kühlturms

Das Kaltwasser für die Geräte wird über einen Plattenwärmeaustauscher vom zirkulierenden Kühlwasser abgekühlt. Der Kühlturm führt die aufgenommene Wärme an die Außenluft ab. Hierbei kann eine tiefere Temperatur erreicht werden als im Fall 1, weil nicht nur die sensible Wärme der Außenluft genutzt wird, sondern auch die Verdunstungswärme.
Das Diagramm Bild 23.9 veranschaulicht die Aufgliederung der Betriebsweisen Heizung, freie Kühlung und maschinelle Kühlung.

23.9. Wärmepumpen

Die Darstellung Bild 23.10 zeigt den gemeinsamen Kreislauf des Wassers für die Truhengeräte (Wärmepumpen), den Kühlturm und den Heizkessel. Wenn die Geräte als Wärmepumpen arbeiten (links), geben sie ihre Wärme über einen Verflüssiger an die Raumluft ab. Die Verdampfer entnehmen dabei eine entsprechend geringere Wärme aus dem Wasserkreislauf. Wenn die Geräte in den warmen Räumen als Kältemaschinen in Betrieb sind (rechts), nehmen ihre Verdampfer die Wärme von der Raumluft auf. Die Verflüssiger übertragen den Wärmestrom wiederum auf den Wasserkreislauf. Man kann sich vorstellen, daß das System zu einem Gleichgewicht kommen kann. Der vom zirkulierenden Wasser abgegebene und aufgenommene Wärmestrom hält sich die Waage. Bei den ständig wechselnden Betriebsbedingungen wird meist der eine oder der andere Wärmestrom überwiegen. Ist der Heizbedarf größer, geht der Heizkessel in Betrieb. Überwiegt der Kühlbedarf, wird die überschüssige Verflüssigungswärme über den Kühlturm abgeführt.
Nur dort, wo ein gleichzeitiger Bedarf an Wärme und Kälte dominiert, lassen sich entscheidende Einsparungen erzielen. Das System ist für Klimazonen geeignet, in denen Heizen und Kühlen einen Energieaufwand in gleicher Größenordnung erfordert, und wo zudem der Strompreis niedrig ist.

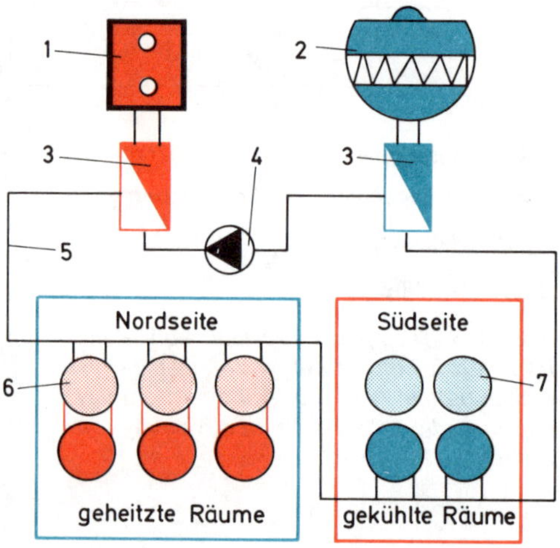

Bild 23.10 System mit dezentralen Wärmepumpen/Kältemaschinen
1 Heizkessel
2 Kühlturm
3 Plattenwärmeaustauscher
4 Umwälzpumpe
5 geschlossener Wasserkreislauf
6 Geräte als Wärmepumpe in Betrieb
7 Geräte als Kältemaschine in Betrieb

23.10. Reine Luftkühlung

Wenn für die Räume eine Heizung bereits vorhanden ist oder aus anderen Gründen nicht in Betracht gezogen wird, so kann für den **Sommerbetrieb** eine einfache Kühlung und eine begrenzte Entfeuchtung der Umluft vorgesehen werden. Die begrenzte und nicht geregelte Entfeuchtung der Luft – Grundprozeß ⑦ – genügt ohne eine Nachwärmung, wenn nach Abschnitt 5.17 die Verlaufsrichtung des Prozesses mit der gegenläufigen Verlaufsrichtung der Erwärmung im Raum übereinstimmt. Letztere wird durch das Verhältnis zwischen sensibler und latenter Kühllast (Kap. 12) bestimmt und ausgedrückt durch

$$\frac{\dot{Q}_{\text{sens}}}{\dot{m}_{\text{D}}} = \frac{\Delta h}{\Delta x}$$

Praktisch genügt die begrenzte Entfeuchtung dort, wo sensible Wärmequellen im Raum gewissermaßen eine örtliche Nachwärmung bewirken.
Die Geräte benötigen lediglich einen Anschluß für den elektrischen Strom und für die Ableitung (oder Verdunstung) des Schwitzwassers. Eine Beimischung von **Außenluft** ist in der Regel dann möglich, wenn die Geräte an einer Außenwand stehen oder wenn ein Luftkanal nach außen geführt werden kann.
Weitere Bauelemente zur Verbesserung der Ausstattung in Richtung einer ganzjährigen Klimatisierung sind:

- ☐ Befeuchter,
- ☐ elektrische Heizkörper, vorwiegend für die Übergangszeit (min. +5 °C wegen Einfrierens),
- ☐ Lamellensysteme für Warmwasserheizung,
- ☐ Regelsysteme,
- ☐ Wärmepumpenschaltung.

Nach den äußeren **Abmessungen** und nach den zugehörigen **Leistungsbereichen** unterscheidet man:

Schrankgeräte

Kälteleistung	6 bis	200 kW
Luftleistung	1000 bis	50 000 m³/h
Leistungsbedarf	2 bis	100 kW

Truhengeräte

Kälteleistung	2 bis	10 kW
Luftleistung	400 bis	2 000 m³/h
Leistungsbedarf	0,75 bis	3 kW

Fenstergeräte

Kälteleistung	1 bis	7 kW
Luftleistung	200 bis	1000 m³/h
Leistungsbedarf	0,75 bis	4 kW

Die Installation ist einfach. Nachteilig sind von Fall zu Fall die Betriebsgeräusche, Zugerscheinungen, die fehlende Feuchteregelung und die störende Beeinträchtigung der Fassaden- und Fensterarchitektur.

23.11. Split

Beim Splitsystem (Bild 23.7) ist die Luftkühlung auf ein oder mehrere Innen- und Außengeräte aufgeteilt. Die Geräte sind durch die beiden Kupferrohre für den Kältemittelstrom, die leicht zu verlegen sind, verbunden.
Innengeräte enthalten folgende Bauteile:
Verdampfer mit Expansionsventil,
Umluftventil,
Luftfilter,
Tauwasserauffangschale,
Regelgeräte,
Außenluftanschlüsse sind möglich.

Außengeräte enthalten folgende Bauteile:
vollhermetisch gekapselter Motorverdichter mit Kurbelwannenheizung,
Verflüssiger mit Axialventilator,
kältetechnische Regel- und Sicherheitsgeräte.

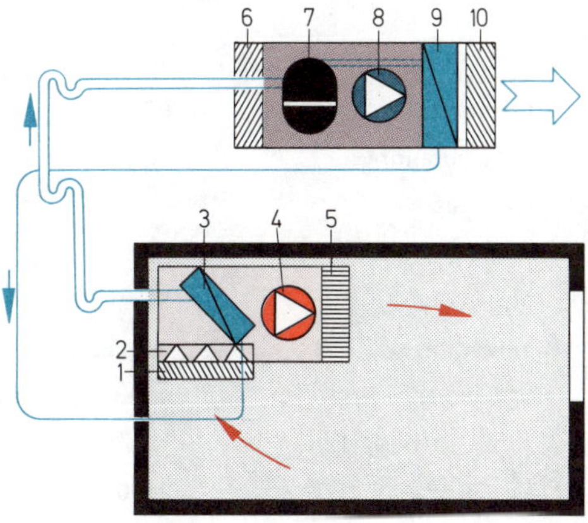

1 Umluftgitter
2 Filter
3 Verdampfer
4 Umluftventilator
5 Ausblasgitter
6 Außenluftjalousie
7 Kälteverdichter
8 Ventilator
9 Verflüssiger
10 Außenluftjalousie

Bild 23.11 Split-System

Charakteristische Daten

	Schrankgerät	Truhengerät	Fenstergerät	
Gehäuse:	Stahl, ansprechend lackiert			
Kälteverdichter:	semihermetisch oder vollhermetisch gekapselt			
Verdampfer:	als Luftkühler und Entfeuchter			
Verflüssiger:	wassergekühlt oder luftgekühlt, mit Axialventilator			
Kältemittel:	R 22			
Umluftventilator:	Zentrifugal (Trommelläufer)			
Filter:	Polyurethanschaum, abwaschbar, Klasse B 1			
Tauwasser:	Auffangwanne mit Rohrleitungsanschluß,	auch mit Verdunstungseinrichtung		
Kälteleistung $\dot{Q}_0$:	56	6	4,5	kW
Entfeuchtung $\dot{m}_D$:	30	3,3	2,7	l/h
Leistung (Verdichter):	15,3	1,5	1,5	kW
Luftleistung $\dot{m}_L$:	10 200	900	400	m³/h
Außenluftanteil:	(über Rückluft)		80	m³/h
Leistung (Ventilatoren):	3,7	0,3	0,4	kW
Geräusch:	65	44	56	dB(A)
Heizung				
Luftleistung:	14 800	900	640	m³/h
Geräusch:	65	44	64	dB(A)
Wärmepumpe:	–	–	4,5	kW
Leistung:	–	–	2,2	kW
W.W.:	120	8	–	kW
el.:	57,6	6,3	3,5	kW
Befeuchtung:	nur außerhalb der Geräte möglich			
Verflüssiger:	wassergekühlt			
Kühlwasserbedarf $\dot{m}_W$:	12,3	1,3	–	m³/h
Höhe:	2400	750	420	mm
Breite:	1950	1530	587	mm
Tiefe:	850	270	560	mm
Gewicht:	975	150	66	kg

24. Regelsysteme

24.1. Zustandsverlauf: Winterbetrieb

In dem h, x-Diagramm Bild 24.1 sind die Zustandsänderungen der Luft für den Winterbetrieb des Einkanalsystems (Bild 1.1) schematisch dargestellt.

Die Außenluft, Zustand A, wird in der Mischkammer (Pos. 3) mit der Umluft, Zustand R, zusammengeführt. Die Zuluft nimmt nach diesem Prozeß vollkommener Mischung (rot gestrichelt gezeichnet) den Endzustand M an.

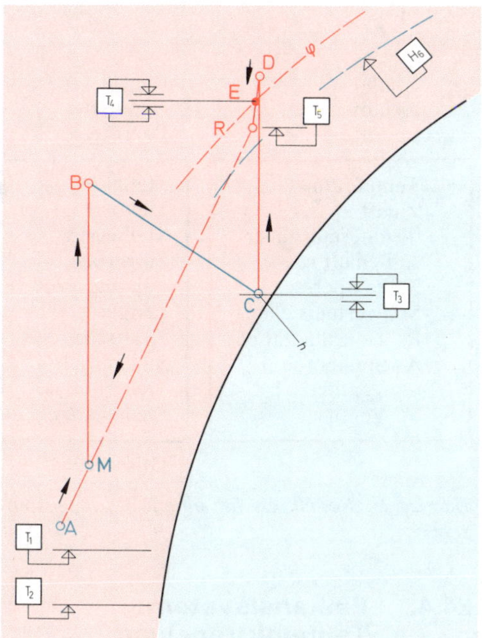

Bild 24.1 Zustandsanderung der Luft in einem Einkanalsystem (Bild 1.1), dargestellt im h,x-Diagramm
Winterbetrieb
Zur Verdeutlichung im Schema der Zeichnung wurde der Außenluftanteil weitaus höher als üblich angenommen

Nach dem Passieren der Filter wird die Zuluft im Vorwärmer (Pos. 6) erhitzt. Sie erreicht ohne eine Änderung ihres Feuchtegehaltes x den Zustand B.
Im Luftwäscher (Pos. 7) wird ihre Temperatur gesenkt und ihr Feuchtegehalt nahezu bis zur Sättigung erhöht. Ihr Zustand C liegt dicht beim Taupunkt.
Im Nachwärmer (Pos. 9) wird zum zweitenmal sensible Wärme zugeführt. Der Endzustand der Zuluft ist nunmehr D.
Beim Eintritt der Zuluftstrahlen in den Raum tritt durch Injektion eine Vermischung mit der etwas kühleren Raumluft R ein. Man erhält im dominierenden Behaglichkeitsbereich einen Mischzustand E.
Zusammenfassend kann man feststellen, daß sich in der Klimaanlage

- ☐ zwei Mischprozesse,
- ☐ zwei Transportprozesse sensibler Wärme und
- ☐ ein Transportprozeß von sensibler und latenter Wärme abspielen

24.2. Zustandsverlauf: Sommerbetrieb

In dem h,x-Diagramm Bild 24.2 sind die Zustandsänderungen der Luft für den Sommerbetrieb des Einkanalsystems (Bild 1.1) schematisch dargestellt.
Die Außenluft, Zustand A, wird in der Mischkammer (Pos. 3) mit der Umluft, Zustand R, zusammengeführt. Die Zuluft nimmt nach diesem Prozeß vollkommener Mischung (rot gestrichelt gezeichnet) den Endzustand M an.
Nach dem Passieren der Filter und des Vorwärmers (Pos. 6), der ebenso wie Luftwäscher (Pos. 7) während des Sommerbetriebes abgeschaltet ist, wird der Zuluft im Kühler (Pos. 8) sensible und latente Wärme entzogen. Ihre Temperatur und ihr Feuchtegehalt x sinken bis auf den Zustandspunkt B, der dem Zustand der gesättigten Luft an der Oberfläche der Lamellen C entspricht.
Zum Unterschied zum absoluten Feuchtegehalt x ist die relative Feuchte φ erhöht worden. Sie wird

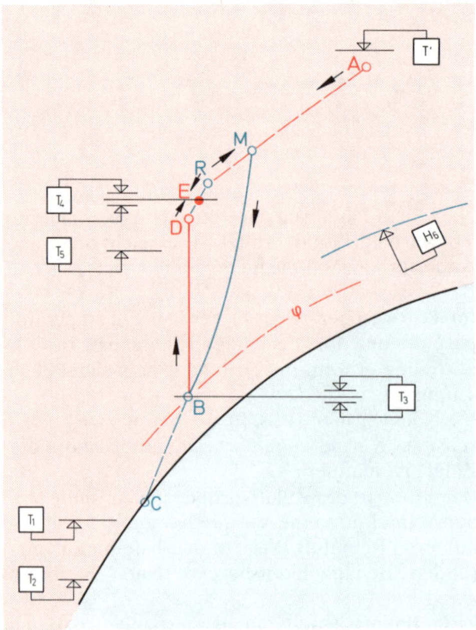

Bild 24.2 Zustandsänderungen der Luft in einem Einkanalsystem (Bild 1.1), dargestellt im h,x-Diagramm
Sommerbetrieb

vermindert, indem die Zuluft im Nachwärmer (Pos. 9) bis auf den Zustand D trocken erwärmt wird.
Beim Eintritt der Zuluftstrahlen in den Raum tritt durch Injektion eine Vermischung mit der etwas wärmeren Raumluft R ein. Man erhält im dominierenden Behaglichkeitsbereich einen Mischzustand E.
Zusammenfassend kann man feststellen, daß sich in der Klimaanlage

- □ zwei Mischprozesse,
- □ ein Transportprozeß sensibler Wärme und
- □ ein Transportprozeß von sensibler und latenter Wärme abspielen.

24.3. Regelkreise

Die Anlagensysteme der Klimatechnik müssen sich zu jedem Zeitpunkt den wechselnden Umgebungseinflüssen (der Sonnenbestrahlung, Lufttemperatur, Wärme-, Feuchtebelastung usw.) anpassen, so daß der in den Räumen erforderliche Luftzustand stets aufrechterhalten wird. Diese Forderung beinhaltet einen **geschlossenen Wirkungsablauf**, der sich aus verschiedenen Regelkreisen (Bild 24.3) zusammensetzt.

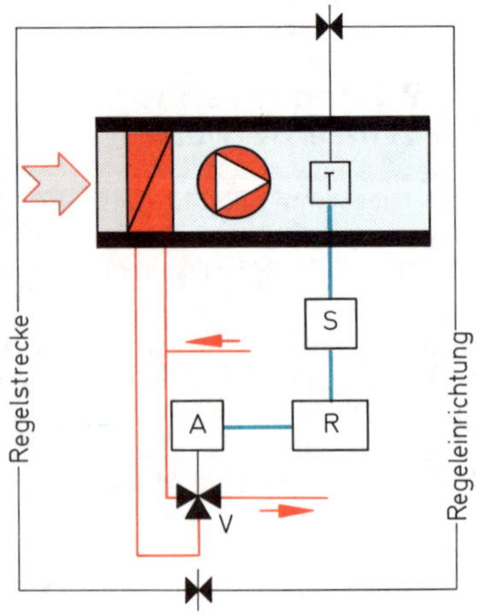

	Klimatechnische Begriffe	Regeltechnische Begriffe
	Temperatur	Meßgröße
	Zuluft	Meßort
T	Temperaturfühler	Meßwerk
	Außenluft u.ä.	Störgröße
	Solltemperatur	Führungsgröße
S	Sollwerteinstellung	Leitgerät
	R Zentralgerät o.ä.	Kraftschalter
	A Stellmotor	Stellantrieb
	Ventilhub	Stellgröße
V	Ventil	Stellglied

DIN 19226

Bild 24.3. Regelkreis für einen Wärmeaustauscher

24.4. Einkanalsystem: Taupunktregelung

Bild 24.4 veranschaulicht in Verbindung mit den *h,x*-Diagrammen Bild 24.1 und 24.2 das prinzipielle Schema einer Regelung mit Taupunktthermostat:
Regelkreis
1 Der Außenluftthermostat T_1 bzw. T_1' schließt bei sehr tiefen oder hohen Außenlufttempera-

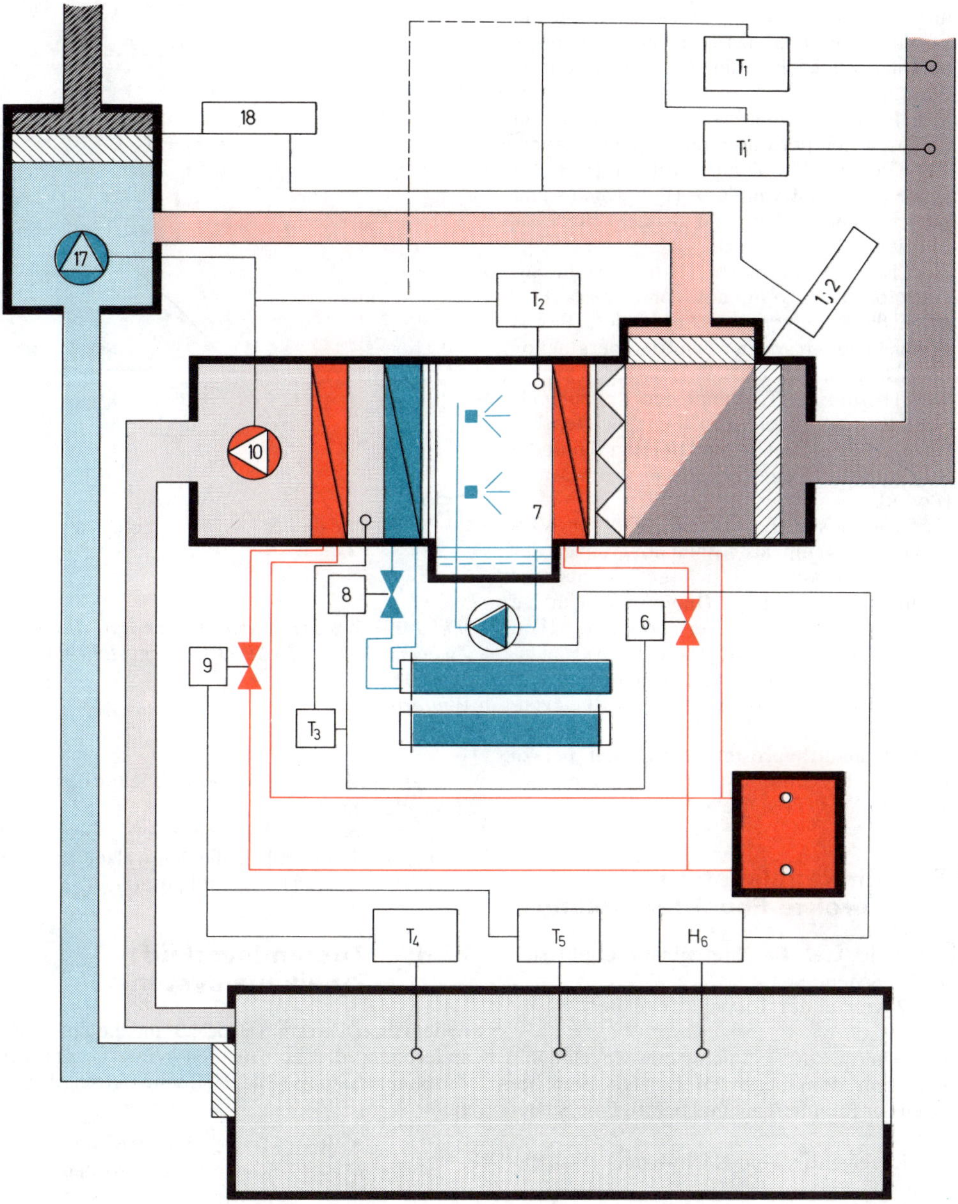

Bild 24.4 Regelung eines Einkanalsystems

turen die Außenluftklappe (Pos. 1) und die Fortluftklappe (Pos. 18) bis auf einen Minimaldurchlaß. Zugleich öffnet er die Umluftklappe (Pos. 2).

2 Der Frostschutzthermostat T_2 schaltet bei tiefen Lufttemperaturen hinter dem Vorwärmer (Pos. 6) den Zuluftventilator (Pos. 10) sowie den Abluftventilator (Pos. 17) aus und schützt somit Anlage und Baulichkeiten vor Einfrierschäden.

3 Der Taupunktthermostat T_3 steuert in Sequenz das Regelventil des Vorwärmers (Pos. 6) und das Regelventil des Luftkühlers (Pos. 8) in Abhängigkeit von der Zulufttemperatur vor dem Nachwärmer (Pos. 9).

4 Der Thermostat T_4 nimmt den Regelimpuls von dem dominierenden Behaglichkeitsbereich der Raumluft auf und betätigt damit die Steuerung des Regelventils vom Nachwärmer (Pos. 9).

5 Der Thermostat T_5 wirkt bei erhöhter Wärmelast im Raum als Minimalbegrenzer der Zulufttemperatur, die sich gerade mit der Raumluft gemischt hat (Induktion). Um die Zugerscheinungen zu verhindern, die von unterkühlter Zuluft ausgehen, bewirkt er einen erhöhten Warmwasserstrom im Nachwärmer (Pos. 9) durch Öffnen des Regelventils.

6 Der Raumlufthygrostat H_6 schaltet bei zu hoher Luftfeuchte die Umwälzpumpe des Luftwäschers (Pos. 7) ab.

24.5. Einkanalsystem: Direkte Feuchteregelung

Bei einer direkten Feuchteregelung ergibt sich folgendes Schema:

1 und 2 wie bei der Taupunktregelung

3 entfällt.

4 Der Thermostat T_4 nimmt den Regelimpuls von dem dominierenden Behaglichkeitsbereich der Raumluft auf und betätigt die Steuerung
des Regelventils vom Nachwärmer (Pos. 9) und
des Regelventils vom Luftkühler (Pos. 8)

5 wie bei der Taupunktregelung.

6 Der Raumlufthygrostat H_6 öffnet bei zu geringer Feuchte das Regelventil des Vorwärmers (Pos. 6), so daß mit steigendem Punkt B (Bild 24.1) der Endpunkt der Befeuchtung C im Diagramm weiter nach rechts rückt.
Bei zu hoher Feuchte öffnet er das Regelventil des Luftkühlers (Pos. 8) und leitet damit die Entfeuchtung ein.
Beim Überschreiten eines oberen Grenzwertes wird schließlich die Umwälzpumpe des Luftwäschers (Pos. 7) stillgesetzt.

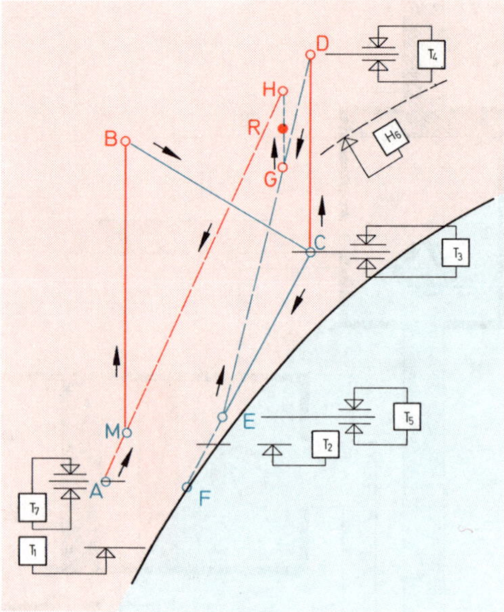

Bild 24.5 Zustandsänderung der Luft in einem Zweikanalsystem (Bild 23.3), dargestellt im h,x-Diagramm Winterbetrieb

24.6. Zustandsverlauf: Zweikanalsystem

In dem *h,x*-Diagramm Bild 24.5 sind die Zustandsänderungen der Luft für den Winterbetrieb des Zweikanalsystems (Bild 23.3) schematisch dargestellt.

A; R →	M	wie Einkanalsystem
M →	B	wie Einkanalsystem
B →	C	wie Einkanalsystem
C →	D	wie Einkanalsystem

Der Luftstrom durch den zweiten Kanal wird zuvor im Luftkühler (Pos. 8) auf den Endzustand E abgekühlt.

Die erwärmte Luft D und die gekühlte Luft E nehmen in einem Mischgerät (Pos. 11) den Zustand G an.

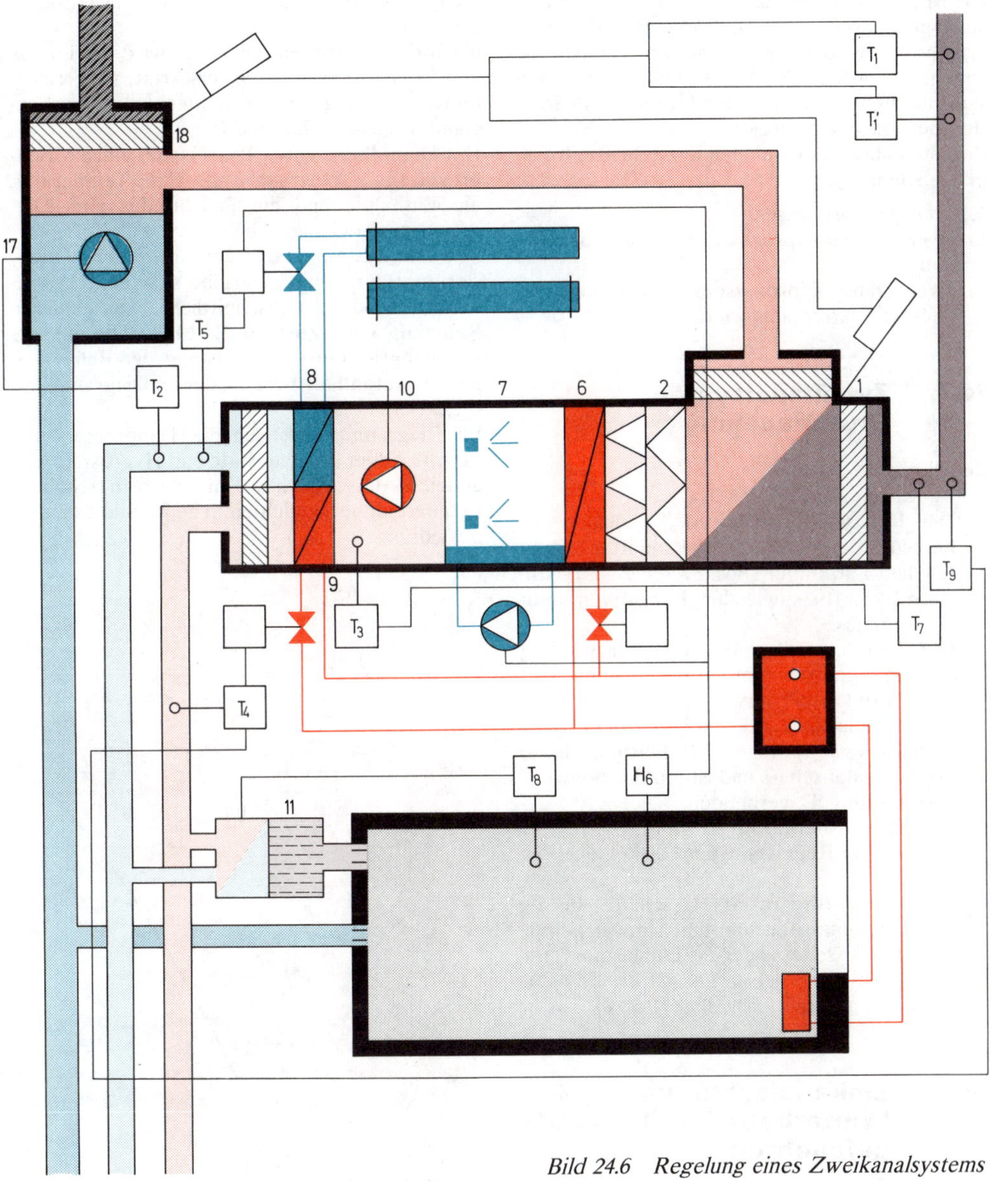

Bild 24.6 Regelung eines Zweikanalsystems

Die Mischluft G trifft beim Eintritt in den Raum auf Sekundärluft vom Zustand H, die durch örtliche Wärmequellen eine höhere Temperatur angenommen hat. Die Vermischung ergibt den gewünschten Raumluftzustand R im dominierenden Behaglichkeitsbereich.
Zusammenfassend kann man feststellen, daß sich in der Klimaanlage

- □ drei Mischprozesse,
- □ zwei Transportprozesse sensibler Wärme und
- □ zwei Transportprozesse von sensibler und latenter Wärme abspielen.

24.7. Zweikanalsystem: Grundregelung

Regelkreis

1 wie Einkanalsystem.

2 Der Frostschutzthermostat T_2 schaltet bei tiefen Lufttemperaturen im Kaltluftkanal hinter dem Luftkühler (Pos. 8) den Zuluftventilator (Pos. 10) sowie den Fortluftventilator (Pos. 17) aus.

3 Der Thermostat T_3 hinter dem Luftwäscher (Pos. 7) regelt den Vorwärmer (Pos. 6).

4 Der Warmluftthermostat T_4 mit seinem Temperaturfühler im Luftkanal hinter dem Nachwärmer (Pos. 9) steuert die Leistung dieses Wärmeaustauschers und ist mit der Sollwertverschiebung T_9 verbunden.

5 Der Kaltluftthermostat T_5 gibt die Schaltimpulse für das Regelventil des Luftkühlers (Pos. 8).

6 Der Raumlufthygrostat H_6 schaltet bei zu hoher Raumluftfeuchte die Umwälzpumpe eines Luftwäschers oder das Expansionsventil eines Dampferzeugers (Pos. 7) ab. Er wirkt weiterhin auf den Luftkühler (Pos. 8).

24.8. Einkanalsystem: Winterbetrieb mit Dampfbefeuchtung

In dem *h,x*-Diagramm Bild 24.7 sind die Zustandsänderungen für eine Anlage eingezeichnet, in der die Luft mit Dampf befeuchtet und erwärmt wird. Dieser Teilprozeß verkörpert den psychrometrischen Grundprozeß der Mischung LD + D (Bild 4.5 links oben).
Die Außenluft, Zustand A, wird in der Mischkammer (Pos. 3) mit der Umluft, Zustand R, zusammengeführt (rot gestrichelt gezeichnet). Endzustand M.
Nach dem Passieren der Filter wird die Luft in dem Austauscher (Pos. 6) erwärmt; sie erreicht ohne Änderung ihres Feuchtegehalts vom Zustand M aus den Zustand B.
Der Dampfbefeuchter (Pos. 7) leitet einen Mischprozeß LD + D ein; am Ende ist die Temperatur, die Enthalpie und die Feuchte bis zum Diagrammpunkt C angestiegen.
Mit dem Zustand C tritt die Luft in den klimatisierten Raum ein; es ergibt sich eine Vermischung mit der durchschnittlich etwas kühleren Raumluft vom Zustand R. Meßgröße für die Regelung ist ein Bezugszustand der Behaglichkeit im Aufenthaltsbereich, der im Diagramm mit E bezeichnet ist.
Im Diagramm sind auch die Temperatur- und Feuchtefühler (Thermostate und Hygrostate) angedeutet, deren Funktion im Text vom Abschnitt 24.9 und im vereinfachten Schema Bild 24.8 dargestellt ist.

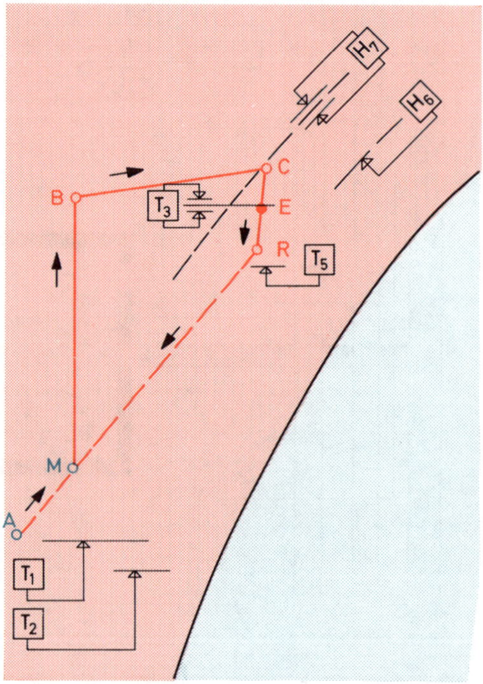

Bild 24.7 Zustandänderungen der Luft, Einkanalsystem nach dem Schema Bild 24.8, Winterbetrieb mit Dampfbefeuchtung (Mischprozeß LD + D), dargestellt im h,x-Diagramm

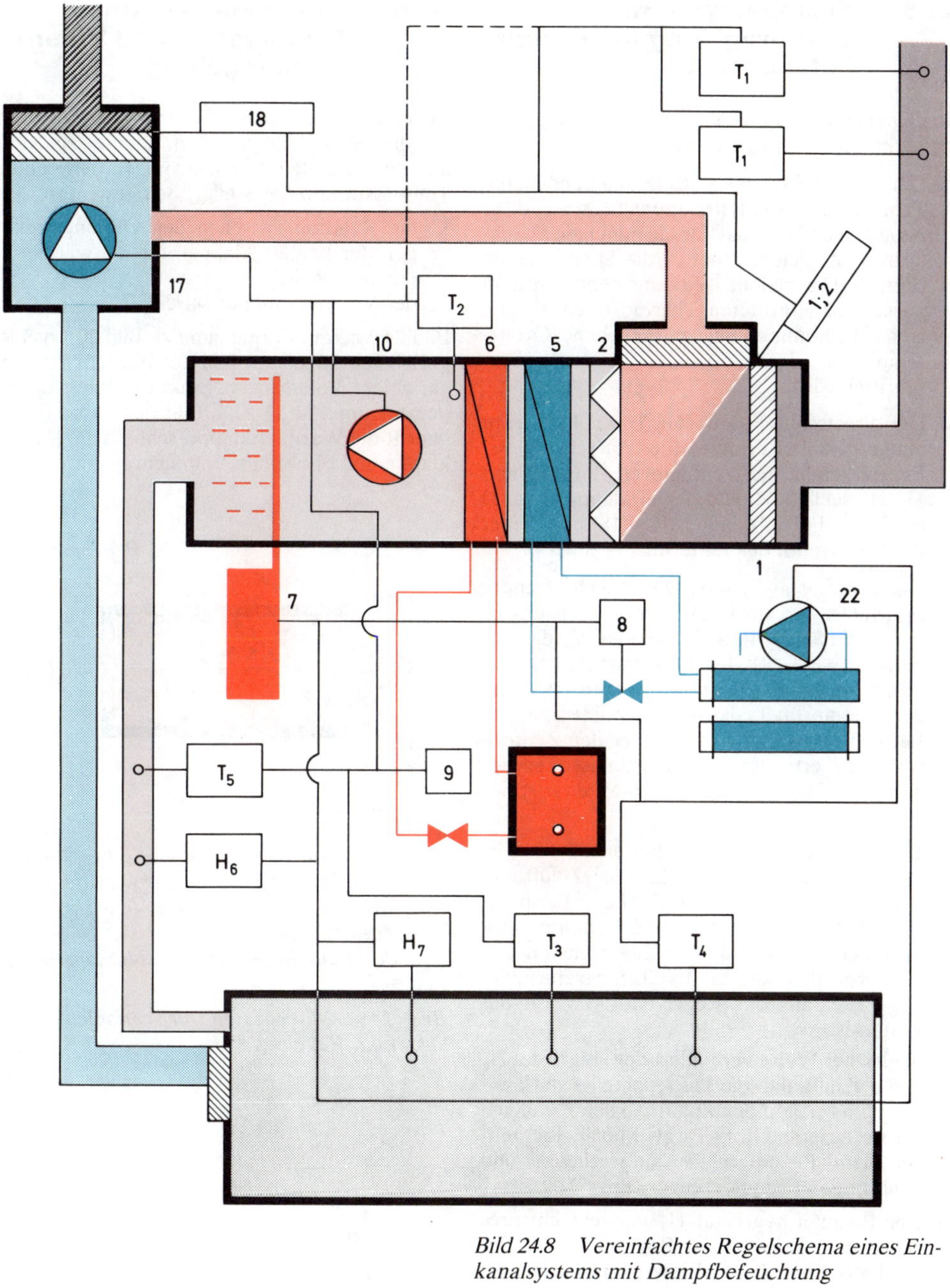

Bild 24.8 Vereinfachtes Regelschema eines Einkanalsystems mit Dampfbefeuchtung

24.9. Einkanalsystem: Grundregelung bei Dampfbefeuchtung

Im Schema Bild 24.8 kann man die einzelnen Regelfunktionen verfolgen. Regelkreis

1. Der Außenluftthermostat T_1 schließt bei tiefen Temperaturen die Luftklappen (Pos. 1 und 18) bis auf einen Durchlaß für die minimale Frischluftrate. Zugleich öffnet er die Umluftklappe (Pos. 2). Die gleiche Wirkung geht von dem parallel angeordneten Thermostaten T_1 aus, wenn im Sommer eine vorgegebene Grenztemperatur der einströmenden Luft überschritten wird.
2. Der Frostschutzthermostat T_2 im Luftstrom hinter dem Lufterhitzer (Pos. 6) schaltet bei Einfriergefahr die Ventilatoren (Pos. 10 und 17) ab, schließt die Außenluftklappe (Pos. 1) sowie die Fortluftklappe (Pos. 18) und öffnet das Regelventil des Lufterhitzers (Pos. 9).
3. Der Thermostat T_3 ist der wesentliche Temperaturfühler für die Leistungsregelung; er öffnet bei sinkender Raumlufttemperatur das Regelventil (Pos. 9) des Lufterhitzers. Analog öffnet bei ansteigender Temperatur im Raum der Thermostat T_4 das Regelventil (Pos. 8) des Luftkühlers, wobei er auch über den Zentralregler die erforderlichen Leistungsstufen der Kältemaschine (Pos. 22) in Sequenzen zu- oder abschaltet.
4. Der Thermostat T_5 wirkt bei erhöhter Wärmelast als Minimalbegrenzer der Zulufttemperatur t_z. Das Diagramm Bild 23.8 beispielsweise läßt erkennen, daß die Zulufttemperatur nie unter +16 °C sinkt. Um Zugerscheinungen zu vermeiden, öffnet der Temperaturfühler gegebenenfalls das Regelventil (Pos. 9) des Lufterhitzers.
5. In gleicher Weise verhindert der Hygrostat H_6 in der Zuluft, daß die Luftfeuchte zu stark ansteigt und sich in den Zuluftkanälen Kondenswasser ansammelt. Er ist als Maximalbegrenzer dem Feuchteregler aufgeschaltet und betätigt den Dampferzeuger (Pos. 7).
6. Der Raumlufthygrostat H_7 verstellt entsprechend dem Sollwert das Regelventil des Befeuchters (Pos. 7) im Winter. Im Sommer – bei zu hoher Luftfeuchte – schließt er das Regelventil (Pos. 8) des Luftkühlers, wobei er auch den Impuls zur Schaltung für die Kältemaschine (Pos. 22) auslöst.

24.10. Zweikanalsystem: Temperatur- und Volumstromregelung

Bei einem Zweikanalsystem mit Mischkästen für die einzelnen klimatisierten Räume (Bild 23.4) und mit variablem Volumstrom werden von den Thermostaten zwei Stellgrößen gesteuert:

- □ die Relation zwischen den Öffnungsstellungen der beiden Klappen für die warme und die kalte Zuluft,
- □ der Volumstrom der Mischluft.

Bild 24.9 zeigt in Ergänzung zu Bild 20.1 das Regelschema für diesen Fall der Betriebsweise mit variablem Volumstrom. Sinkt die Raumlufttemperatur unter +22 °C, öffnet der Thermostat T über R die Warmluftklappe, schließt die Kaltluftklappe und öffnet den Volumenregler.

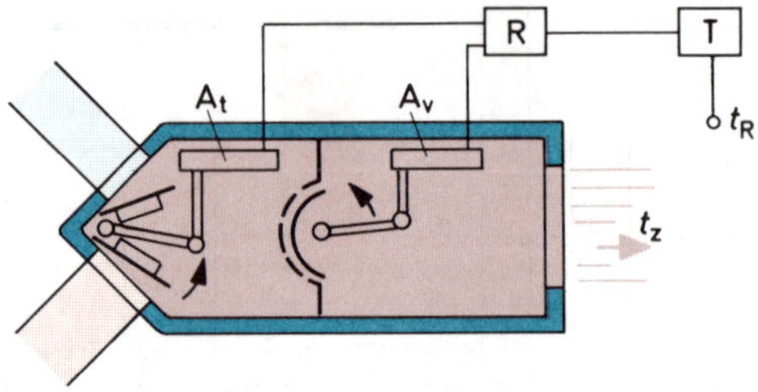

T *Raumluftthermostat für* t_x
R *Regler*
A_t *Klappenantrieb (pneumatischer Stellmotor) für die Mischung der warmen und kalten Luftströme zum Erzielen der Zulufttemperatur* t_z
A_v *desgl. zur Regelung des Volumenstroms*

Bild 24.9 Mischkasten für variablen Volumstrom mit Regelung

25. Energiediagramme

25.1. Basis

Eine Prüfung der Wirtschaftlichkeit kann drei Ziele haben:

1. die optimale Lösung in der *Gesamtkonzeption,*
2. die optimale Wahl und Bemessung des *klimatechnischen Systems,*
3. die günstigste *Betriebsweise.*

Oft gibt es sofort einsehbare Lösungen, oft sind viele Daten zu ermitteln und Einzelrechnungen durchzuführen. Am Ende ist nicht auszuschließen, daß die Lösungen nur für den Einzelfall brauchbar sein könnten und die begrenzte Gültigkeit den Aufwand nicht rechtfertigt.
In der Fachwelt war damit das Bedürfnis geweckt, allgemein anwendbare vergleichbare Methoden für die verwickelten meteorologischen und psychrometrischen Zusammenhänge zu entwickeln. Die VDI-Richtlinie 2067, Bl. 3, E 8. 1979, ist ein Entwurf in dieser Richtung. Ein zweiter Vorschlag ist das Verfahren der „Jährliche Lüftungsgradstunden" (Recknagel/Sprenger, 61. Ausg., S. 14 ff.), ein dritter die VDI-Richtlinie 2071, Bl. 2, E 6. 1979.

> Es ist in der Tat eine Kunst, am Rande der Ingenieurarbeit Verfahren für Wirtschaftlichkeitsrechnungen zu entwickeln, die
> □ sofort anwendbar,
> □ allgemeingültig,
> □ zeitsparend,
> □ angemessen genau und
> □ transparent
> sind.

Den Einfluß der vielen Daten und Funktionen muß nur derjenige im Auge behalten, der die wesentlichen herausgreift und die anderen durch Kunstgriffe so weit in die Ergebnisse einfließen läßt, als es nach dem Genauigkeitsgrad des Ganzen sinnvoll erscheint. Eine zahlenmäßige Perfektion ist nicht vertretbar, wenn sie im Verlauf der Rechnung durch schwer abschätzbare Größen zunichte gemacht wird.
Das hier vorgeschlagene Verfahren beruht auf der Sammlung meteorologischer Messungen (DIN 4710). Es berücksichtigt in den Diagrammen Bild 25.3 und 25.4, die wichtigste Einflußgröße, den Ein- und Ausschaltpunkt der Klimaanlage sa und se. Die Leistungswerte können schnell ermittelt werden; die 12 Ablesebeispiele demonstrieren die vielfältigen Anwendungen.

25.2. Prozeßverläufe

In den Diagrammen 25.1 und 25.2 ist der Bereich der Außenluftzustände, die überhaupt vorkommen, durch blaue Linienzüge angedeutet. Luftzustände in der Nähe der Linienzüge sind selten. Zur Mitte hin nimmt die Häufigkeit zu. In den Diagrammen sind jedem Prozeß der Luftkonditionierung bestimmte (blau gerasterte) Zustandsbereiche zugeordnet.

Winterbetrieb:

a	Nur Erwärmen der Zuluft
b1	Erwärmen und Befeuchten mit Wasser
b2	Nur Nachwärmen
c1	Erwärmen und Befeuchten mit Dampf
c2	Nur Nachwärmen

Sommerbetrieb:

d	Nur Kühlen der Zuluft
e1	Kühlen, Entfeuchten und Nachwärmen
e2	Nur Kühlen

25.3. Winterbetrieb: Nur Erwärmen der Zuluft

Wenn die Zuluft ausschließlich trocken erwärmt wird (Grundfunktion W, Bild 1.2), verläuft der Prozeß mit x = const. im Diagramm 25.1 (links) senkrecht nach oben (rote Linie).
Der jährliche Wärmeverbrauch Q_a errechnet sich als ein riesiger Summenausdruck von Tem-

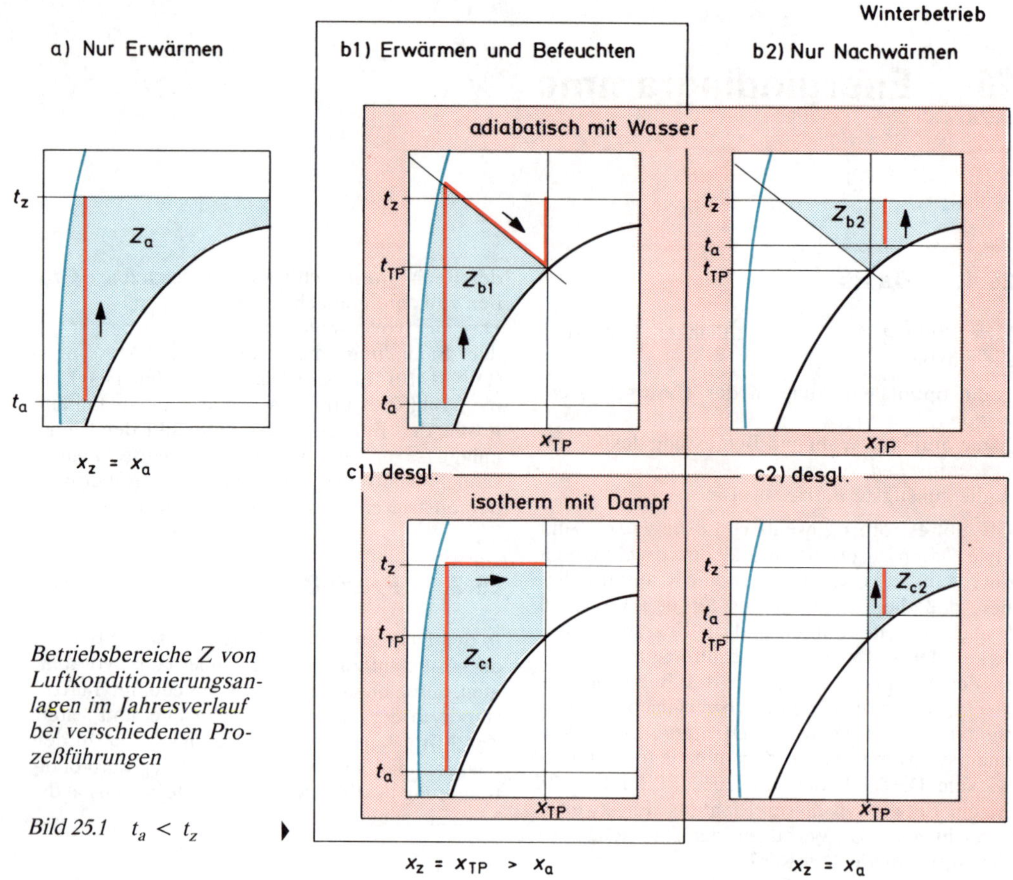

Betriebsbereiche Z von Luftkonditionierungsanlagen im Jahresverlauf bei verschiedenen Prozeßführungen

Bild 25.1 $t_a < t_z$

Bild 25.2 $t_a > t_z$

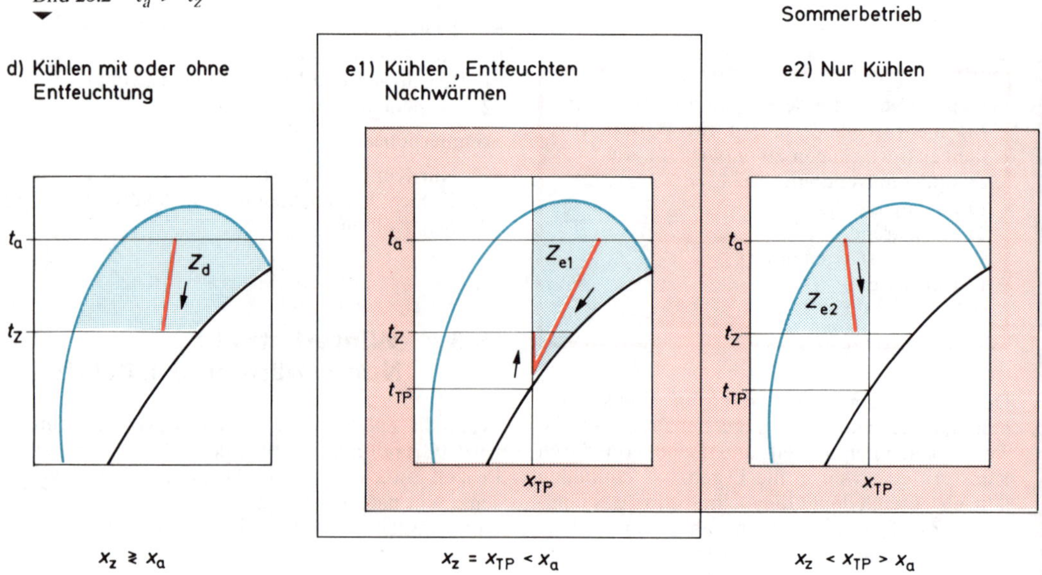

peraturdifferenzen $t_z - t_{a\upsilon}$ zur jeweiligen Stunde υ. Die Gleichung lautet

(25.1)

$$Q_a = \sum_{sa}^{se} (t_z - t_{a\upsilon})\, c_{pL}\, \varrho\, V_L$$

in kWh/a

Hierin ist

sa	(Uhrzeit)	Schaltpunkt Betriebsbeginn
se	(Uhrzeit)	Schaltpunkt Betriebsende
t_z	in °C	Temperatur der Zuluft
$t_{a\upsilon}$	in °C	Temperatur der Außenluft zur Stunde υ
c_{pL}	in kJ/kgK	Spez. Wärmekapazität nach Tabelle 2.1
ϱ	in kg/m³	Dichte
V_L	in m³/s	Volumstrom der Zuluft, gegebenenfalls umgerechnet von m³/h

Es ergibt sich nun die Aufgabe, die Betriebszeiten zwischen den vielen möglichen Ein- und Ausschaltpunkten zu ermitteln und jeder Stunde die gerade gültige Temperaturdifferenz $t_z - t_{a\upsilon}$ zuzuordnen. Aufsummiert wird dann jede Temperaturdifferenz mit positivem Zahlenwert.
Die Werte von Q_a, bezogen auf 1 m³/h Luftleistung, können den Diagrammen Bild 25.3 mit genügender Genauigkeit für drei Zulufttemperaturen, +18 °C, +20 °C, +22 °C, und für alle Einschalt- und Abschaltzeiten von 0 bis 24 Uhr entnommen werden. Bei anderen Zulufttemperaturen muß interpoliert werden. Zusätzlich als Parameter ist die tägliche Betriebszeit in h aufgenommen. Die Ablesegenauigkeit dürfte bei 2% liegen.
Geregelt wird der Prozeß einfach durch Raumluftthermostaten.

Ablesebeispiele

1. Wieviel Wärmeenergie benötigt man jährlich für die Erwärmung der Zuluft, wenn man die Luft bis auf $t_z = +22$ °C erhitzt?
   Nach Diagramm 25.3 (rechts) bei durchgehendem Betrieb, se = 24 Uhr:
   $Q_a = 37{,}8$ kWh/a je m³/h
2. Wieviel Wärme kann eingespart werden, wenn die Zulufttemperatur auf $t_z = +20$ °C gesenkt wird?
   $Q_a = 31{,}5$ kWh/a je m³/h
   Ersparnis: 6,3 kWh/a je m³/h

Der Einfachheit halber ist angenommen, daß kein Umluftbetrieb vorgesehen wird oder daß die Umlufttemperatur nahe bei der Zulufttemperatur liegt. Im anderen Fall müßte entschieden werden, ob sich der Mehraufwand an Rechnung im Hinblick auf das Erkenntnisziel lohnt.

25.4. Winterbetrieb: Erwärmen und Befeuchten mit Wasser

Die adiabate Befeuchtung mit Wasser ist der Grenzprozeß 4, die isotherme Befeuchtung mit Dampf ist der Grenzprozeß 2 nach Bild 5.1.
Bei Wasserbefeuchtung wird die Zuluft trocken, bis zur Taupunkt-Enthalpie erwärmt, adiabat bis nahe zum Taupunkt befeuchtet und schließlich trocken nacherwärmt (roter Linienzug Diagramm 25.1 oben Mitte). Der blau gerasterte Zustandsbereich Z_{b1} ist kleiner als Z_a.

(25.2)

$$Q_{b1} = \sum_{sa}^{se} [(t_{TP} - t_a)\, c_{pL} \quad + \quad (x_{TP} - x_{a\upsilon})\, r \quad + \quad (t_z - t_{TP})\, c_{pL}]\, \varrho\, V_L$$

sensible Vorwärmung + latente Verdunstungswärme + sensible Nachwärmung in kWh/a

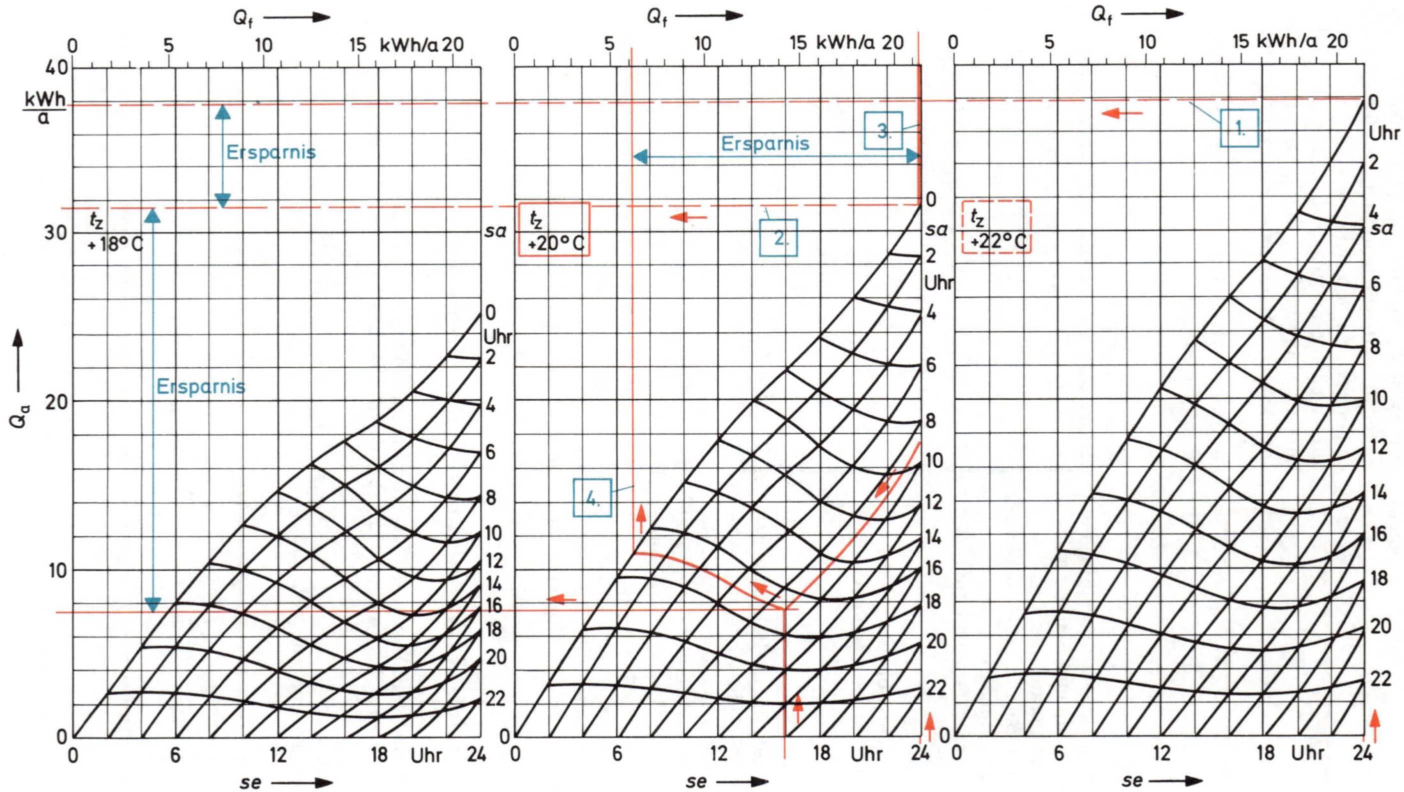

Ablesebeispiel, unter der angegebenen Ziffer im Text aufgeführt

Bild 25.3 Energiediagramm Winterbetrieb

Für den Zustandsbereich Z_{b2}, keine Befeuchtung, nur Nachwärmung, gilt zusätzlich:

$$Q_{b2} = \sum_{sa}^{se} (t_z - t_{a\upsilon})\, c_{pL}\, \varrho\, V_L \tag{25.3}$$

in kWh/a

Hierin ist

t_{TP}	in °C	Taupunkttemperatur
x_{TP}	in g/kg	Wassergehalt der Luft im Taupunkt
$x_{a\upsilon}$	in g/kg	Wassergehalt der Außenluft zur Stunde υ
r	in kJ/g	Verdampfungswärme

Verbindet man Gl. (25.2) mit Gl. (25.3), erhält man

$$Q_b = Q_{b1} + Q_{b2} = Q_a + Q_f$$

$$Q_f = \sum_{sa}^{se} (x_{TP} - x_{a\upsilon})\, r\, \varrho\, V_L \tag{25.4}$$

in kWh/a

Nach VDI 2067 kann für die Befeuchtungsperiode von 6300 h/a bei Annahme von x_{TP} = 8,5 g/kg für $x_{a\upsilon}$ der Mittelwert x_{am} = 4,4 g/kg eingesetzt werden. Mit r = 2,50 kJ/g ergibt sich

$$Q_f = 21{,}5\ V_L \quad \text{kWh/a}$$

Q_f ist in den Diagrammen 25.3 (oben) abzulesen.

Ablesebeispiele

3. Wie hoch steigt der Wärmebedarf nach Beispiel 2 an, wenn die Zuluft adiabat befeuchtet wird?
   $Q_a + Q_f$ = 31,5 + 21,5 = 53,0 kWh/a je m³/h!
4. Wieviel Wärme kann eingespart werden, wenn man im Fall des Beispiels 3 von einem durchgehenden Betrieb auf einen Betrieb von 9 bis 16 Uhr übergeht?
   Q_a = 7,6 kWh/a Q_f = 6,3 kWh/a je m³/h
   Ersparnis: 23,9 kWh/a + 15,2 kWh/a = 39,1 kWh/a je m³/h

25.5 Winterbetrieb: Erwärmen und Befeuchten mit Dampf

Bei Dampfbefeuchtung wird die Zuluft bis auf die Endtemperatur t_z erwärmt und anschließend durch die Mischung mit dem Dampf isotherm befeuchtet. Endpunkt der Feuchteaufnahme ist der Taupunkt x_{TP}. Der Grenzprozeß ② nach Bild 5.1 wird durch einen Hygrostaten geregelt. In den Diagrammen Bild 25.1 (unten) sind die beiden Prozesse rot eingezeichnet, die von analogen Gleichungen zu (25.2) bis (25.4) ausgedrückt werden.
Nach VDI 2067 hat man eine Befeuchtungsperiode von rund 7300 h/a und, ebenfalls bei x_{TP} = 8,5 g/kg, den Mittelwert des Wassergehalts der Außenluft, x_{am} = 4,8 g/kg. Es ist dann

$$Q_f = 22{,}5\ V_L \text{ kWh/a.}$$

25.6 Sommerbetrieb: Nur Kühlen der Zuluft

Der Betriebsbereich für die Kühlperiode – $t_a > t_z$, ohne Berücksichtigung einer Entfeuchtung – ist die blau gerasterte Fläche Z_d in dem Zustandsdiagramm Bild 25.2 (links). Es handelt sich um einen der drei Grundprozesse ⑤ ⑥ ⑦ von Bild 5.1. Die relative Feuchte der Zuluft nimmt stets zu; sie kann indessen nach dem Eintritt in den Raum wieder abnehmen, wenn trokkene Wärmequellen (Computer u.ä.) vorhanden sind, die gewissermaßen die Funktion der Nachwärmung übernehmen. Geregelt wird der Prozeß nur durch einen Raumluftthermostaten.

Die (sensible!) Abkühlleistung ist

$$Q_d = \sum_{sa}^{se} (t_{a\upsilon} - t_z)\, c_{pL}\, \varrho\, V_L \tag{25.5}$$

in kWh/a

Den Diagrammen Bild 25.4 können die Werte von Q_d für die drei Zulufttemperaturen (+14 °C, +16 °C, +18 °C) und für alle Einschalt- und Abschaltzeiten von 0 bis 24 Uhr entnommen werden.

Ablesebeispiele

5. Wieviel Kälteenergie benötigt man jährlich, wenn man die Zulufttemperatur bei x = const. auf $t_z = +14\,°C$ senkt? Das ist nur möglich, wenn die Oberflächentemperatur des Kühlers über der Taupunkttemperatur liegt. Nach Diagramm 25.4 (links) bei durchgehendem Betrieb, se = 24 Uhr:
   $Q_d = 4{,}71$ kWh/a je m³/h
6. Wieviel Kälte kann eingespart werden, wenn die Zulufttemperatur auf $t_z = +16\,°C$ erhöht wird?
   $Q_d = 2{,}59$ kWh/a je m³/h
   Ersparnis: 2,12 kWh/a je m³/h

25.7 Sommerbetrieb: Kühlen, Entfeuchten und Nachwärmen

Bild 25.2 (Mitte) zeigt den Prozeßverlauf. Wie man sieht, erhöht die Nachwärmung sowohl den Kälte- als auch den Wärmebedarf. Wenn $x_a < x_{TP}$, erübrigt sich eine Nachwärmung. Dieser Fall (e2) ist in den nachfolgenden Gleichungen der Einfachheit halber nicht gesondert ausgewiesen.
Zieht man die Gleichungen, vereinfacht analog (25.2) und (25.3), zusammen, kommt man auf

$$Q_e = Q_{e1} + Q_{e2} = Q_d + Q_g + Q_h$$

(25.6)

$$Q_g = \sum_{sa}^{se} (x_{a\,v} - x_{TP})\, r\, \varrho\, V_L$$

in kWh/a

Neben dem Anteil für die Entfeuchtung (Q_g) taucht der Anteil für die Nachwärmung (Q_h) auf. Der Luft muß zuvor die sensible Wärme entzogen werden, die ihr nach dem Abkühlen durch die Nachwärmung bis auf t_z wieder zugeführt wird. Nach VDI 2067 kann man für die Abkühlperiode — $t_{a\,v} > t_z$ und/oder $x_{a\,v} > x_{TP}$ — eine Betriebsdauer von 1450 h/a zugrunde legen. Weitere Annahmen: $x_{TP} = 8{,}5$ g/kg, $x_{am} = 9{,}6$ g/kg, $r = 2{,}50$ kJ/g, $t_{TP} = +11{,}5\,°C$.

$Q_g = 1{,}33\, V_L$ kWh/a.

t_z	Q_h	$Q_g + Q_h$ (kWh/a)
+14 °C	$1{,}21\, V_L$	$2{,}54\, V_L$
+16	$2{,}18\, V_L$	$3{,}51\, V_L$
+18	$3{,}14\, V_L$	$4{,}47\, V_L$

Die Werte $Q_g + Q_h$ sind in den Diagrammen Bild 25.4 (oben) für die täglichen Betriebszeiten z von 0 bis 24 Uhr aufgetragen.

Ablesebeispiele

7. Wie hoch steigt die benötigte Kälteenergie nach Beispiel 5 an, wenn die Zuluft gekühlt und entfeuchtet wird?
   $Q_d + Q_g + Q_h = 4{,}71 + 2{,}54 = 7{,}25$ kWh/a je m³/h.
8. Wieviel Kälte kann jährlich eingespart werden, wenn man im Fall des Beispiels 7 vom durchgehenden auf einen Betrieb zwischen 10 und 18 Uhr übergeht?
   $Q_d = 3{,}29$ kWh/a $Q_g + Q_h = 1{,}06$ kWh/a je m³/h
   Ersparnis: $1{,}42 + 1{,}48 = 2{,}90$ kWh/a je m³/h

25.8. Winterbetrieb: Wasserverbrauch

In Analogie zu Gl. (25.4) bemißt sich der jährliche Wasserverbrauch zu

(25.7)

$$m_w = \sum_{sa}^{se} (x_{TP} - x_{a\,v})\, \varrho\, V_L \quad \text{in l/a}$$

in l/a

Mit den gleichen dort benutzten Mittelwerten erhält man: $m_w = 31{,}0\, V_L$ l/a. Bei einer Vollentsalzung des Umlaufwassers für den Luftwäscher

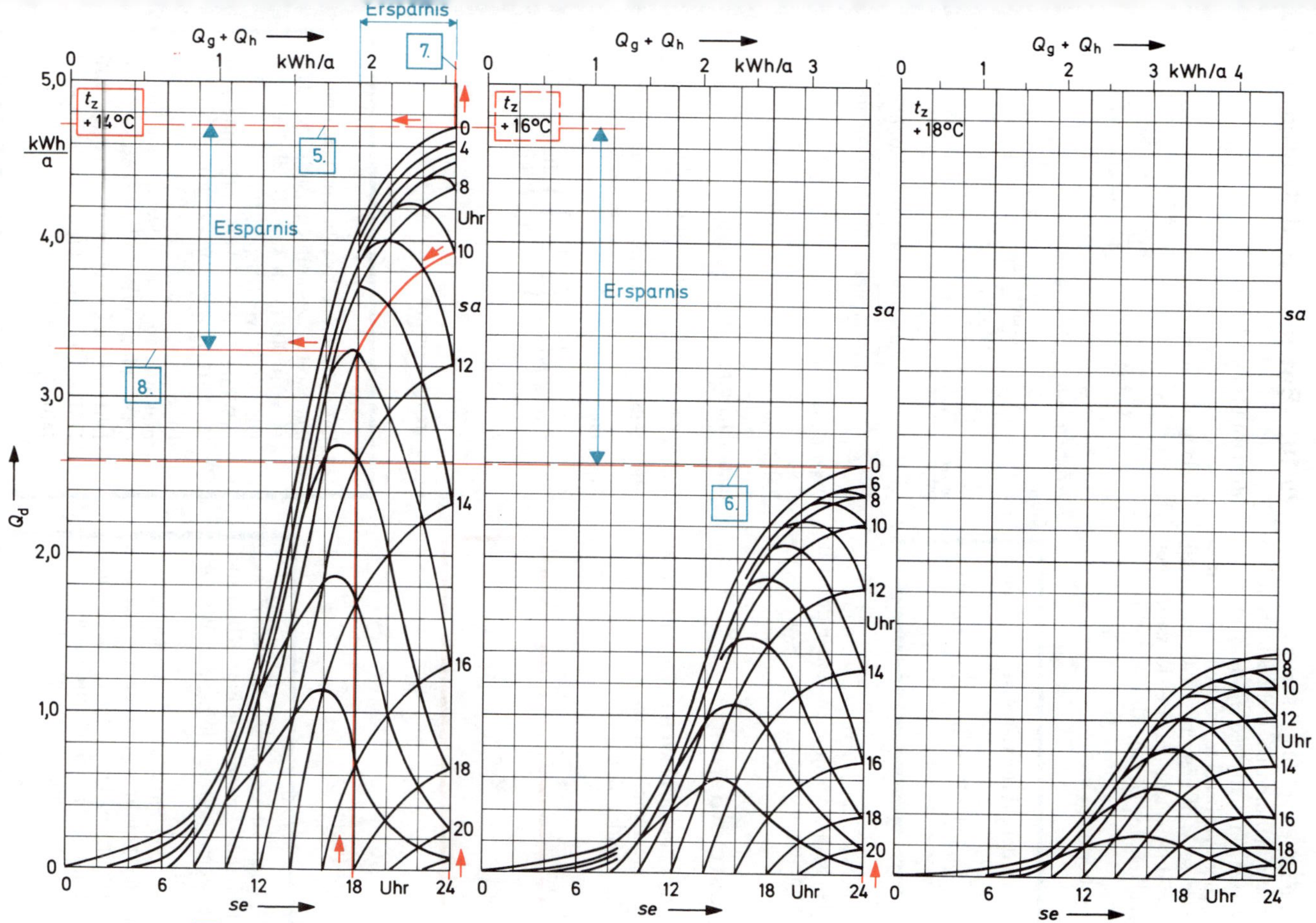

Ablesebeispiel, unter der angegebenen Ziffer im Text aufgeführt

Bild 25.4 Energiediagramm Sommerbetrieb

und bei Dampfbefeuchtung kann man diesen Verbrauchswert nehmen. Bei nicht aufbereitetem Leitungswasser im Luftwäscher muß man mit dem dreifachen Verbrauch rechnen. Die Anreicherung wird so weit begrenzt, daß ein Ausfall von Härtebildner nicht zu Betriebsstörungen führt (Verkalken der Düsen, Abscheider u.a.).

Berechnungsbeispiel

Wie hoch ist der jährliche Wasserverbrauch im Beispiel 4?
Für $z = 7$ tägliche Betriebsstunden: $m_w = 7/24 \cdot 3 \cdot 31{,}0 = 27$ l/a je m³/h

(Die Wasserkosten, die während des Sommerbetriebs für den Kühlturm anfallen, sind in den Kältekosten enthalten.)

25.9 Luftförderung

Der jährliche Energiebedarf für den Antrieb der Ventilatoren errechnet sich nach Gl. (15.1) für einen durchgehenden Betrieb (8766 h/a) zu

$$e = 2{,}435\, \Delta p_t \frac{1}{\eta} V_L \tag{25.8}$$

in Wh/a

Berechnungsbeispiel

10. Wie hoch ist der jährliche Bedarf an elektrischer Energie für eine Klimaanlage, wenn man von folgenden Werten ausgeht?
$\Delta p_t = 1000$ Pa, $\eta = 0{,}7$ Berücksichtigung der Anfahrverluste, der Hilfsaggregate (Pumpen, Drucklufterzeuger), der Regelungsverluste usw. durch einen Zuschlag von 40%. $e = 4{,}87$ kWh/a je m³/h

25.10. Betriebs- und Kostenwerte

Minderungsfaktoren:

Tägliche Betriebszeit

$$z = \text{se} - \text{sa} = \frac{\text{Betriebsstunden}}{\text{24 Tagesstunden}}$$

Wöchentliche Betriebszeit

$$f_a = \frac{\text{Betriebstage}}{\text{7 Wochentage}}$$

Außenluftanteil

$$f_M = \frac{\text{variabler Außenluft-Volumstrom}}{\text{maximaler Außenluft-Volumstrom}}$$

Wartungskosten

$$f_W = \text{ca. } 0{,}03 \cdot \text{Investitionskapital}$$

Instandhaltung

$$f_R = \text{ca. } 0{,}02 \cdot \text{Investitionskapital}$$

Abschreibungsdauer n Jahre, Zinsfuß p

Annuität

$$a = p/\left(1 - \left(\frac{1}{1+p}\right)^n\right) \cdot \text{Investitionskapital}$$

Berechnungsbeispiel

11. Die jährlichen Kosten einer Klimaanlage sollen zusammengestellt werden. $V_L = 10\,000$ m³/h, sa = 10 Uhr, se = 18 Uhr, sonst wie Beispiel 10.
t_z(Winter) = +20 °C, t_z(Sommer) = +14 °C, $f_a = 5/7$, $f_M = 1{,}0$
Investitionskapital 100 000 DM, Wärmekosten 0,08 DM/kWh, Kältekosten 0,18 DM/kWh, Wasserkosten 2,20 DM/m³, elektrische Energiekosten 0,15 DM/kWh, Abschreibungsdauer 12 Jahre, $p = 10\%$

Zusammenstellung

Q_a = 83 100 kWh/a		
+ Q_f = 215 000 (8/24) = 71 700 kWh/a		
+ Q_h = 25 400 (8/24) = 8 500 kWh/a		
Wärmekosten 163 300 (5/7) 0,08		= 9 330,– DM/a
Q_d = 32 900 kWh/a		
+ Q_g = 13 300 (8/24) = 4430 kWh/a		
+ Q_h 12 100 (8/24) = 4030 kWh/a		
Kältekosten 41 360 (5/7) 0,18		= 5 320,– DM/a
Wasserkosten 310 m³/a (8/24) (5/7) · 3 · 2,20		= 490,– DM/a
Elektrische Energiekosten 48 700 kWh/a (8/24) (5/7) 0,15		= 1 740,– DM/a
Annuität	0,1468 · 100 000,–	= 14 700,– DM/a
Wartung	0,03 · 100 000,–	= 3 000,– DM/a
Instandhaltung	0,02 · 100 000,–	= 2 000,– DM/a

25.11. Wärmerückgewinnung

Die Austauscher zur Wärmerückgewinnung, wie sie im Abschnitt 21.7 kurz beschrieben sind, ermöglichen, sowohl die Leistung von Vorerhitzer, Luftkühler, Heizung und Kältemaschine kleiner zu bemessen als auch den jährlichen Wärme- und Kältebedarf zu senken. Eine Gegenüberstellung der Gesamtkosten muß erweisen, ob sich der Einbau lohnt.
Die folgenden Ausführungen beschränken sich auf den Wärmerückgewinn

$$Q_{WRG} = q_{WRG}\, z\, f_z\, f_a\, f_M\, \varrho\, V_L \qquad (25.9)$$

kWh/a

und die Verringerung der Vorerhitzerleistung im Jahresverlauf

$$Q_{VR} = (q_{GES} - q_{WRG})\, z\, f_z\, f_a\, f_M\, \varrho\, V_L \qquad (25.10)$$

kWh/a

Dem Diagramm 25.5 kann man die Zahlenwerte q_{WRG} und q_{GES}, vereinfacht nach VDI 2071 für $t_R = +24$ °C und $f_M = 1{,}0$, entnehmen.
Die Rückwärmezahl Φ ist eine Art Wirkungsgrad; sie bezeichnet praktisch die Baugröße der Wärmeaustauscher. Das Diagramm läßt erkennen, daß bei Taupunktenthalpien über etwa 35 kJ/kg selbst eine erhebliche Vergrößerung der Wärmeaustauscher die jährliche Übertragungsleistung nicht nennenswert steigern kann.

Ablesebeispiel

Klimaanlage mit adiabater Befeuchtung, $z = 12/24$, sa = 7 Uhr, se = 19 Uhr, $h_{TP} = 33{,}0$ kJ/kg, $t_R = +24$ °C, $V_L = 10\,000$ m³/h, $f_a = 5/7$, $\Phi = 0{,}5$, $f_M = 1{,}0$.
Nach Diagramm 25.5: $q_{WRG} = 210$, $q_{GES} = 370$ GJ/a/kg/s
Nach Tabelle 25.1: $f_z = 0{,}88$
Nach Gl. (25.9): $Q_{WRG} = 7{,}716 \cdot 10^{-5}\; 210\; (12/24)\; 0{,}88\; (5/7)\; 1{,}0 \cdot 1{,}2 \cdot 10\,000 = 61$ kWh/a
Nach Gl. (25.10): $Q_{VR} = 7{,}716 \cdot 10^{-5}\; (370 - 210)\; (12/24)\; 0{,}88\; (5/7)\; 1{,}0 \cdot 1{,}2 \cdot 10\,000$
$= 47$ kWh/a

Bild 25.5 Jährlicher Wärmerückgewinn bei Enthalpieregelung ohne Feuchteübertragung für $t_R = +24$ °C und verschiedene Rückwärmezahlen Φ (nach Jüttemann und Schaal)

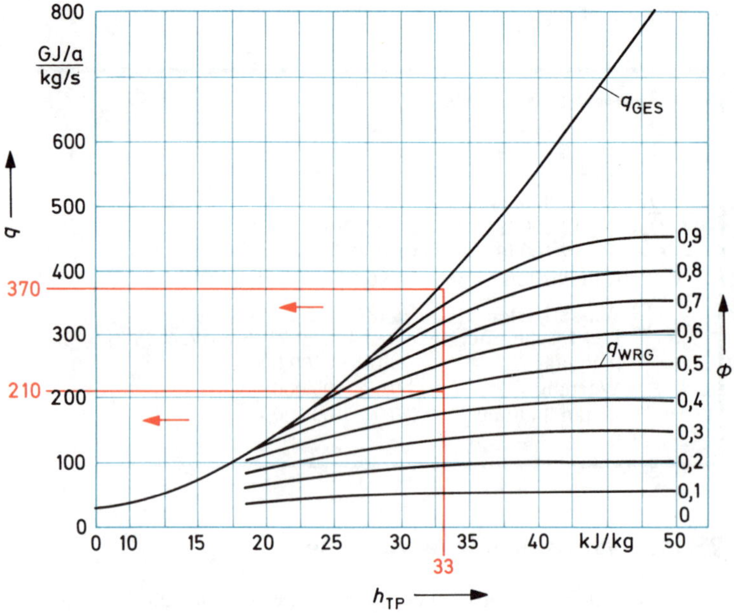

Tabelle 25.1 Wärmerückgewinnung, Korrekturfaktoren f_z als Funktion von sa und se (nach Jüttemann und Schaal)

sa	se	f_z
0	24	1,0
6	17	0,89
6	18	0,89
6	19	0,89
7	17	0,87
7	18	0,87
7	19	0,88
8	19	0,87
14	23	0,94
18	24	1,04

25.12. Optimale Entscheidungsabläufe

Die größtmögliche Ersparnis kann erzielt werden, wenn die Gesamtkonzeption Gegenstand energieökonomischer Überlegungen wird; einige Stichworte mögen dies erläutern: Grundrisse zur Erleichterung natürlicher Durchlüftung und Belichtung; Periodik in der Wärme- und Kälteabgabe der Speichermassen; günstigste Lage der Wärmeisolierungen; Fenster mit speziellen Verglasungen, nachführbaren Schattenspendern, Energiekollektoren und -reflektoren; natürliche Kühlung, mit nichtkonditionierter Nachtluft; Eingriffe in die Raumluftführung u.a.m.

Wenn die bauliche Gestaltung und die spätere Nutzung vorgegeben sind, ist Wahl und Größe eines Systems festgelegt.

Im Fall einer fertiggestellten Anlage ist der Spielraum noch geringer. Lediglich der Betreiber kann — wie die Beispiele zeigen — hier und da Einsparungen erzielen.

25.13. Grenzkosten

Es ist grundfalsch, bei unternehmerischen Entscheidungen in die Rechnungen Durchschnittskosten einzusetzen. Richtig ist, Grenzkosten zugrunde zu legen. Grenzkosten sind die zusätzlichen (marginalen) Kosten, die bei den Alternativen entstehen, um die es geht.

Literaturverzeichnis

Klimatechnik, allgemein

Handbücher

[1] Arbeitsmappe Heizung — Lüftung — Klimatechnik. Hrsg. v. VDI Düsseldorf: VDI-Verlag, 1971.

[2] ASHRAE Guide and Data Book. Hrsg. von der American Soc. Heating Refrigerating Air Conditioning Engnrs. 4 Bde. New York: ASHRAE, 1968/72.

[3] Handbook of Air Conditioning System Design. Hrsg. von der Carrier Corp. New York: McGraw Hill 1965.

[4] Recknagel-Sprenger: Taschenbuch für Heizung und Klimatechnik. 58 Ausg. München: Oldenbourg, 1974.

[5] Trane Air Conditioning Manual. Hrsg. von der Trane Co. La Crosse (Wisconsin): Trane, 1965.

[6] VDI-Handbuch Lüftungstechnik. Düsseldorf: VDI-Verlag, 1964.

[7] Zentralheizungs- und Lüftungsnormen. Hrsg. vom DNA. Berlin: Beuth 1972. DIN-Taschenbuch 23.

Lehrbücher

[8] Daniels, K.: Klimatechnik 1. Bern: Hallwag, 1973, Blaue TR-Reihe, H. 87.

[9] Jones, V. P.: Air Conditioning Engineering. New York: St. Martin's Press, 1967.

[10] Lehrbuch der Klimatechnik. Hrsg. vom Arbeitskreis der Dozenten für Klimatechnik. 2 Bde. Karlsruhe: C. F. Müller, 1974.

[11] Loewer, H.: Klimatechnik, Berlin: Springer, 1968.

[12] Lüftungs- und Klimatechnik. Hrsg. von der VDI-Fachgruppe Techn. Gebäudeausrüstung. Düsseldorf: VDI-Verlag, 1973.

[13] Reinke, V.: Lüftung, Klimatisierung, Entstaubung. 2. Aufl. Leipzig: VEB-Fachbuchverlag, 1968.

[14] Rietschel, H., Raiss, V.: Heiz- und Klimatechnik. 15. Aufl. Berlin: Springer, 1968.

[15] Steimle, F.: Klimakursus. 2. Aufl. Karlsruhe: C. F. Müller, 1970. Reihe KWK-Aktuell, Bd. 1.

Theorie

Thermodynamik

[16] Baehr, H. D.: Thermodynamik. 2. Aufl. Berlin: Springer, 1966.

[17] Berliner, P.: Psychrometrie. Die Thermodynamik der lufttechnischen Prozesse. Karlsruhe: C. F. Müller, 1979.

[18] Bošnjaković, F.: Techn. Thermodynamik. Teil 1, 6. Aufl. 1972; Teil 2, 5. Aufl. 1971. Dresden-Steinkopf.

[19] Häussler, V.: Lufttechnische Berechnungen im Mollier-i, x-Diagramm. Dresden: Steinkopf, 1969.

[20] Winter, F. W.: Techn. Wärmelehre. 8. Aufl. Essen: Girardet, 1972.

Wärme- und Stofftransport

[21] Brauer, H.: Stoffaustausch. Aarau: Sauerländer, 1971.

[22] Grigull, U.: Wärmeübertragung. 4. Aufl. Berlin: Springer, 1969.

[23] Stelzer, F.: Wärmeübertragung und Strömung. München: Thiemig, 1971.

Strömungstechnik

[24] Bohl, W.: Technische Strömungslehre. Würzburg: Vogel-Buchverlag, 1984.

[25] Hackeschmidt, M.: Grundlagen der Strömungstechnik. 2 Bde. Leipzig: VEB D. Verl. für Grundstoffindustrie, 1969.

[26] Kalide, V.: Einf. in die techn. Strömungslehre. 3. Aufl. München: Hauser, 1971.

[27] Prandtl, L.: Führer durch die Strömungslehre. 7. Aufl. Braunschweig: Vieweg, 1969.

[28] Truckenbrodt, E.: Strömungsmechanik. Berlin: Springer, 1969.

Berechnungsunterlagen

Meteorologie

[29] Klimakunde des Deutschen Reiches. Bearb. v. Reichsamt für Wetterdienst. Bd. II (Tabellen). Berlin: Reimer, 1939.

[30] Kratzer, A.: Das Stadtklima. Braunschweig: Vieweg, 1956.

Hygiene

[31] Esmarch, E. v.: Hygienisches Taschenbuch. 6. Aufl. Berlin: Springer, 1950.

[32] Fodor, G. F.: Schädliche Dämpfe. Düsseldorf: VDI-Verlag, 1972.

[33] Knop, V., Heller, A., Lohmann, E.: Technik der Luftreinhaltung. 2. Aufl. Mainz: Krauskopf, 1972.

[34] Reinders, H.: Mensch und Klima. Düsseldorf: VDI-Verlag, 1969.

[35] VDI-Handbuch Reinhaltung der Luft. 4. Bd. Düsseldorf: VDI-Verlag, 1971.

Bautechnik

[36] Wärmeschutz im Hochbau. DIN 4108. Berlin: Beuth, 1969.

Außenluftbedarf

[37] Lüftungstechnische Anlagen (VDI-Lüftungsregeln) Grundregeln usw. DIN 1946. Berlin: Beuth, 1960/72.

[38] MAK. Die max. Arbeitsplatzkonzentration schädlicher Gase und Schwebstoffe. Bonn, 1958.

Wärmebedarf

[39] Regeln für die Berechnung des Wärmebedarfs von Gebäuden. DIN 4701. Berlin: Beuth, 1959.

Kühllast

[40] Berechnung der Kühllast klimatisierter Räume (VDI-Kühllastregeln) VDI 2078. Berlin: Beuth, 1972.

[41] Dietze, L.: Kühllastberechnung klimatisierter Räume. Berlin: VEB-Verlag, 1970.

[42] Raiss, V., Masuch, J.: Äquivalente Temperaturdifferenzen. München: Oldenbourg, 1970.

Akustik

[43] Beranek, L. L.: Noise Reduction. New York: McGraw Hill, 1960.

[44] Brockmeyer, H.: Akustik für den Lüftungs- und Klimaingenieur. Karlsruhe: C. F. Müller, 1971. Reihe KWK – Aktuell, Bd. 6.

[45] Lärmminderung bei lüftungstechnischen Anlagen. VDI 2081. Berlin: Beuth, 1971.

[46] Zeller, V.: Lärmabwehr bei Lüftungsanlagen. Köln: Westd. V., 1967.

Raumströmungen

[47] Baturin, V. V.: Lüftungsanlagen für Industriebauten. 2. Aufl. Berlin: VEB Technik, 1959.

[48] Linke, V.: Die Luftführung in Versammlungsräumen mit festem Gestühl. VDI-Bericht 106. Düsseldorf: VDI-Verlag, 1966.

[49] Müllejans, H.: Über die Ähnlichkeit der nichtisothermen Strömung . . . Diss. Opladen: Westd. V., 1966.

Komponenten

Ventilatoren

[50] Eck, B.: Ventilatoren. 5. Aufl. Berlin: Springer, 1972.

[51] Jorgensen, R.: Fan Engineering. Buffalo (New York): Buffalo Forge, 1970.

[52] Pfleiderer, F.: Strömungsmaschinen. 3. Aufl. Berlin: Springer, 1964.

Befeuchter

[53] Berchtold, V. G.: Luftbefeuchtung. Karlsruhe: C. F. Müller, 1970.

[54] Henne, E.: Luftbefeuchtung. Karlsruhe: C. F. Müller, 1972. Reihe KWK – Aktuell Bd. 4.

Systeme

Anlagensysteme

[55] Alden, J. L., Kaue, J. M.: Design of Industrial Exhaust Systems. 4. Aufl. New York: Int. Press, 1970.

[56] Baur, H.: Hochdruck-Kilmaanlagen in Gebäuden und Schienenfahrzeugen. Berlin: Haenchen, 1960.

[57] Daniels, K.: Die Hochdruckklimaanlagen. Düsseldorf: VDI-Verlag, 1973.

Regeltechnik

[58] Dümmel, U., Müller, H. J.: Messen und Regeln in der Heizungs-, Lüftungs- und Sanitärtechnik. 3. Aufl. Berlin: VEB Verlag Bauwesen, 1969.

[59] Haines, R. V.: Control Systems for Heating Ventilating and Air Conditioning. New York: Reinhold, 1970.

[60] Junker, B.: Klimaregelung. München: Oldenbourg, 1974.

[61] Profos, P.: Atlas des Feuchte- und Temperatur-Übertragungsverhaltens klimatisierter Räume. Zürich: Techn. Hochsch., 1972.

[62] Weber, F.: Messen, Regeln und Steuern in der Lüftungs- und Klimatechnik. 2. Aufl. Düsseldorf: VDI-Verlag, 1973.

Stichwortverzeichnis

A

B

C

D

E

F

G

H

I

K

L

M

U

V

W

Z